高等学校"十三五"规划教材

高频电子线路

（第4版）

张义芳　编著

哈尔滨工业大学出版社

内 容 简 介

本书由八章组成,主要内容包括高频电子线路的基础知识,高频小信号频带放大电路,放大器的内部噪声,高频功率放大电路,正弦波振荡电路,调制与解调电路,变频电路,反馈控制电路等。每章后面都有习题,书后备有习题答案。

本书经过多次修订,充分体现了"打好基础,精选内容,逐步更新,利于教学"的原则。本书是高等学校电子信息与通信技术类专业基础课教材,同时也是相关专业科技人员的参考书。

图书在版编目(CIP)数据

高频电子线路/张义芳编著. —4 版. —哈尔滨:哈尔滨
工业大学出版社,2012.7(2019.8 重印)
ISBN 978 - 7 - 5603 - 0824 - 1

Ⅰ.①高… Ⅱ.①张… Ⅲ.①高频-电子电路-高等学校-
教材 Ⅳ.①TN710.2

中国版本图书馆 CIP 数据核字(2012)第 116965 号

责任编辑 张秀华
封面设计 卞秉利
出版发行 哈尔滨工业大学出版社
社 址 哈尔滨市南岗区复华四道街 10 号 邮编 150006
传 真 0451 - 86414749
网 址 http://hitpress.hit.edu.cn
印 刷 哈尔滨市经典印业有限公司
开 本 787mm×1092mm 1/16 印张 16.5 字数 400 千字
版 次 2012 年 7 月第 4 版 2019 年 8 月第 12 次印刷
书 号 ISBN 978 - 7 - 5603 - 0824 - 1
定 价 36.00 元

(如因印装质量问题影响阅读,我社负责调换)

再 版 说 明

本版是在前版的基础上修订的。本版的主导思想是根据教育部近年来对该门课程教学大纲的基本要求,遵循"打好基础,精选内容,逐步更新,利于教学"原则编写的。编者强调指出,本书是电子信息与通信技术类专业基础课教材,它以现代模拟通信系统组成框图为纲,介绍的电信号为媒介传输与处理信息的物理过程,从而理解各框图的基本功能,以及掌握为实现这些功能的硬件电路构成原则。随着电子技术月新日异地快速发展,具体实用电路形式和器件种类繁多,但是它们所实现的基本功能是永恒的。只要深刻理解和掌握这些功能电路的组成原则、基本工作原理、性能特点和工程分析方法,就能有效地运用、设计、调试这些电路或设备。对层出不穷的新电路、新器件也会具有举一反三和创造思维之能力。

因此,本次修订工作在保持基本架构的前提下,对各章进行了不同程度的压缩、删减和补充、重新改写了第4、5、8章。加强了基础性和应用性,叙述简洁,更符合认识规律。对全书的图形符号,根据国家标准和习惯用法进行了统一修订,为查找方便,书中符号表改为按字母顺序排列,置于附录1;对习题进行了增减调整,并重新复核了答案。

本书原编者之一冯健华老师因长期定居国外,表示不再参与此项工作。本版修订工作由张义芳独立完成。冯老师的前期辛勤劳动,为本次修订工作提供了有益的支持;还得到吕志武教授,温海洋、刘显忠老师的大力帮助,他们在"应如何修订"讨论中提出许多宝贵的意见和建议;赵建新、郭宏老师对本课程的实验和习题做了大量工作,在此一并表示衷心的感谢。

限于编者水平,难免有不妥或错误之处,恳请广大读者不吝指正。

作　者
2012 年元月

目　　录

第1章 基本知识

1.1 高频电子线路的功用

高频电子线路是若干无源电子元件或有源电子元件(晶体管、场效应管、集成电路等)的有序联结、并在高频频段范围内实现特定电功能的电路,它被广泛应用于通信系统和各种电子设备中。为了具体了解高频电子线路的种类和功用,现以通信系统为例,对它们作一概要的介绍。

1.1.1 通信系统的组成

通信既是人类社会的重要组成部分,又是社会发展和进步的重要因素。广义地说,凡是在发信者和收信者之间,以任何方式进行消息的传递,都可称为通信。实现消息传递所需设备的总和,称为通信系统。19世纪末迅速发展起来的以电信号为消息载体的通信方式,称为现代通信系统。其组成框图如图1.1-1所示。各部分的主要作用简介如下:

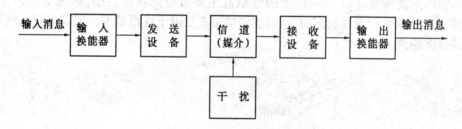

图 1.1-1 通信系统的组成

1.输入换能器

输入换能器主要任务是将发信者提供的非电量消息(如声音、景物等)变换为电信号,它应能反映待发的全部消息,通常具有"低通型"频谱结构,故称为基带信号。当输入消息本身就是电信号时(如计算机输出的二进制信号)输入换能器可省略而直接进入发送设备。

2.发送设备

发送设备主要有两大任务:一是调制,二是放大。所谓调制,就是将基带信号变换成适合信道传输特性传输的频带信号。它是使基带信号去控制消息载体信号的某一参数,让该参数随基带信号的大小而线性变化的处理过程。例如,在连续波调制中,简谐振荡有三个参数(振幅、频率和初相位)可以改变,利用基带信号去控制这三个参数中的某一个,对应三种调制方式:调幅、调频和调相。通常又将基带信号称为调制信号,将高频振荡信号称为载波信号,将经过调制后的高频振荡信号称为已调信号或已调波。

所谓放大,是指对调制信号和已调信号的电压和功率放大、滤波等处理过程,以保证送入信道足够大的已调信号功率。

3.信道

信道是连接发、收两端的信号通道,又称传输媒介。通信系统中应用的信道可分为两大类:有线信道(如架空明线、电缆、波导、光纤等)和无线信道(如海水、地球表面、自由空间等)。不同信道有不同的传输特性,相同媒介对不同频率的信号传输特性也是不同的。例如,在自由空间媒介里,电磁能量是以电磁波的形式传播的。然而,不同频率的电磁波却有着不同的传播方式。1.5 MHz 以下的电磁波主要沿地表传播,称为地波,如图 1.1-2 所示。由于大地不是理想的导体,当电磁波沿其传播时,有一部分能量被损耗掉,频率越高,趋表效应越严重,损耗越大,因此频率较高的电磁波不宜沿地表传播。1.5 ~ 30 MHz 的电磁波,主要靠天空中电离层的折射和反射传播,称为天波,如图 1.1-3 所示。电离层是由于太阳和星际空间的辐射引起大气上层电离形成的。电磁波到达电离层后,一部分能量被吸收,

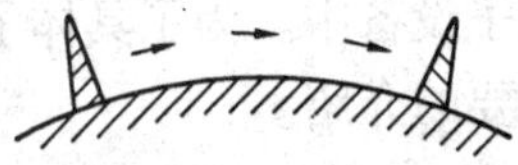

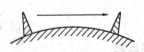

图 1.1-2 电磁波沿地表绕射

一部分能量被反射和折射到地面。频率越高,被吸收的能量越小,电磁波穿入电离层也越深。当频率超过一定值后,电磁波就会穿透电离层而不再返回地面。因此频率更高的电磁波不宜用天波传播。30 MHz 以上的电磁波主要沿空间直线传播,称为空间波,如图1.1-4所示。由于地球表面的穹曲,空间波传播距离受限于视距范围。架高发射天线可以增大其传输距离。

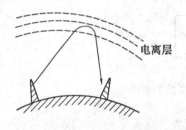

电离层

图 1.1-3 电磁波的折射与反射   图 1.1-4 电磁波的直射

为了讨论问题的方便,将不同频率的电磁波人为地划分若干频段或波段,其相应名称和主要应用举例,列于表 1.1-1 中。应该指出,各种波段的划分是相对的,因为各波段之间并没有显著的分界线,但各个不同波段的特点仍然有明显的差别。

4.接收设备

接收设备的任务是将信道传送过来的已调信号进行处理,以恢复出与发送端相一致的基带信号,这种从已调波中恢复基带信号的处理过程,称为解调。显然解调是调制的反过程。又由于信道的衰减特性,经远距离传输到达接收端的信号电平通常是很微弱的了(微伏数量级),需要放大后才好解调。同时,在信道中还会存在许多干扰信号,因而接收设备还必须具有从众多干扰信号中选择有用信号、抑制干扰的能力。

表 1.1-1 不同频率电磁的名称和应用

频率	30 Hz ~ 300 Hz	300 Hz ~ 3 kHz	3 kHz ~ 30 kHz	30 kHz ~ 300 kHz	300 kHz ~ 3MHz	3MHz ~ 30 MHz	30 MHz ~ 300 MHz	300 MHz ~ 3 GHz	3 GHz ~ 30 GHz	30 GHz ~ 300 GHz	300 GHz ~ 3 THz	3 THz ~ 30 THz	30 THz ~ 300 THz
频段名称	极低频 (ELF)	声频 (VF)	甚低频 (VLF)	低频 (LF)	中频 (MF)	高频 (HF)	甚高频 (VHF)	特高频 (UHF)	超高频 (SHF)	极高频 (EHF)	超级高频		
应用举例	音频电话 数据传输 长距离航海时间标准			航海设备 无线电信标	调幅广播 民间保护	短波广播 移动通信 军用通信 业余无线电	VHF电视 调频广播 空中交通管制 业余无线电	UHF电视 遥测 雷达 业余无线电	雷达 卫星和空间通信 军用通信 业余无线电	无线电天文学 雷达着陆设备 业余无线电	卫星广播与通信	光学通信 数据传输	
波段名称	超长波 (VLW)			长波 (LW)	中波 (MW)	短波 (SW)	米波 (超短波)	分米波	厘米波	毫米波	亚毫米波	光 波	
波长	10 Mm / 1 Mm	100 km	10 km	1 km	100 m	10 m	1 m	10 cm	1 cm	1 mm	100 μm	10 μm	1 μm
传输媒介 有线	架空明线		视频电缆		射频电缆		同轴电缆		微 波*			光导纤维	
传输媒介 无线	海水	地球表面					超短波	自 由 空 间				光 波	

* 常对微波波段做更细的划分,并用不同的拉丁字母表示如下:

波段代号	P	L	S	C	X	Ku	K	Ka	Q ~ W
简称		22 cm波段	10 cm波段	5 cm波段	3 cm波段	2 cm波段	1.25 cm波段	0.8 cm波段	0.4 cm波段
波长范围/cm	130~75	75~15	15~7.5	7.5~3.65	3.65~2.42	2.42~1.66	1.66~1.13	1.13~0.75	0.75~0.375
频率范围/MHz	225~400	400~2 000	2 000~4 000	4 000~8 200	8 200~12 400	12 400~18 000	18 000~26 500	26 500~40 000	40 000~80 000

5.输出换能器

输出换能器的作用是将接收设备输出的基带信号变换成原来形式的消息,如声音、景物等,供收信者使用。

1.1.2 发射机和接收机的组成

发射机和接收机是现代通信系统的核心部件。它们是为了使基带信号在信道中有效地和可靠地传输而设置的。现以无线广播调幅发射机为例,说明它的组成,如图 1.1-5 所示。

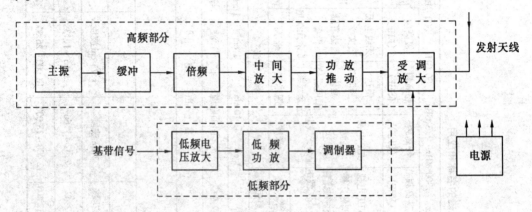

图 1.1-5 调幅发射机组成方框图

它包括三个组成部分:高频部分、低频部分和电源部分。

高频部分通常由主振、缓冲、倍频、中间放大、功率推动与末级功放(受调放大)组成。主振级的作用间产生频率稳定的载频信号。缓冲级是为减弱后级对主振级的影响而设置的。有时为了提高主振级的频率到所需的数值,缓冲级后要加一级或若干级倍频器。倍频级后加若干级放大器,以逐步提高输出功率,最后经功放推动级,使末级功放输出功率达到所需的发射功率电平,经发射天线辐射出去。

低频部分包括低频电压放大级、低频功放和末级低频功放。基带信号通过逐级放大,在末级功放处获得对高频末级功率放大器进行调制所需的功率电平,因此,末级低频功率放大级又称为调制器,末级高频功率放大级则称为受调放大器。

无线电信号的接收过程正好和发射过程相反。在接收端,接收天线将收到的电磁波转变为已调波电流,然后从这些已调波电流中选择出所需的信号进行放大和解调。这种直接放大式接收机的方框图,如图 1.1-6 所示。

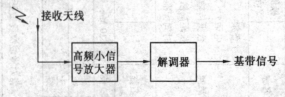

图 1.1-6 直接放大式接收机组成框图

图中高频小信号放大器通常以 LC 谐振回路为负载完成选频作用。由于直放式接收机的灵敏度和选择性都与工作频率有关(即波段性差),并受高频小信号调谐放大器级数限制,不能过高。因此,目前已不多用。图 1.1-7 所示的超外差式接收机克服了上述缺点,得到广泛应用。

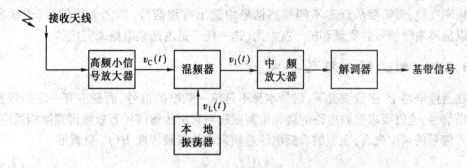

图 1.1-7　超外差式接收机组成框图

超外差式接收机与直接放大式接收比较,增加了混频器、本地振荡器和中频放大器三种功能电路。混频器的作用是将接收到的不同频率的载波信号变换为固定频率的中频信号。其原理是:用本地振荡器产生的正弦振荡信号 $v_L(t)$(其频率为 f_L)与接收到的有用信号 $v_c(t)$(其频率为 f_c)在混频器中混频,得到中频信号 $v_I(t)$(其频率为 f_I),通常选取 $f_I = f_L - f_c$。这种作用就是所谓外差作用,也是超外差式接收机名称的由来。当输入信号频率变化时,使本地振荡器的频率也相应地改变,保持中频固定不变,因此中频放大器的增益和选择性都与接收信号的载频无关。这就克服了直接放大式的缺点。在第 7 章中将证明,经混频后所得的中频信号仍是已调信号,且调制规律不变,即中频信号保留了输入信号中全部有用信息。当然,超外差式接收机电路比较复杂,还存在一些特殊的干扰现象(详见 7.3)这是超外差式接收机的缺点。

1.1.3　本书的研究对象和任务

通过本节的学习,我们已对无线电通信有了一个极粗浅的了解。本书将要讨论的“高频电子线路”究竟包括哪些电路呢?它们都有什么功用?

这可借助图 1.1-5 和图 1.1-7 来说明。在发送机中的主振、倍频、高频功率放大、受调放大(调制)电路和接收机中的高频小信号放大、混频、本地振荡、中频放大、解调电路等,都属高频电子线路的研究对象。它们除了在现代通信系统中占据着“举足轻重”的作用外,还广泛地应用于其他电子设备中。

本书的主要任务是讨论以集总参数为限的上述各高频电子线路的基本组成、工作原理、性能特点、基本工程分析方法。同时,本着贯彻以集成电路为主的原则,删减目前已逐步由相应集成电路取代的分立元件电路,适当增加集成电路、低噪声电路方面的内容。

在上述电路中,除高频小信号放大和中频放大电路属线性电路外,其余者均属非线性电路,作为学习本书的基础知识,有必要首先对选频电路、晶体管高频等效电路和非线性电路的特点进行讨论。

1.2 选频电路

在无线电通信系统中,无论是从自由空间电磁波中接收已调波,还是利用非线性电路实现频率变换,都需要从众多不同频率信号中选出有用信号,抑制无用信号(干扰和噪声),以提高系统信号的质量和抗干扰能力。这一任务是由选频电路来完成的。

1.2.1 对选频电路的要求

在通信电路中,多数情况下,信号本身不是单一频率的信号,而是占有一定频带宽度的频谱信号。这就要求选频电路的通频带宽度应与它所传输信号有效频谱宽度相适应。为不引入信号的幅度失真,理想的选频电路通频带内的幅频特性 $H(f)$ 应满足

$$\frac{\mathrm{d}H(f)}{\mathrm{d}f} = 0 \tag{1.2-1}$$

为抑制通频带外的干扰,选频电路通频带外的幅频特性 $H(f)$ 应满足

$$H(f) = 0 \tag{1.2-2}$$

显然,理想的幅频特性应是矩形,如图 1.2-1 中虚线所示。其纵坐标是 $\alpha(f) = H(f)/H(f_0)$,称为归一化谐振函数。

实际幅频特性只能是接近矩形,如图 1.2-1 中实线所示。接近的程度与选频电路本身结构形式有关。通常用矩形系数 $K_{r0.1}$ 表示,其定义为

$$K_{r0.1} = \frac{2\Delta f_{0.1}}{2\Delta f_{0.7}} \tag{1.2-3}$$

式中,$2\Delta f_{0.7}$ 为 $\alpha(f)$ 由 1 下降到 $1/\sqrt{2}$ 时,两边界频率 f_1 与 f_2 之间的频带宽度,称为通频带,即

$$2\Delta f_{0.7} = f_1 - f_2 = 2(f_1 - f_0) \tag{1.2-4}$$

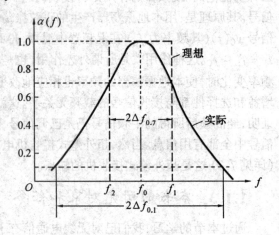

图 1.2-1 理想与实际幅频特性

$2\Delta f_{0.1}$ 为 $\alpha(f)$ 下降到 0.1 处的频带宽度。显然,理想矩形系数 $K_{r0.1} = 1$,实际矩形系数均大于 1。

信号通过选频电路,为不引入信号的相位失真,要求在通频带范围内选频电路的相频特性应满足

$$\frac{\mathrm{d}\varphi(f)}{\mathrm{d}f} = \tau$$

即信号有效频带宽度之内的各频率分量通过选频电路之后,都延迟一个相同时间 τ,这样才能保证输出信号中各频率分量之间的相对关系与输入信号完全相同,否则,将引起相位失真,使波形变形。

实际上,完全满足上述要求并非易事,往往只能进行合理的近似。

1.2.2 选频电路的分类

在通信电路中,选频电路与非线性频率变换电路是两大主要组成部分。根据它们实现的功能不同,两者之间的组合形式也是各不相同的。对选频电路本身而言,按其功能可分为低通滤波电路、带通滤波电路、高通滤波电路、带阻滤波电路等。按其工作原理可分为谐振式选频电路、集中选频电路、陶瓷滤波器、声表面波滤波器、晶体滤波器等。

下面将介绍谐振式选频电路的一些特点和结论,其他形式选频电路在第2章中介绍。

1.2.3 谐振式选频电路

利用 LC 振荡回路所呈现的谐振特性来实现选频功能的电路,称为谐振式选频电路,简称为谐振回路。

1. LC 串联谐振回路及其选频特性

图 1.2-2 为电感 L、电阻 r、电容 C 和外加电动势 $\dot{V}_S$ 组成的串联谐振回路。图中 r 通常是电感线圈的损耗电阻,电容的损耗很小,可以忽略。

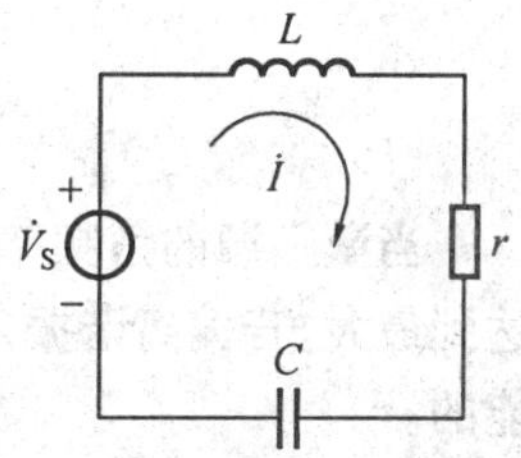

(1) 串联回路阻抗

由图 1.2-2 可知串联回路阻抗为

$$Z = r + \mathrm{j}\left(\omega L - \frac{1}{\omega C}\right) = r + \mathrm{j}X = |Z| e^{\mathrm{j}\varphi_z} \quad (1.2\text{-}5)$$

图 1.2-2 串联谐振回路

式中

$$X = \omega L - \frac{1}{\omega C}$$

$$|Z| = \sqrt{r^2 + X^2} = \sqrt{r^2 + \left(\omega L - \frac{1}{\omega C}\right)^2}$$

$$\varphi_Z = \arctan \frac{X}{r} = \arctan \frac{\omega L - \dfrac{1}{\omega C}}{r}$$

分别为回路电抗 X、回路阻抗模值 $|Z|$ 和回路阻抗角 φ_Z。它们与角频率 ω 的关系曲线分别示于图 1.2-3 中(a)、(b) 和(c)。

使回路阻抗 Z 呈现纯阻性的角频率,称为谐振角频率,以 ω_0 表示,显然

$$\omega_0 L - \frac{1}{\omega_0 C} = 0 \quad \text{或} \quad \omega_0 = \frac{1}{\sqrt{LC}} \quad (1.2\text{-}6)$$

只决定于回路本身参数,与激励源无关,称为回路固有谐振角频率。

令

$$\rho = \omega_0 L = \frac{1}{\omega_0 C} \quad (1.2\text{-}7)$$

称 ρ 为回路的谐振特性阻抗。

由图 1.2-3 可见,当 $\omega = \omega_0$ 时,$X = 0$,$|Z| = r$,Z 呈电阻性,$\varphi_Z = 0$;当 $\omega > \omega_0$ 时,$X > 0$,$|Z| > r$,Z 呈电感性,$\varphi_Z > 0$;当 $\omega < \omega_0$ 时,$X < 0$,$|Z| > r$,Z 呈电容性,$\varphi_Z < 0$。

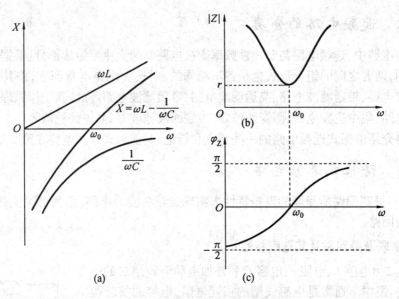

图 1.2-3 串联谐振回路阻抗特性

当激励源的角频率恰好等于回路固有谐振角频率时，$|Z|$呈现最小值，回路电流值达到最大。若偏离谐振角频率，则回路中电流值均要减小。正是利用这一现象实现选频功能的。

(2) 串联谐振回路幅频特性曲线

串联谐振回路中电流$\dot{I}$的幅值随外加激励源$\dot{V}_S$角频率变化的关系曲线表示式，由图1.2-2可得

$$\dot{I} = \frac{\dot{V}_S}{Z} = \frac{\dot{V}_S}{r + \mathrm{j}\left(\omega L - \dfrac{1}{\omega C}\right)} = \frac{\dot{V}_S}{|Z|}\mathrm{e}^{-\mathrm{j}\varphi_z} = I_m\mathrm{e}^{\mathrm{j}(\varphi_S - \varphi_z)} = I_m\mathrm{e}^{\mathrm{j}\varphi_I} \qquad (1.2\text{-}8)$$

取其模值

$$I_m = \frac{|\dot{V}_S|}{|Z|} = \frac{V_{Sm}}{\sqrt{r^2 + \left(\omega L - \dfrac{1}{\omega C}\right)^2}}$$

I_m与ω的关系曲线，称为幅频特性，如图1.2-4所示。

当$\omega = \omega_0$时，$I_{m0} = \dfrac{V_{Sm}}{r}$最大。显然，$I_{m0}$值因$r$不同而不等。为比较不同谐振回路的选频性能，常采取归一化谐振曲线，其定义为

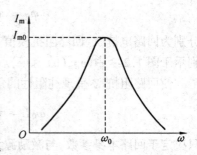

图 1.2-4 I_m与ω关系曲线

$$\alpha = \frac{I_m}{I_{m0}} = \frac{V_{Sm}}{\sqrt{r^2 + \left(\omega L - \dfrac{1}{\omega C}\right)^2}} \Bigg/ \frac{V_{Sm}}{r} = \frac{1}{\sqrt{1 + \dfrac{1}{r^2}\left(\omega L - \dfrac{1}{\omega C}\right)^2}}$$

$$= \frac{1}{\sqrt{1 + \dfrac{\omega_0^2 L^2}{r^2}\left(\dfrac{\omega}{\omega_0} - \dfrac{\omega_0}{\omega}\right)^2}} = \frac{1}{\sqrt{1 + Q_0^2\gamma^2}} = \frac{1}{\sqrt{1 + \xi^2}} \qquad (1.2\text{-}9)$$

式中，$Q_0 = \dfrac{\omega_0 L}{r} = \dfrac{\rho}{r}$ 为回路的固有品质因数；$\gamma = \dfrac{\omega}{\omega_0} - \dfrac{\omega_0}{\omega}$ 为回路的相对失谐；$\xi = Q_0 \gamma$ 为回路的广义失谐。

在 ω_0 附近（即 $\omega \approx \omega_0$），相对失谐 γ 表示式可以简化

$$\left.\begin{aligned}\gamma &= \frac{\omega}{\omega_0} - \frac{\omega_0}{\omega} = \frac{\omega^2 - \omega_0^2}{\omega_0 \omega} \approx \frac{(\omega + \omega_0)(\omega - \omega_0)}{\omega_0^2} \approx \frac{2\omega_0 \Delta\omega}{\omega_0^2} = \frac{2\Delta\omega}{\omega_0} \\ \xi &= Q_0\gamma \approx Q_0 \frac{2\Delta\omega}{\omega_0}\end{aligned}\right\} \quad (1.2\text{-}10)$$

其中 $\Delta\omega = \omega - \omega_0$ 为绝对失谐量，将式(1.2-10)代入式(1.2-9)中

$$\alpha = \frac{1}{\sqrt{1 + \xi^2}} \approx \frac{1}{\sqrt{1 + Q_0^2 \left(\dfrac{2\Delta\omega}{\omega_0}\right)^2}} \quad (1.2\text{-}11)$$

根据式(1.2-11)，可取不同的自变量画出其归一化的谐振曲线，如图1.2-5(a)、(b)所示。

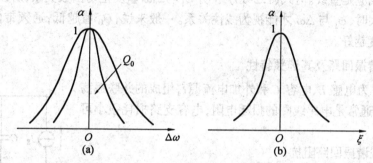

图1.2-5　取不同自变量的归一化幅–频特性曲线

由图(a)可见，回路品质因数 Q_0 的大小对谐振曲线形状影响很大。Q_0 值越高，曲线越尖锐，选择性越好，但其通频带也越窄，反之亦然。因而选择性和通频带之间是矛盾的。图(b)为通用谐频曲线，对任何不同参数的串联回路都是适用的。

从式(1.2-11)可求出串联谐振回路的通频带表达式，令

$$\alpha = \frac{1}{\sqrt{1 + Q_0^2 \left(\dfrac{2\Delta\omega}{\omega_0}\right)^2}} = \frac{1}{\sqrt{2}}$$

解得

$$2\Delta f_{0.7} = \frac{f_0}{Q_0} \quad (1.2\text{-}12)$$

当回路谐振频率 f_0 一定时，通频带 $2\Delta f_{0.7}$ 与回路品质因数 Q_0 成反比。

(3) 串联谐振回路相频特性曲线

串联谐振回路中电流 I 的相位随外加激励源 $\dot{V}_S$ 角频率变化关系曲线，称为相频特性曲线，如设 $\varphi_S = 0$，由式(1.2-8)可知，回路中电流相角 φ_I 与回路阻抗相角 φ_Z 的关系为

$$\varphi_I = -\varphi_Z = -\arctan\frac{\omega L - \dfrac{1}{\omega C}}{r} = -\arctan Q_0 \frac{2\Delta\omega}{\omega_0} = -\arctan\xi \quad (1.2\text{-}13)$$

根据此式,取不同的自变量,绘出回路电流的相频特性曲线如图1.2-6(a)、(b)所示。

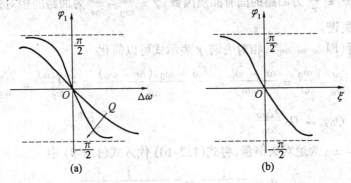

图 1.2-6　取不同自变量的相频特性曲线

与回路的幅频特性曲线相似,其相频特性也与 Q_0 值有关,Q_0 值越高,相频特性变化越陡峭。前曾提及,为使频带信号通过选频回路不产生相位失真,要求在回路通频带之内,相频特性曲线应是直线。但式(1.2-13)表明 φ_I 与 $\Delta\omega$ 呈反正切函数关系,所以只有在 $\Delta\omega$ 变化范围不大时,φ_I 与 $\Delta\omega$ 才能视为线性关系。一般来说,Q_0 值越低,通频带内相频特性曲线的线性度越好。

2. 并联谐振回路及其选频特性

图1.2-7为电感 L、电容 C 和外加电流源 $\dot{I}_s$ 组成的并联振荡回路。图中 r 通常是电感线圈的损耗电阻,电容支路损耗很小可忽略。

（1）并联谐振回路阻抗

由图1.2-7可得并联谐振回路阻抗为

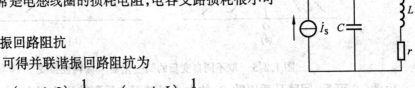

图 1.2-7　并联谐振回路

$$Z_p = \frac{(r + j\omega L)\dfrac{1}{j\omega C}}{r + j\omega L + \dfrac{1}{j\omega C}} = \frac{(r + j\omega L)\dfrac{1}{j\omega C}}{r + j\left(\omega L - \dfrac{1}{\omega C}\right)}$$

$$= \frac{\dfrac{L}{C} - j\dfrac{r}{\omega C}}{r\left[1 + j\left(\dfrac{\omega L}{r} - \dfrac{1}{\omega C r}\right)\right]} = \frac{L}{Cr} \cdot \frac{1 - j\dfrac{r}{\omega L}}{1 + j\left(\dfrac{\omega L}{r} - \dfrac{1}{\omega C r}\right)} \tag{1.2-14}$$

谐振时,上式应呈纯阻性,因而分子、分母中的虚部必须相抵消,即

$$-\frac{r}{\omega_p L} = \frac{\omega_p L}{r} - \frac{1}{\omega_p C r}$$

由此解得并联回路谐振频率

$$\omega_p = \sqrt{\frac{1}{LC} - \frac{r^2}{L^2}} \tag{1.2-15}$$

并联回路谐振电阻

$$R_p = \frac{L}{Cr} = \frac{\rho^2}{r} \tag{1.2-16}$$

在选频电路中,经常应用高 Q 情况(即 $\omega_p L \gg r$),这时式(1.2-14)、(1.2-15)可简化

为

$$Z_{\text{p}} = \frac{L}{Cr} \cdot \frac{1}{1 + j\xi} = \frac{R_{\text{p}}}{1 + j\xi} \qquad (1.2\text{-}17)$$

$$\omega_{\text{p}} = \frac{1}{\sqrt{LC}} = \omega_0 \qquad (1.2\text{-}18)$$

（2）并联谐振回路的幅频特性曲线

并联谐振回路两端电压幅值随外加激励源 $\dot{I}_{\text{S}}$ 角频率变化的关系曲线,称为并联谐振回路幅频特性曲线。

由图 1.2-7 可知,$\dot{V} = \dot{I}_{\text{S}} Z_{\text{p}}$。在高 Q 情况,将式(1.2-17)代入该式,则

$$\dot{V} = \frac{\dot{I}_{\text{S}} R_{\text{p}}}{1 + j\xi} \approx \frac{\dot{I}_{\text{S}} L / Cr}{1 + jQ_0 \dfrac{2\Delta\omega}{\omega_0}} \qquad (1.2\text{-}19)$$

当回路谐振时,回路两端电压达到最大值

$$\dot{V}_0 = \dot{I}_{\text{S}} R_{\text{p}} \approx \dot{I}_{\text{S}} \frac{L}{Cr} \qquad (1.2\text{-}20)$$

从而可得归一化谐振曲线表示式为

$$\alpha = \left| \frac{\dot{V}}{\dot{V}_0} \right| = \frac{1}{\sqrt{1 + \xi^2}} = \frac{1}{\sqrt{1 + \left(Q_0 \dfrac{2\Delta\omega}{\omega_0} \right)^2}} \qquad (1.2\text{-}21)$$

由此可见,在高 Q 情况下,并联谐振回路具有与串联谐振回路相同的幅频特性和相频特性,所以也必有相同的谐振频率、通频带表达式。

（3）信源内阻和负载对回路性能的影响

考虑信源内阻 R_{S} 和负载电阻 R_{L} 时,并联谐振回路等效电路如图 1.2-8 所示。

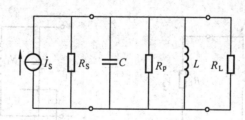

图 1.2-8 R_{S} 和 R_{L} 并联揩振回路

图中,R_{p} 为回路固有谐振电阻,它与 r 关系由式(1.2-16)决定。由于 R_{S} 和 R_{L} 的并联接入,回路谐振时呈现的等效谐振电阻为

$$R'_{\text{p}} = \frac{1}{\dfrac{1}{R_{\text{p}}} + \dfrac{1}{R_{\text{S}}} + \dfrac{1}{R_{\text{L}}}} = \frac{R_{\text{p}}}{1 + \dfrac{R_{\text{p}}}{R_{\text{S}}} + \dfrac{R_{\text{p}}}{R_{\text{L}}}} \qquad (1.2\text{-}22)$$

这时回路的等效品质因数为

$$Q_{\text{L}} = \frac{R'_{\text{p}}}{\omega_{\text{p}} L} = \frac{Q_0}{1 + \dfrac{R_{\text{p}}}{R_{\text{S}}} + \dfrac{R_{\text{p}}}{R_{\text{L}}}} \qquad (1.2\text{-}23)$$

式中，Q_0 为回路本身固有品质因数，Q_L 称为有载品质因数。显然，$Q_L < Q_0$，且 R_S 与 R_L 越小，Q_L 较 Q_0 下降也越多。

实际工作中，激励源内阻 R_S 与负载电阻 R_L 的数值都已是固定值，不能选择。那么，如何降低它们对回路 Q 值的影响呢？通常采用阻抗变换网络，将 R_S 或 R_L 变换成适当值后再与回路联接即可。

(4) 阻抗变换网络

阻抗变换网络的任务是将实际负载阻抗，变换为前级电路所要求的最佳阻抗值。常用的网络形式有变压器电路、自耦变压器电路、电容分压电路等。

① 变压器阻抗变换电路。如图 1.2-9 所示。假设初级电感线圈的圈数为 N_1，次级圈数为 N_2，且初、次级间全耦合（$k = 1$），线圈损耗忽略不计。回路谐振时初级在电阻 R'_L 上所消耗功率应和次级负载 R_L 所消耗功率相等，即

$$\frac{V_1^2}{R'_L} = \frac{V_2^2}{R_L} \quad \text{或} \quad \frac{R'_L}{R_L} = \frac{V_1^2}{V_2^2}$$

又因全耦合变压器初、次级电压比 V_1/V_2 等于相应圈数比 N_1/N_2，故有

$$R'_L = \left(\frac{N_1}{N_2}\right)^2 R_L \tag{1.2-24}$$

若 $\dfrac{N_1}{N_2} > 1$，则 $R'_L > R_L$；$\dfrac{N_1}{N_2} < 1$，$R'_L < R_L$。可以通过改变 $\dfrac{N_1}{N_2}$ 比值调整 R'_L 的大小。

② 自耦变压器变换电路。如图 1.2-10 所示。分析方法和变压器变换电路相同，但这里需要满足高 Q 条件，即 $R_L \gg \omega L_2$，则有

$$R'_L = \left(\frac{N_1}{N_2}\right)^2 R_L \tag{1.2-25}$$

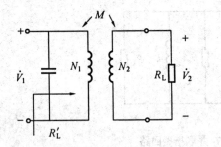
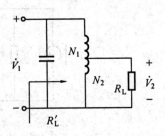

图 1.2-9　变压器阻抗变换电路　　　　图 1.2-10　自耦变压器阻抗变换电路

与变压器变换电路相比，自耦变压器变换电路的优点是绕制方法简单、节省导线，缺点是负载与回路之间有直流通路。

③ 双电感变换电路。如图 1.2-11 所示，这里 L_1、L_2 各自屏蔽，它们之间没有耦合（$k = 0$）。这时

$$R'_L = \left(\frac{L_1 + L_2}{L_2}\right)^2 R_L \tag{1.2-26}$$

这种电路应用不如前两种广泛。

④ 双电容变换电路。如图 1.2-12 所示。仍可用前述方法证明

$$R'_L = \left(\frac{C_1 + C_2}{C_1} \right)^2 R_L \qquad (1.2\text{-}27)$$

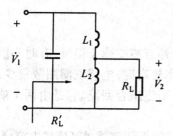
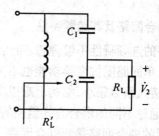

图 1.2-11 双电感阻抗变换电路 　　　图 1.2-12 双电容阻抗变换电路

上述四种电路,虽形式不同,却有共同点:负载电阻都与回路是部分连接。因此,称为"部分接入法"。若将负载 R_L 上电压与回路两端电压的比值称为"接入系数",以 p 表示,则

$$\left. \begin{aligned} p &= \frac{N_2}{N_1} \\ p &= \frac{L_2}{L_1 + L_2} \\ p &= \frac{C_1}{C_1 + C_2} \end{aligned} \right\} \qquad (1.2\text{-}28)$$

所以,p 在 0 到 1 之间取值,调整 p 值大小就可以改变 R'_L 值。

必须指出,当外接负载不是纯阻而含有电抗分量时,上述变换关系仍然适用[参考式(1.2-53)]。例如将负载电容 C_L 折合到初级,如图 1.2-13 所示。

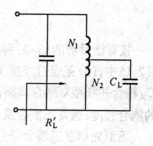

$$\frac{1}{\omega C'_L} = \left(\frac{N_1}{N_2} \right)^2 \cdot \frac{1}{\omega C_L}$$

$$C'_L = p^2 C_L \qquad (1.2\text{-}29)$$

另外,部分接入法也适用于信号源端。例如,在图 1.2-14 中,信源内阻 R_S 折合到回路两端为 R'_S

图 1.2-13　负载电容的变换

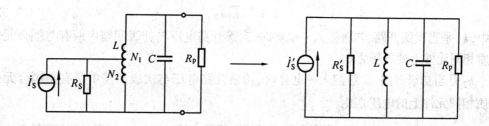

图 1.2-14　信源内阻与电流源的变换

$$R'_S = \left(\frac{1}{p}\right)^2 R_S \tag{1.2-30}$$

电流源 $\dot{I}_S$ 也可依据变换前后维持功率相等的条件折合到回路两端为 $\dot{I}'_S$,显然

$$\dot{I}'_S = p\dot{I}_S \tag{1.2-31}$$

3. 双耦合回路及其选频特性

单回路的选频特性不够理想:带内不平坦,带外衰减变化又很慢,有时不能满足实际需要。另外,单回路阻抗变换功能也不灵活。当频率较高时,电感线圈圈数很少,负载阻抗可能很低,接入系数很小,结构上难以实现。为此,引出耦合回路。它是由两个或两个以上的单回路、通过不同的耦合方式组成的选频网络。

最常用的耦合回路是双耦合回路,它由两个单谐振回路通过互感或电容耦合组成。如图 1.2-15 所示。

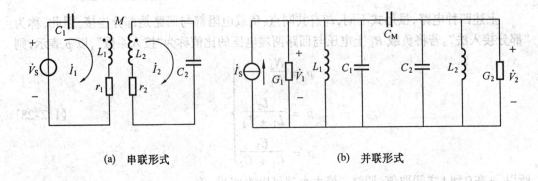

(a) 串联形式   (b) 并联形式

图 1.2-15　双耦合回路

接有激励源的回路,称为初级回路,而与负载相联接的回路,称为次级回路。在图 1.2-15 中,(a)是通过互感 M 耦合串联型双耦合回路,称为互感耦合回路。(b)是通过电容 C_M 耦合并联型双耦合回路,称为电容耦合回路。改变 M 或 C_M 就可改变其初次级回路之间的耦合程度,通常用耦合系数来表征。

下面先以互感耦合回路为例,分析它的选频特性和阻抗变换作用,然后说明所得结论也适用于电容耦合回路。

(1) 互感耦合回路的耦合系数

耦合系数定义是

$$k = \sqrt{k_1 k_2} \tag{1.2-32}$$

式中,k_1 是当次级开路、初级接入一电势时,次级开路电压与初级回路中所有与耦合元件性质相同元件上的电压之比。

k_2 是当初级开路、次级接入一电势时,初级开路电压与次级回路中所有与耦合元件性质相同元件上的电压之比。

例如　图 1.2-15(a) 互感耦合回路的耦合系数为 $k = \dfrac{M}{\sqrt{L_1 L_2}}$,图(b) 电容耦合回路的耦合系数为

$$k = \frac{C_M}{\sqrt{(C_1 + C_M)(C_2 + C_M)}}$$

k 是无量纲的常数。一般地讲，$k < 1\%$，称很弱耦合；$k = 1\% \sim 5\%$，称弱耦合；$k = 5\% \sim 90\%$，称强耦合；$k > 90\%$，称很强耦合；$k = 100\%$，称全耦合。k 值大小，能极大地影响耦合回路频率特性曲线的形状。

(2) 互感耦合回路的谐振特性曲线

根据图(1.2-15)(a) 列基尔霍夫方程式

$$Z_{11}\dot{I}_1 - j\omega M\dot{I}_2 = \dot{V}_S$$
$$Z_{22}\dot{I}_2 - j\omega M\dot{I}_1 = 0 \qquad (1.2\text{-}33)$$

式中，Z_{11}、Z_{22} 分别是初、次级回路的自阻抗

$$Z_{11} = r_{11} + j\omega L_1 + \frac{1}{j\omega C_1} = r_{11} + jX_{11}$$

$$Z_{22} = r_{22} + j\omega L_2 + \frac{1}{j\omega C_2} = r_{22} + jX_{22}$$

解式(1.2-33) 方程组，可得初、次级回路电流表示式分别为

$$\dot{I}_1 = \frac{\dot{V}_S}{Z_{11} + \dfrac{(\omega M)^2}{Z_{22}}} = \frac{\dot{V}_S}{Z_{11} + Z_{12}} \qquad (1.2\text{-}34)$$

$$\dot{I}_2 = \frac{j\omega M \dfrac{\dot{V}_S}{Z_{11}}}{Z_{22} + \dfrac{(\omega M)^2}{Z_{11}}} = \frac{\dot{E}_2}{Z_{22} + Z_{11}} \qquad (1.2\text{-}35)$$

上两式中

$$Z_{12} = \frac{(\omega M)^2}{Z_{22}} = \frac{(\omega M)^2}{|Z_{22}|^2} r_{22} + j\frac{-(\omega M)^2}{|Z_{22}|^2} X_{22}$$

$$Z_{21} = \frac{(\omega M)^2}{Z_{11}} = \frac{(\omega M)^2}{|Z_{11}|^2} r_{11} + j\frac{-(\omega M)^2}{|Z_{11}|^2} X_{11}$$

$$\dot{E}_2 = j\omega M \frac{\dot{V}_S}{Z_{11}} = j\omega M\dot{I}_1 \qquad (1.2\text{-}36)$$

Z_{12} 是次级反映到初级回路的反映阻抗；Z_{21} 是初级反映到次级回路的反映阻抗。$\dot{E}_2$ 是次级开路时，初级电流 $\dot{I}_1$ 在次级电感 L_2 两端所感应的电势。

分别调节初、次级回路电抗值，使两个回路都单独地达到与信源频率谐振，即

$$X_{11} = 0 \qquad X_{22} = 0$$

这时，称耦合回路达到全谐振状态。在全谐振条件下，两个回路的自阻抗均呈现电阻性

$$Z_{11} = r_{11} \qquad Z_{22} = r_{22}$$

式(1.2-34) 和(1.2-35) 变成为

$$\dot{I}_1 = \frac{\dot{V}_S}{r_{11} + r_{12}} = \frac{\dot{V}_S}{r_{11} + \frac{(\omega M)^2}{r_{22}}} \qquad (1.2\text{-}37)$$

$$\dot{I}_2 = \frac{j\omega M \dfrac{\dot{V}_S}{r_{11}}}{r_{22} + r_{21}} = \frac{j\omega M \dfrac{\dot{V}_S}{r_{11}}}{r_{22} + \dfrac{(\omega M)^2}{r_{11}}} \qquad (1.2\text{-}38)$$

因为一般情况下，r_{22} 与 r_{21} 不相等，即电路未达到匹配状态，故次级回路虽然处于谐振状态，但次级电流并未达到最大值。如能在全谐振基础上，再调节耦合量，使

$$r_{21} = \frac{(\omega M)^2}{r_{11}} = r_{22} \quad 或 \quad \omega M = \sqrt{r_{11} r_{22}}$$

代入式(1.2-38)中，可使次级回路电流达到最大值

$$\dot{I}_{2max} = \frac{j\dot{V}_S}{2\sqrt{r_{11} r_{22}}} \qquad (1.2\text{-}39)$$

称为最佳耦合下的全谐振。

为简化分析，假设初、次回路元件参数对应相等，即 $L_1 = L_2 = L$，$C_1 = C_2 = C$，$r_{11} = r_{12} = r$，$Z_{11} = Z_{22} = Z = r(1 + j\xi)$，重写式(1.3-34)，(1.3-35)

$$\dot{I}_1 = \frac{\dot{V}_S}{r(1 + j\xi) + \dfrac{(\omega M)^2}{r(1 + j\xi)}} = \frac{(1 + j\xi)\dot{V}_S/r}{(1 + j\xi)^2 + \left(\dfrac{\omega M}{r}\right)^2} \qquad (1.2\text{-}40)$$

$$\dot{I}_2 = \frac{j\omega M \dfrac{\dot{V}_S}{r(1 + j\xi)}}{r(1 + j\xi) + \dfrac{(\omega M)^2}{r(1 + j\xi)}} = \frac{j\omega M\dot{V}_S/r^2}{(1 + j\xi)^2 + \left(\dfrac{\omega M}{r}\right)^2} \qquad (1.2\text{-}41)$$

令 $\eta = \dfrac{\omega M}{r}$，称为耦合因数，它与互感耦合系数 k 的关系可由下式导出

$$\eta = \frac{\omega M}{r} = \frac{\omega k L}{r} = kQ$$

代入式(1.2-40)、(1.2-41)中，则

$$\dot{I}_1 = \frac{(1 + j\xi)\dot{V}_S/r}{(1 + j\xi)^2 + \eta^2} \qquad (1.2\text{-}42)$$

$$\dot{I}_2 = \frac{j\eta\dot{V}_S/r}{(1 + j\xi)^2 + \eta^2} \qquad (1.2\text{-}43)$$

作为选频回路，讨论耦合回路的次级谐振特性具有实际意义。考虑到式(1.2-39)，将式(1.2-43)改写为

$$\dot{I}_2 = \frac{2\eta \dot{I}_{2max}}{(1 + j\xi)^2 + \eta^2} \qquad (1.2\text{-}44)$$

或者
$$\frac{\dot{I}_2}{\dot{I}_{2max}} = \frac{2\eta}{(1 + j\xi)^2 + \eta^2} = \frac{2\eta}{(1 - \xi^2 + \eta^2) + 2j\xi}$$

取其模值

$$\alpha = \left| \frac{\dot{I}_2}{\dot{I}_{2max}} \right| = \frac{2\eta}{\sqrt{(1 - \xi^2 + \eta^2)^2 + 4\xi^2}} = \frac{2\eta}{\sqrt{(1 + \eta^2)^2 + 2(1 - \eta^2)\xi^2 + \xi^4}}$$

$$(1.2\text{-}45)$$

由式(1.2-45)可以看出,归一化谐振曲线 α 的表示式是 ξ 的偶函数。因此,谐振曲线相对于纵坐标轴而言是对称的。若以 ξ 为自变量,η 为参变量,由式(1.2-45)可画出次级回路归一化谐振特性曲线,如图1.2-16所示。可看出曲线形状随 η 的不同取值而异。讨论如下:

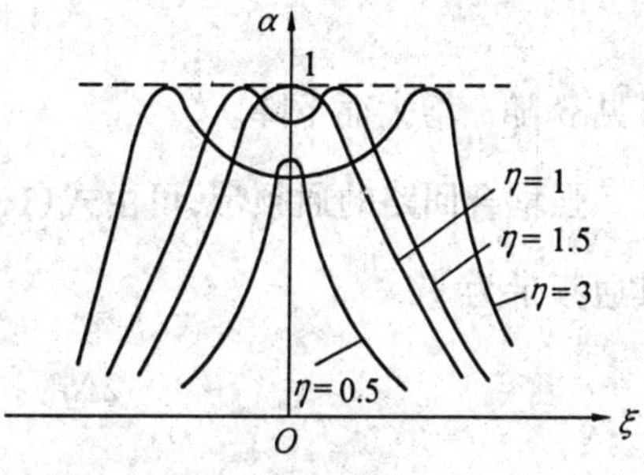

图1.2-16 归一化谐振曲线

① $\eta = 1$ 时特性曲线的通频带和矩形系数。

$\eta = 1$,即 $kQ = 1$,称为临界耦合。由图1.2-16可见临界耦合谐振曲线是单峰曲线。在谐振点上($\xi = 0$),$\alpha = 1$,次级回路电流达到最大值。这也就是最佳耦合下的全谐振状态。此时,式(1.2-45)变为

$$\alpha = \frac{2}{\sqrt{4 + \xi^4}}$$

$$(1.2\text{-}46)$$

令 $\alpha = \frac{1}{\sqrt{2}}$,代入式(1.2-46)可得

$$\xi = \sqrt{2}$$

由式(1.2-10)已知 $\xi = Q_0 \frac{2\Delta\omega}{\omega_0} = Q_0 \frac{2\Delta f}{f_0}$,故可求得通频带

$$2\Delta f_{0.7} = \sqrt{2} \frac{f_0}{Q_0}$$

$$(1.2\text{-}47)$$

由式(1.2-47)可见,在 Q_0 值相同情况下,临界耦合回路通频带是单回路的 $\sqrt{2}$ 倍。

为求临界耦合情况下的矩形系数,令式(1.2-46)中的 $\alpha = 0.1$ 可解得

$$2\Delta f_{0.1} = \sqrt[4]{100 - 1} \cdot \frac{\sqrt{2}f_0}{Q_0}$$

故

$$K_{r0.1} = \frac{2\Delta f_{0.1}}{2\Delta f_{0.7}} = \sqrt[4]{100 - 1} = 3.16$$

$$(1.2\text{-}48)$$

比单回路矩形系数小得多。

② $\eta < 1$,为弱耦合状态,由式(1.2-45)可知,其分母中各项均为正值,所以 α 随 $|\xi|$ 增大而减小。在 $\xi = 0$ 时

$$\alpha = \frac{2\eta}{1 + \eta^2}$$

可见 η 越小于1,次级电流变小,通频带也变窄了。

③ $\eta > 1$ 为过耦合情况,式(1.2-45)分母中的第二项 $2(1 - \eta^2)\xi^2$ 为负值,随 $|\xi|$ 增大此负值也随着增大,但第三项 ξ^4 随 $|\xi|$ 增大有更快地增大。因此,当 $|\xi|$ 较小时,分母随 $|\xi|$ 增大而减小,当 $|\xi|$ 较大时,分母又随 $|\xi|$ 增大而增大。所以,随着 $|\xi|$ 的增大,

α 值先是增大,而后又减小,在 $\xi = 0$ 的两边必然形成双峰,$\xi = 0$ 处为谷点,正如图 1.2-16 中 $\eta > 1$ 各条曲线所示。η 值越大,两峰点相距越远,谷点下凹也越厉害。如用符号 δ 表示,其值可从式(1.2-45)求出,当 $\xi = 0$ 时

$$\delta = \frac{2\eta}{1 + \eta^2} \tag{1.2-49}$$

可见 δ 随 η 增大而下降。

强耦合回路的通频带,可由式(1.2-45)求出,令 $\alpha = \frac{1}{\sqrt{2}}$,解得 $\xi = \sqrt{\eta^2 + 2\eta + 1}$,故其通频带为

$$2\Delta f_{0.7} = \sqrt{\eta^2 + 2\eta + 1} \cdot \frac{f_0}{Q} \tag{1.2-50}$$

显然,与 η 值有关。η 值越大,通频带越宽,但 η 的最大取值不能使 $\delta < \frac{1}{\sqrt{2}}$,令

$$\delta = \frac{2\eta_{max}}{1 + \eta_{max}^2} = \frac{1}{\sqrt{2}}$$

求得 $\eta_{max} = 2.41$,代入式(1.2-50)中,可得

$$2\Delta f_{0.7} = 3.1 \frac{f_0}{Q} \tag{1.2-51}$$

在相同的 Q 情况下,它是单回路通频带的 3.1 倍。

必须指出,上述分析都是假定初、次级元件参数相同情况下所得的结论。如果初、次级元件参数不同,分析十分繁琐,实际电路又不常见,故不再讨论。

(3) 互感耦合回路的阻抗变换

前面已给出反映阻抗的概念,如式(1.2-34)、(1.2-35)所示,Z_{12} 和 Z_{21} 已起到阻抗变换作用。但其反映阻抗与回路电感线圈 L 是串联的。还可以推导出反映阻抗与电感 L_1 是并联的等效电路,如图 1.2-17 所示。

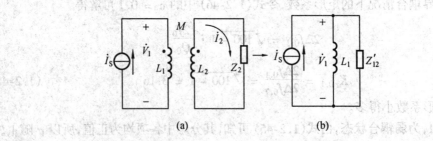

图 1.2-17 反映阻抗与电感 L 为并联等效电路

由图 1.2-17(a) 的初级电路方程

$$\frac{\dot{I}_S}{\dot{V}_1} = \frac{1}{j\omega L_1 + \dfrac{(\omega M)^2}{j\omega L_2 + Z_2}}$$

对上式右端加、减 $\dfrac{1}{j\omega L_1}$ 项,整理后得

$$\frac{\dot{I}_S}{\dot{V}_1} = \frac{1}{j\omega L_1} + \frac{1}{j\omega L_1(\frac{L_1 L_2}{M^2} - 1) + (\frac{L_1}{M})^2 Z_2}$$

这是从初级看入的总导纳,其第一项是初级自感 L_1 的导纳,第二项是次级回路反映到初级回路的反映导纳,其倒数就是并联形式的反映阻抗,以符号 Z'_{12} 表示

$$Z'_{12} = j\omega L_1(\frac{L_1 L_2}{M^2} - 1) + (\frac{L_1}{M})^2 Z_2$$

因互感耦合回路耦合系数 $k = \frac{M}{\sqrt{L_1 L_2}}$,上式可改写

$$Z'_{12} = j\omega L_1(\frac{1}{k^2} - 1) + \frac{1}{k^2} \cdot \frac{L_1}{L_2} Z_2 \tag{1.2-52}$$

当 $k = 1$ 时(全耦合情况)

$$Z'_{12} = \frac{L_1}{L_2} Z_2 = (\frac{N_1}{N_2})^2 Z_2 \tag{1.2-53}$$

与式(1.2-25)有相似的形式。

当 $k < 1$ 时,只要是初级回路调谐,式(1.2-52)第一项为零,这时

$$Z'_{12} = \frac{1}{k^2} \cdot \frac{L_1}{L_2} Z_2 = (\frac{L_1}{M})^2 Z_2 \tag{1.2-54}$$

可通过 M 调节接入系数,更方便灵活,不受电感线圈的结构限制。

对于图 1.2-15(b) 所示并联电容耦合形式电路的分析,仍用基尔霍夫定律列节点电流方程

$$\left.\begin{array}{l} \dot{V}_1 G_1 + \frac{\dot{V}_1}{j\omega L_1} + j\omega C_1 \dot{V}_1 + j\omega C_M(\dot{V}_1 - \dot{V}_2) = \dot{I}_S \\ \dot{V}_2 G_2 + \frac{\dot{V}_2}{j\omega L_2} + j\omega C_2 \dot{V}_2 + j\omega C_M(\dot{V}_2 - \dot{V}_1) = 0 \end{array}\right\} \tag{1.2-55}$$

同样,初、次级回路元件参数相同,式(1.2-55)可简化,整理后为

$$\left.\begin{array}{l} \dot{V}_1 G(1 + j\xi) - j\omega C_M \dot{V}_2 = \dot{I}_S \\ \dot{V}_2 G(1 + j\xi) - j\omega C_M \dot{V}_1 = 0 \end{array}\right\} \tag{1.2-56}$$

解此方程,可得

$$\dot{V}_2 = \frac{j\omega C_M \dot{I}_S}{G^2(1 + j\xi)^2 + (\omega C_M)^2} \tag{1.2-57}$$

将式(1.2-57)与式(1.2-41)进行比较,可见两者存在着对偶关系

$$\dot{V}_2 \longleftrightarrow \dot{I}_2 \qquad \dot{I}_S \longleftrightarrow \dot{V}_S$$

$$C_M \longleftrightarrow M \qquad G \longleftrightarrow r$$

于是式(1.2-57)可有与式(1.2-45)相同的形式

$$\alpha = \left|\frac{\dot{V}_2}{\dot{V}_{2\max}}\right| = \frac{2\eta}{\sqrt{(1 - \xi^2 + \eta^2)^2 + 4\xi^2}} \tag{1.2-58}$$

式中

$$\eta = \frac{\omega C_M}{G} = \frac{\omega C}{G} \cdot \frac{C_M}{C} = Q \cdot k \tag{1.2-59}$$

因此,由互感耦合回路导出的结论,完全适用于并联电容耦合回路。

1.3　晶体管高频等效电路

晶体管在高频段运用时,必须考虑 P – N 结电容的影响。频率再高,还须考虑引线电感和载流子渡越时间的影响。显然高频等效电路与低频等效电路是不同的。

晶体管高频小信号等效模型可从两种不同途径得到:一是根据晶体管内部发生的物理过程来拟定模型,二是把晶体管视为一个二端口网络,列出电流、电压方程式,拟定满足方程的网络模型。由此便可得到两类模型,前者称为物理参数模型,后者称为网络参数模型。同一个晶体管应用在不同场合可用不同的等效电路来表示。这是人为的,是人们用不同的形式表达同一事物的方法。当然,同一晶体管的各种等效电路之间又应该是互相等效的,各等效电路中的参数应能互相转换,不过转换公式有的简单、有的复杂。

1.3.1　物理参数模型

1. 共发射极混合 π 型等效电路

晶体三极管由两个 P – N 结组成,且具有放大作用,其结构形式如图 1.3-1(a) 所示,如忽略集极和发射极体电阻 r_{cc} 和 r_{ee},电路如图 1.3-1(b) 所示,称为混合 π 型等效电路。这个等效电路考虑了结电容效应,因此它适用的频率范围可以到高频段。如果频率再高,引线电感和载流子渡越时间不能忽略,这个等效电路也就不适用了。一般来说它适用的最高频率约为 $f_T/5$。f_T 为晶体管的特征频率,可从晶体管手册中查得。

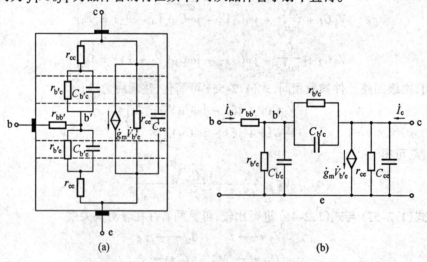

图 1.3-1　晶体管结构示意图及其等效电路

下面讨论混合 π 型等效电路中各元件参数的物理意义:

(1) 基极体电阻 $r_{b'b}$,是基区纵向电阻,其值在几十欧姆到一百欧姆,甚至更大。

(2) 有效基极到发射极间的电阻 $r_{b'e}$,是发射结电阻 r_e 折合到基极回路的等效电阻。

流过 r_e 的电流是发射极电流 i_e,但在等效电路中,流过其等效电阻 $r_{b'e}$ 的是基极电流 i_b,由此可以得到 $r_{b'e}$ 和 r_e 间的关系是

$$r_{b'e} = (1 + \beta_0) r_e \approx \beta_0 r_e \tag{1.3-1}$$

若把 $r_e = 26/I_E$ 代入上式,则

$$r_{b'e} = (1 + \beta_0) \frac{26}{I_E} \approx \beta_0 \frac{26}{I_E} \tag{1.3-2}$$

式中,I_E 是工作点的射极电流,单位为 mA。由于发射结正偏,r_e 值较小,因此 $r_{b'e}$ 值也不很大,一般在几十欧姆到几百欧姆之间。

(3) 发射结电容 $C_{b'e}$,它包括发射结的势垒电容 C_T 和扩散电容 C_D,由于发射结正偏,所以 $C_{b'e}$ 主要是指扩散电容 C_D,一般在 $100 \sim 500$ pF 之间。

(4) 集电结电阻 $r_{b'c}$,由于集电结反偏,因此 $r_{b'c}$ 很大,约在 100 kΩ ~ 10 MΩ 之间。

(5) 集电结电容 $C_{b'c}$,也由势垒电容 C_T 和扩散电容 C_D 两部分组成,因集电结反偏,所以 $C_{b'c}$ 主要是指势垒电容 C_T,其值一般为 $2 \sim 10$ pF。

(6) 受控电流源 $g_m \dot{V}_{b'e}$,它模拟晶体管放大作用。当有效基区 b′ 到发射极 e 之间,加上交流电压 $\dot{V}_{b'e}$ 时,集电极电路就相当于有一电流源 $\dot{I}_c = g_m \dot{V}_{b'e}$ 存在。g_m 称晶体管的跨导,它反映晶体管的放大能力,即

$$g_m = \frac{\dot{I}_c}{\dot{V}_{b'e}}$$

在低频情况下

$$g_m = \frac{\beta_0 I_b}{r_{b'e} I_b} = \frac{\beta_0}{r_{b'e}} = \frac{\beta_0}{(1 + \beta_0) r_e} \approx \frac{1}{r_e} \tag{1.3-3}$$

(7) 集 – 射极间电阻 r_{ce},它表示集电极电压 $\dot{V}_{ce}$ 对集电极电流 $\dot{I}_c$ 的影响,一般在几十千欧以上。

(8) 集 – 射极间电容 C_{ce},由引线或封装等结构形成的分布电容,这个电容很小,一般在 $2 \sim 10$ pF 之间。

在高频段工作时,通常满足 $\frac{1}{\omega C_{b'c}} \ll r_{b'c}$ 和 $R_L \ll r_{ce}$,即可将 $r_{b'c}$ 和 r_{ce} 忽略,C_{ce} 并入负载回路电容中,则可得简化的混合 π 型等效电路,见图 1.3-2 所示。

共发射极电路电流放大系数 β 定义为

$$\beta = \frac{\dot{I}_c}{\dot{I}_b}\bigg|_{\dot{V}_{ce}=0} \tag{1.3-4}$$

由简化电路图 1.3-2,可求出

$$\dot{I}_c = g_m \dot{V}_{b'e}$$

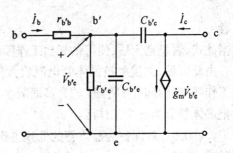

图 1.3-2 简化的混合 π 等效电路

$$\dot{V}_{b'e} = \dot{I}_b \left(r_{b'e} \ /\!/ \ \frac{1}{j\omega C_{b'e}} \ /\!/ \ \frac{1}{j\omega C_{b'c}} \right) = \dot{I}_b \frac{r_{b'e}}{1 + r_{b'e}(C_{b'e} + C_{b'c})}$$

代入式(1.3-4) 中

$$\beta = \frac{g_m r_{b'e}}{1 + j\omega r_{b'e}(C_{b'e} + C_{b'c})} = \frac{\beta_0}{1 + j\omega r_{b'e}(C_{b'e} + C_{b'c})} = \frac{\beta_0}{1 + jf/f_\beta} \qquad (1.3\text{-}5)$$

式中
$$f_\beta = \frac{1}{2\pi r_{b'e}(C_{b'e} + C_{b'c})} \qquad (1.3\text{-}6)$$

f_β 是当 $|\dot\beta|$ 值随 f 上升而下降至低频电流放大系数 β_0 的 $\frac{1}{\sqrt{2}}$ 倍时,所对应的频率,称为 $|\dot\beta|$ 截止频率,如图(1.3-3)所示。

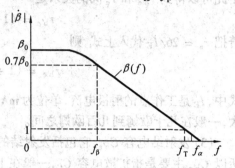

图 1.3-3 f_α、f_β、f_T 和频率 f 的关系

当频率再增高,使 $|\dot\beta|$ 下降至 1 时的频率,称为特征频率用 f_T 表示,即

$$|\dot\beta| = \frac{\beta_0}{\sqrt{1 + (f_T/f_\beta)^2}} = 1$$

由于 $f_T/f_\beta \gg 1$,故有

$$f_T \approx \beta_0 f_\beta \qquad (1.3\text{-}7)$$

由式(1.3-6)、(1.3-7)可求出

$$f_T = \frac{\beta_0}{2\pi r_{b'e}(C_{b'e} + C_{b'c})} \approx \frac{1}{2\pi r_e C_{b'e}} \qquad (1.3\text{-}8)$$

f_T 是晶体管一个十分重要的频率参数,它表示晶体管丧失电流放大能力时的极限频率。

另外,由式(1.3-5)可知

$$|\dot\beta| = \frac{\beta_0}{\sqrt{1 + (f/f_\beta)^2}}$$

当 $f/f_\beta \gg 1$ 时,并考虑到式(1.4-7),则

$$|\dot\beta| = \frac{f_T/f_\beta}{f/f_\beta} = \frac{f_T}{f}$$

或者
$$f_T = f|\dot\beta| \qquad (1.3\text{-}9)$$

根据此式,管型选定后,便可估算出工作频率上电流放大系数。

由此可见,共发射极晶体管电流放大倍数 β,只是在工作频率较低时才是一个常数。当工作频率升高时,β 将随 f 的升高而减小。为了表征在不同工作频率下晶体管的特性,通常把晶体管分为三个工作区。

$f < 0.5f_\beta$ 区间称为晶体管的低频工作区。在此区间工作,可以认为晶体管电流放大倍数,β 是不变的(以 $\beta = \beta_0$ 表示)。在电路设计时,可以不考虑晶体管电抗元件对外电路的影响。

$0.5f_\beta < f < 0.2f_T$ 区间称为晶体管的中频工作区。在此区间工作时,应该考虑各个结电容对外电路的影响。此时电流放大倍数 β 随着频率的升高而出现下降的趋势。

$f > 0.2f_T$ 区间称为晶体管的高频工作区,在此区间工作时,不仅要考虑结电容对外电路的影响,而且还要考虑各电极的引线电感及载流子在基区渡越时间造成的不良后果。

2.共基极T型等效电路

在低频T型等效电路中,考虑晶体管的发射结电容 $C_{b'e}$ 和集电结电容 $C_{b'c}$ 时,就得到了其高频T型等效电路,如图 1.3-4(a) 所示。

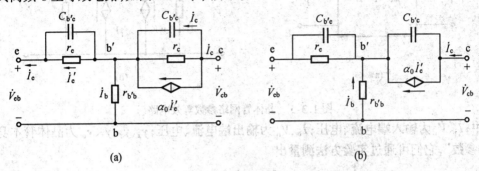

图 1.3-4 高频T型等效电路

高频时,通常 $C_{b'c}$ 的容抗远小于 r_c,因此可忽略 r_c,得到图 1.3-4(b) 简化电路。

共基短路电流放大系数 α 的定义为

$$\dot{\alpha} = \frac{\dot{I}_c}{\dot{I}_e}\bigg|_{V_{cb}=0} \tag{1.3-10}$$

由图 1.3-4(b) 可导出

$$\dot{\alpha} = \frac{\alpha_0}{1 + j\omega C_{b'e} r_e} = \frac{\alpha_0}{1 + j\dfrac{\omega}{\omega_\alpha}} \tag{1.3-11}$$

式中,α_0 为低频时共基短路电流放大系数。

$$\omega_\alpha = \frac{1}{C_{b'e} r_e} = 2\pi f_\alpha \tag{1.3-12}$$

f_α 称为共基电流放大系数 α 的截止频率。

晶体管三个频率参数 f_α、f_β、f_T 间的近似关系式为 $f_\alpha \approx (1 + \beta_0)f_\beta$,$f_\beta \approx f_T/\beta_0$,$f_\alpha$、$f_\beta$、$f_T$ 与频率 f 之间的关系,如图 1.3-3 所示。

1.3.2 网络参数模型

晶体管无论是共基、共射还是共集电路,都可视为二端口网络,如图 1.3-5(a) 所示。

线性二端口网络,必有四个变量。根据选择的自变量和因变量的不同,可以有不同的参数系,常用的有四种,即 h 参数——混合参数,z 参数——阻抗参数,y 参数——导纳参数,a 参数——传输参数。对高频小信号放大电路的分析,常采用 y 参数等效电路。原因有二:一是 y 参数是要求在短路条件下进行计算或测定出来的。高频时,晶体管内部的电容效应不可忽略,在其端口实现短路条件较容易;二是晶体管的等效参数与谐振回路之间常以并联方式出现,采用导纳参数等效电路给电路计算带来方便。

对图 1.3-5(a) 所示二端口网络,取 $\dot{V}_i$、$\dot{V}_o$ 为自变量,以 $\dot{I}_i$、$\dot{I}_o$ 为因变量,其网络方程为

$$\begin{aligned}
\dot{I}_i &= \dot{y}_i \dot{V}_i + \dot{y}_r \dot{V}_o \\
\dot{I}_o &= \dot{y}_f \dot{V}_i + \dot{y}_o \dot{V}_o
\end{aligned} \tag{1.3-13}$$

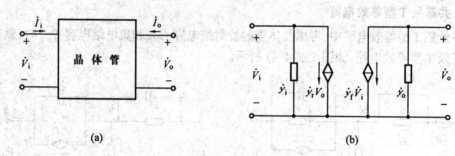

(a)   (b)

图 1.3-5   晶体管网络参数等效电路

式中，$\dot{I}_i$、$\dot{V}_i$ 为输入端电流、电压；$\dot{I}_o$、$\dot{V}_o$ 为输出端电流、电压；$\dot{y}_i$、$\dot{y}_r$、$\dot{y}_f$、$\dot{y}_o$ 为晶体管本身的"内参数"，它们可通过实验方法测量出

$$\dot{y}_i = \left.\frac{\dot{I}_i}{\dot{V}_i}\right|_{\dot{V}_o=0} \qquad 为输出端短路时的输入导纳；$$

$$\dot{y}_f = \left.\frac{\dot{I}_o}{\dot{V}_i}\right|_{\dot{V}_o=0} \qquad 为输出端短路时的正向传输导纳；$$

$$\dot{y}_r = \left.\frac{\dot{I}_i}{\dot{V}_o}\right|_{\dot{V}_i=0} \qquad 为输入端短路时的反向传输导纳；$$

$$\dot{y}_o = \left.\frac{\dot{I}_o}{\dot{V}_o}\right|_{\dot{V}_i=0} \qquad 为输入端短路时的输出导纳。$$

根据式(1.3-13)表示的网络方程式和 y 参数的基本定义，不难画出 y 参数的等效电路，如图 1.3-5(b)所示。图中 $\dot{y}_f\dot{V}_i$ 表示输入电压 $\dot{V}_i$ 在输出端引起的电流源，它代表了晶体管的正向传输能力。正向传输导纳 $\dot{y}_f$ 越大，则晶体管的放大能力越强。$\dot{y}_r\dot{V}_o$ 表示输出电压 $\dot{V}_o$ 在输入端引起的电流源，它代表晶体管的内部反馈作用，反馈导纳 $\dot{y}_r$ 越大，表明内部反馈越强。$\dot{y}_r$ 的存在，给实际工作带来很大危害，应尽可能减小它的影响。

晶体管的 y 参数，除根据定义通过测量求出外，也可通过混合 π 等效电路的参数来计算。例如，求晶体管共发射极 y 参数与混合 π 参数之间的关系，根据 $\dot{y}_{ie}$ 定义(脚标 e 表示共发射极)

$$\dot{y}_{ie} = \left.\frac{\dot{I}_b}{\dot{V}_{be}}\right|_{\dot{V}_{ce}=0}$$

将图 1.3-2 输出端短路，则有

$$\dot{I}_b = \dot{V}_{be}\frac{\frac{1}{r_{b'b}}[g_{b'e}+j\omega(C_{b'e}+C_{b'c})]}{\frac{1}{r_{b'b}}+g_{b'e}+j\omega(C_{b'e}+C_{b'c})}$$

通常 $C_{b'e} \gg C_{b'c}$

$$\dot{y}_{ie} = \frac{\dot{I}_b}{\dot{V}_{be}} \approx \frac{g_{b'e}+j\omega C_{b'e}}{1+g_{b'e}r_{b'b}+j\omega C_{b'e}r_{b'b}} = g_{ie}+j\omega C_{ie} \qquad (1.3\text{-}14)$$

可见，输入导纳 $\dot{y}_{ie}$ 是频率 ω 的函数。

同理，可导出

$$\dot{y}_{ie} = \frac{g_m}{1 + g_{b'e}r_{b'b} + j\omega C_{b'e}r_{b'b}} = |\dot{y}_{fe}| \, e^{j\varphi_{fe}} \tag{1.3-15}$$

$$\dot{y}_{re} = \frac{- j\omega C_{b'c}}{1 + g_{b'e}r_{b'b} + j\omega C_{b'e}r_{b'b}} = |\dot{y}_{re}| \, e^{j\varphi_{re}} \tag{1.3-16}$$

$$\dot{y}_{ce} = j\omega C_{b'c} + \frac{j\omega C_{b'e}r_{b'b}g_m}{1 + g_{b'e}r_{b'b} + j\omega C_{b'e}r_{b'b}} = g_{oe} + j\omega C_{oe} \tag{1.3-17}$$

$\dot{y}_{ie}$、$\dot{y}_{fe}$、$\dot{y}_{re}$、$\dot{y}_{oe}$ 的大小和晶体管的型号、接法、工作状态及运用频率有关,由晶体管手册给出参考数据。一般晶体管手册上只给共发组态的 y 参数,如需共基或共集组态 y 参数时,可由共发组态 y 参数转换得到。

现将图 1.3-6(a) 所示共发 y 参数等效电路转换为共基电路,如图(b) 所示,两者端电压不同,显然有

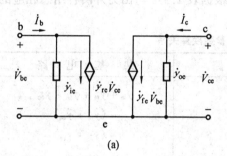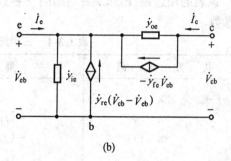

图 1.3-6　由共发转换到共基电路

$$\dot{V}_{be} = - \dot{V}_{eb}$$

$$\dot{V}_{ce} = \dot{V}_{cb} - \dot{V}_{eb}$$

共基电路中的两个电流源用 $\dot{V}_{eb}$ 和 $\dot{V}_{cb}$ 表示时,有

$$\dot{y}_{fe}\dot{V}_{be} = \dot{y}_{fe}(- \dot{V}_{eb})$$

$$\dot{y}_{re}\dot{V}_{ce} = \dot{y}_{re}(\dot{V}_{cb} - \dot{V}_{eb})$$

由图 1.3-6(b) 列出双端口网络方程组

$$\left. \begin{aligned} \dot{I}_e &= \dot{y}_{ie}\dot{V}_{eb} - \dot{y}_{re}(\dot{V}_{cb} - \dot{V}_{eb}) + \dot{y}_{fe}\dot{V}_{eb} - \dot{y}_{oe}(\dot{V}_{cb} - \dot{V}_{eb}) \\ &= (\dot{y}_{ie} + \dot{y}_{re} + \dot{y}_{fe} + \dot{y}_{oe})\dot{V}_{eb} - (\dot{y}_{re} + \dot{y}_{oe})\dot{V}_{cb} \\ \dot{I}_c &= \dot{y}_{oe}(\dot{V}_{cb} - \dot{V}_{eb}) - \dot{y}_{fe}\dot{V}_{eb} = - (\dot{y}_{oe} + \dot{y}_{fe})\dot{V}_{eb} + \dot{y}_{oe}\dot{V}_{cb} \end{aligned} \right\} \tag{1.3-18}$$

将式(1.3-18) 写成下列形式

$$\left. \begin{aligned} \dot{I}_e &= \dot{y}_{ib}\dot{V}_{eb} + \dot{y}_{rb}\dot{V}_{cb} \\ \dot{I}_c &= \dot{y}_{fb}\dot{V}_{eb} + \dot{y}_{ob}\dot{V}_{cb} \end{aligned} \right\} \tag{1.3-19}$$

式中

$$\left. \begin{aligned} \dot{y}_{ib} &= (\dot{y}_{ie} + \dot{y}_{re} + \dot{y}_{fe} + \dot{y}_{oe}) \\ \dot{y}_{rb} &= - (\dot{y}_{re} + \dot{y}_{oe}) \\ \dot{y}_{fb} &= - (\dot{y}_{fe} + \dot{y}_{oe}) \\ \dot{y}_{ob} &= \dot{y}_{oe} \end{aligned} \right\} \tag{1.3-20}$$

与式(1.3-19)对应,可得共基组态 y 参数等效电路,如图 1.3-7 所示。

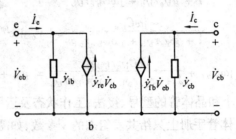

图 1.3-7　共基组态 y 参数等效电路

用类似方法可得到不同组态参数的转移公式,列于表 1.3-1 中。

该表的用途是:已知某种组态的 y 参数,就可根据表 1.3-1 写出另外两种组态相应的 y 参数。

表 1.3-1　三种组态的 y 参数换算关系

共　发　电　路	共　集　电　路	共　基　电　路
$\dot{y}_{ie}$	$\dot{y}_{ie}$	$\dot{y}_{ie} + \dot{y}_{re} + \dot{y}_{fe} + \dot{y}_{oe}$
$\dot{y}_{re}$	$-(\dot{y}_{ie} + \dot{y}_{re})$	$-(\dot{y}_{re} + \dot{y}_{oe})$
$\dot{y}_{fe}$	$-(\dot{y}_{ie} + \dot{y}_{fe})$	$-(\dot{y}_{fe} + \dot{y}_{oe})$
$\dot{y}_{oe}$	$\dot{y}_{ie} + \dot{y}_{re} + \dot{y}_{fe} + \dot{y}_{oe}$	$\dot{y}_{oe}$
$\dot{y}_{ib} + \dot{y}_{rb} + \dot{y}_{fb} + \dot{y}_{ob}$	$\dot{y}_{ib} + \dot{y}_{rb} + \dot{y}_{fb} + \dot{y}_{ob}$	$\dot{y}_{ib}$
$-(\dot{y}_{rb} + \dot{y}_{ob})$	$-(\dot{y}_{ib} + \dot{y}_{fb})$	$\dot{y}_{rb}$
$-(\dot{y}_{fb} + \dot{y}_{ob})$	$-(\dot{y}_{ib} + \dot{y}_{rb})$	$\dot{y}_{fb}$
$\dot{y}_{ob}$	$\dot{y}_{ib}$	$\dot{y}_{ob}$
$\dot{y}_{ic}$	$\dot{y}_{ic}$	$\dot{y}_{ec}$
$-(\dot{y}_{ic} + \dot{y}_{rc})$	$\dot{y}_{rc}$	$-(\dot{y}_{fc} + \dot{y}_{oc})$
$-(\dot{y}_{ic} + \dot{y}_{rc})$	$\dot{y}_{fc}$	$-(\dot{y}_{rc} + \dot{y}_{oc})$
$\dot{y}_{ic} + \dot{y}_{rc} + \dot{y}_{fc} + \dot{y}_{oc}$	$\dot{y}_{oc}$	$\dot{y}_{ic} + \dot{y}_{rc} + \dot{y}_{fc} + \dot{y}_{oc}$

1.4　非线性电路的基本特点和分析方法

1.4.1　非线性元件与非线性电路

常用的无线电元件有两类:线性元件和非线性元件,其根本区别就在于它们的特性是线性的,还是非线性的。例如,非线性电阻器是指伏安特性即电压与电流之间的变化特性呈非线性关系的器件(如图 1.4-1 所示);非线性电容器是指伏库特性即电压与电荷之间的变化特性呈非线性关系的器件(如图 1.4-2 所示);非线性电感器是指安韦特性即电流与磁通之间的变化特性呈非线性关系的器件(如图 1.4-3 所示)。

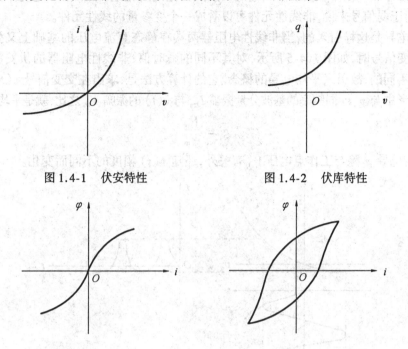

图 1.4-1　伏安特性　　　　　　　　图 1.4-2　伏库特性

图 1.4-3　安韦特性

非线性元件与线性元件比较,有两个突出特性:第一,非线性元件有多种含义不同的参数,而且这些参数都是随激励量的大小而变化。以非线性电阻器件为例,常用的参数有直流电导、交流电导、平均电导等三种。

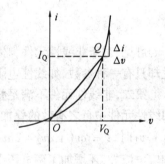

图 1.4-4　g_0 和 g_d 的定义

直流电导又称静态电导,它是指非线性电阻器件伏安特性曲线上任一点与原点之间连线的斜率(如图 1.4-4 所示),用 g_0 表示,其值为

$$g_0 = \frac{I_Q}{V_Q} \tag{1.4-1}$$

它表明直流电流与直流电压之间的依存关系。显然,其值是 V_Q(或 I_Q)的非线性函数。

交流电导又称增量电导或微分电导,它是指伏安特性曲线上任一点的斜率或近似为该点上增量电流与增量电压的比值,用 g_d 表示,其值为

$$g_d = \left.\frac{\mathrm{d}i}{\mathrm{d}v}\right|_Q \approx \left.\frac{\Delta i}{\Delta v}\right|_Q \tag{1.4-2}$$

它表明增量电流与增量电压之间的依存关系。显然,其值也是 V_Q(或 I_Q)的非线性函数。微分电导的概念广泛用于研究弱信号作用到非线性电阻器上的响应。这时,对输入信号来说,非线性电阻器可用斜率为 g_d 的直线近似表示其伏安特性,即非线性电阻器可被视为

线性电阻器了。这时元件的非线性特性不是表现在对弱信号的作用,而是表现在微分电导的值将随工作点电压 V_Q(或工作点电流 I_Q) 的变化而变化上。如果按一定规律变化工作点,那么对于弱信号来说,非线性元件可以看成一个变参量的线性元件。

平均电导是这样引入的,当非线性电阻器两端在静态直流电压的基础上又叠加幅度较大的交变信号时,如图 1.4-5 所示,对其不同的瞬时值,非线性电阻器的伏安特性曲线的斜率是不同的,故引入平均电导的概念。它的计算方法是,求出在交变信号 $v(t)$ 作用下的电流波形中与 $v(t)$ 同频率的基波分量振幅 I_{1m} 与 $v(t)$ 的振幅 V_m 之比,就是平均电导 $\bar{g}$

$$\bar{g} = \frac{I_{1m}}{V_m} \tag{1.4-3}$$

显然,平均电导 $\bar{g}$ 除与工作点电压 V_Q 有关外,还随 $v(t)$ 幅度的不同而变化。

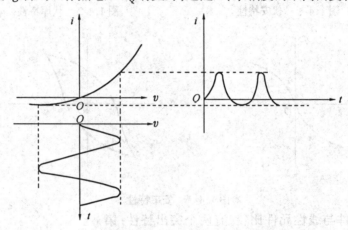

图 1.4-5 平均电导的定义

可见,对于非线性元件,必须根据实际工作情况选用不同的参数,而对于线性元件来说却只有一种参数,如线性电阻器的参数是电阻 R,并且其值是恒定的。

第二,非线性元件不满足叠加定理。在分析非线性元件对输入信号的响应时,不能采用线性元件中行之有效的叠加原理,例如,设非线性元件的伏安特性为 $i = av^2$,则当 $v = v_1 + v_2$ 时,$i = av_1^2 + av_2^2 + 2av_1v_2 \neq av_1^2 + av_2^2$,可见,$i$ 中除了含有两个电压分别作用时的响应电流外,还增加了两电压乘积项作用的响应电流。

上面举例说明了非线性电阻器的特性,对于非线性电容器和非线性电感器,也有相类似的特性。

1.4.2 非线性电路的分析方法

只由线性元件组成的电路,称为线性电路;含有一个或多个非线性元件的电路,称为非线性电路。如前节所指出的,在高频电子线路中除高频小信号放大电路外,其余功能电路都属于非线性电路范畴。

电路分析的根本任务,是在已知电路结构、元件特性、外加激励和电源情况下,建立响应与激励之间的关系,求各支路或某支路的电压电流、或者其传输函数。这需以欧姆定律为基础,采用基尔霍夫定律列方程、解方程、求答案。这无论对线性电路还是非线性电路的分析都是相同的。但是,在线性电路中,所有元件参数都是常数,它的输出输入关系必然是线性代数方程或线性微分方程。在非线性电路中又分两类:一类是不含储能元件、仅由非线性电阻元件组成的电路,称为非线性电阻电路,这类电路可用一组非线性函数方程描述。另一类是含有一个或多个储能元件的非线性电路,称为非线性动态电路,这类电路必用一组非线性微分方程描述。针对不同类型电路采用不同的分析方法。目前多借助电子计算机进行近似数值分析法,但这不利于对电路工作物理过程的了解。工程上往往根据实际情况进行某些合理的近似,以期用简单的分析方法获得具有实用意义的结论。

常采用的方法有图解法和解析法两种。所谓图解法,是根据非线性元件的特性曲线和输入信号波形,通过作图直接求出电路中的电流和电压波形。所谓解析法,是借助于非线性元件特性曲线的数学表示式,列出电路方程,从而解得电路中的电流和电压。这两种方法都需要首先知道非线性元件的静态特性曲线,它通常用实验方法求得。

本节重点介绍非线性电阻电路的解析法,图解法将在第 8 章介绍。解析法的核心问题,是寻求描述非线性元件的非线性特性的函数式。选择函数形式必须是既要尽量精确,又要尽量简单以便计算。对不同元件特性,可用不同的函数去描述,即使对同一元件,当其工作状态不同时,也可采用不同的函数去逼近。有些元件的特性曲线已经找到较精确的函数表示式。例如:晶体管 P – N 结的电流和电压关系,可较精确地表示为指数函数形式;场效应管特性十分接近平方律函数;差分对管特性可用双曲函数描述;当信号足够大时,所有实际的非线性元件几乎都会进入饱和或截止状态,这时可用折线或开关函数来表征,等等。对于某些元件特性尚未找到合适的解析函数,但只要这些元件特性曲线是单变量连续函数时,总可以用无穷幂级数逼近它。这是一种最普遍的基本方法。

下面分别对幂级数近似分析法、分段折线近似分析法和双曲函数分析法进行讨论。

1. 幂级数近似分析法

任何非线性元件特性曲线 $i = f(v)$,只要该曲线在某一区间内任意点 V_Q 附近各阶导数存在,$i = f(v)$ 就可在 V_Q 点上展开为泰勒级数

$$i = f(v) = f(V_Q) + \frac{f'(V_Q)}{1!}(v - V_Q) + \frac{f''(V_Q)}{2!}(v - V_Q)^2 + \cdots$$

$$+ \frac{f^{(n)}(V_Q)}{n!}(v - V_Q)^n + \cdots$$

$$= a_0 + a_1(v - V_Q) + a_2(v - V_Q)^2 + \cdots + a_n(v - V_Q)^n + \cdots \tag{1.4-4}$$

式中各系数为 $v = V_Q$ 处的各阶导数

$$\left.\begin{aligned}
a_0 &= f(v)\Big|_{v = V_Q} \\
a_1 &= \frac{f'(v)}{1!}\Big|_{v = V_Q} \\
a_2 &= \frac{f''(v)}{2!}\Big|_{v = V_Q} \\
&\vdots \\
a_n &= \frac{f^{(n)}(v)}{n!}\Big|_{v = V_Q}
\end{aligned}\right\} \tag{1.4-5}$$

当 $V_Q = 0$ 时，式(1.4-4) 又可写成马克劳林级数形式

$$y = f(v) = f(0) + \frac{f'(0)}{1!}v + \frac{f''(0)}{2!}v^2 + \cdots + \frac{f^{(n)}(0)}{1!}v^n + \cdots$$

$$= b_0 + b_1 v + b_2 v^2 + \cdots + b_n v^n + \cdots \tag{1.4-6}$$

从式(1.4-4)、(1.4-6) 可见，用无穷多项幂级数可以精确表示非线性元件的实际特性，但给解析带来麻烦，而从工程角度要求，也无此必要。因此，实际应用时，常取前若干项幂级数来近似实际特性。近似的精度取决于项数的多少和特性曲线的运用范围。一般来说，要求近似的精度越高及特性曲线的运用范围越大，则需所取的项数就越多。从工程计算角度，在保证允许精度范围内，应尽量选取较少的项数，以方便计算。

如果非线性元件工作在伏安特性曲线的线性段，或者信号幅度足够小，工作部分的特性曲线可以近似为直线段，则

$$i = a_0 + a_1(v - V_Q) = I_Q + g_d(v - V_Q) \tag{1.4-7}$$

这正是小信号激励情况。式中 I_Q 是工作点处静态电流，g_d 是静态工作点处微分电导(或跨导)。如果工作在特性曲线的弯曲部分，或信号幅度较大，幂级数中高次项不可忽略，必须考虑二次、或二次以上各项。

特性曲线的近似数学表达式确定后，还应根据具体的特性曲线确定函数式的各个系数。求各项系数的一般方法是：选择若干个点，分别根据曲线和所选函数式，求出在这些点上的函数值或函数的导数值。令这样求出的两组数值一一对应相等，就得到一组联立方程式。解此方程即可求出各待定系数值。

举例 图 1.4-6 所示是二极管 2AP12 伏安特性曲线，设直流偏压为 $V_Q = 0.4\text{ V}$，信号电压振幅 $\Delta v \leqslant 0.2\text{ V}$，采用幂级数前三项来近似，即

$$i = a_0 + a_1(v - V_Q) + a_2(v - V_Q)^2 \tag{1.4-8}$$

下面来确定三个系数值。已知 $a_0 = I_Q$，由图 1.4-6 可查出 $a_0 = I_Q \approx 8\text{ mA}$

$a_1 = \left.\dfrac{\Delta i}{\Delta V}\right|_{V_Q}$，作点 Q 的切线，可得 $a_1 \approx$

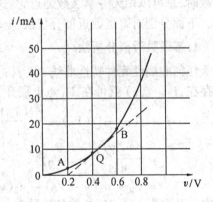

图 1.4-6 二极管 2AP12 的伏安特性

$\dfrac{16}{0.6 - 0.2} = 40\text{ mA/V}$，将 a_0、a_1 代入式(1.4-8)，得

$$i = 8 + 40(v - 0.4) + a_2(v - 0.4)^2 \tag{1.4-9}$$

选择一点，如曲线上点 B，对应该点有 $v = 0.6\text{ V}$，$i_B = 18\text{ mA}$，代入式(1.2-9) 即可求出 a_2 值

$$18 = 8 + 40(0.6 - 0.4) + a_2(0.6 - 0.4)^2$$

解出 $a_2 = 50\text{ mA/V}^2$，将 a_2 值代入式(1.2-9)，最后得近似函数式为

$$i = 8 + 40(v - 0.4) + 50(v - 0.4)^2$$

有了静态特性的幂级数表示式后，将输入信号电压的时间函数 $v_i(t)$ 代入该幂级数表

示式,再用三角函数公式展开并加整理,即可得到电流的傅里叶级数展开式,从而求出电流的各频谱成分。下面举例说明幂级数分析法的具体应用,并根据所得结果,说明非线性频率变换的一般规律。

设加到非线性元件信号的电压为

$$v = V_Q + V_m\cos \omega t$$

代入式(1.4-4),得

$$i = a_0 + a_1 V_m\cos \omega t + a_2 V_m^2\cos^2 \omega t + \cdots + a_n V_m^n \cos^n \omega t + \cdots \tag{1.4-10}$$

又根据三角函数公式

$$\left.\begin{aligned}
\cos^2 \omega t &= \frac{1}{2}(1 + \cos 2\omega t)\\
\cos^3 \omega t &= \frac{1}{4}(3\cos \omega t + \cos 3\omega t)\\
\cos^4 \omega t &= \frac{1}{4}\left(\frac{3}{2} + 2\cos 2\omega t + \frac{1}{2}\cos 4\omega t\right)
\end{aligned}\right\} \tag{1.4-11}$$

发现余弦函数最高幂次与展开后的最高谐波次数是相同的,而且奇次幂的展开式中只含有奇次谐波项,偶次幂的展开式中只含偶次谐波项。将式(1.4-11) 代入式(1.4-10),并整理

$$i = \left(a_0 + \frac{1}{2}a_2 V_m^2 + \frac{3}{8}a_4 V_m^4 + \cdots\right) + \left(a_1 V_m + \frac{3}{4}a_3 V_m^3 + \cdots\right)\cos \omega t$$

$$+ \left(\frac{1}{2}a_2 V_m^2 + \frac{1}{2}a_4 V_m^4 + \cdots\right)\cos 2\omega t + \left(\frac{1}{4}a_3 V_m^3 + \frac{5}{16}a_5 V_m^5 + \cdots\right)\cos 3\omega t + \cdots$$

将上式改写成

$$i = I_0 + I_{1m}\cos \omega t + I_{2m}\cos 2\omega t + I_{3m}\cos 3\omega t + \cdots \tag{1.4-12}$$

式中
$$I_0 = a_0 + \frac{1}{2}a_2 V_m^2 + \frac{3}{8}a_4 V_m^4 + \cdots$$

$$I_{1m} = a_1 V_m + \frac{3}{4}a_3 V_m^3 + \cdots$$

$$I_{2m} = \frac{1}{2}a_2 V_m^2 + \frac{1}{2}a_4 V_m^4 + \cdots$$

$$I_{3m} = \frac{1}{4}a_3 V_m^3 + \frac{5}{16}a_5 V_m^5 + \cdots$$

为各次谐波振幅。观察式(1.4-12) 可得下面的结论:

① 用幂级数逼近非线性元件特性时,若输入为一单频余弦信号,响应电流中除含有与激励信号相同的基波成分外,还含有很多谐波分量,即非线性元件具有频率变换作用。

② 响应电流中的直流分量 I_0 大小,除取决于工作点处静态电流值 a_0 外,还和偶次项系数与电压振幅的偶次方对应乘积有关。

③ 响应电流中奇次谐波振幅,只与幂级数展开式中奇次项系数与电压振幅的奇次方对应乘积有关。而偶次谐波振幅,只与幂级数展开式中偶次项系数与电压振幅的偶次方对应乘积有关。

④ 响应电流中 n 次谐波振幅只与幂级数中等于和高于 n 次的各项系数有关。

2.折线近似分析法

当外加激励信号幅度足够大,工作动态范围进入截止、饱和区时,元件以导通、截止、饱和为主要工作状态,特性曲线上一些局部弯曲的非线性影响可以忽略。这时元件的伏安特性可用分段折线逼近,如图1.4-7所示,(a)为晶体三极管转移特性(或视为晶体二极管伏安特性);(b)为晶体三极管输出特性。

折线特性本质上是一种开关特性,其数学表达式简单,可简化运算,但函数的具体表达形式与特性曲线的运用范围、近似方法有关。

现以图1.4-7(a)所示的晶体三极管转移特性为例,当激励信号较大时,特性的运用范围已延伸到截止区,这时非线性特性主要表现在单向导电性上,而导通后呈现的非线性特性已居次要地位,故可用两段折线来逼近实际特性(如图中实线所示),折线拐点处电压 V_{BZ} 称为截止电压,折线的数学表示式为

$$\left.\begin{array}{ll} i_C = g_c(v_{BE} - V_{BZ}) & \text{当 } v_{BE} \geqslant V_{BZ} \text{ 时} \\ i_C = 0 & \text{当 } v_{BE} < V_{BZ} \text{ 时} \end{array}\right\} \tag{1.4-13}$$

式中,g_c 为三极管跨导。

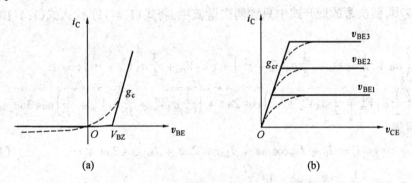

图1.4-7 非线性元件特性曲线的折线近似

图1.4-7(b)中为分折方便,将基极电流控制改换(通过其输入特性)基极电压控制形式,该组折线的数学表示式为

在放大区内

$$i_C = g_c(v_{BE} - V_{BZ}) \tag{1.4-14}$$

在饱和区内

$$i_C = g_{cr}V_{CE} \tag{1.4-15}$$

式中,g_{cr} 是临界线的斜率。

若在三极管输入端除加一反向直流偏置电压 V_{BB} 外,还加一单频余弦信号 $v_b = V_{bm}\cos \omega t$ 如图1.4-8所示。这时只有信号电压 $v_{BE} = V_{BB} + v_b$ 大于 V_{BZ} 时,三极管导通,其余时间三极管截止。因此,三极管集电极电流不再是连续的余弦波,而变成余弦冲波脉。电流流通时间所对应的相角,以 $2\theta_c$ 表示,称为流通角。θ_c 称为半流通角,简称通角。

将信号 $v_{BE} = V_{BB} + v_b = V_{BB} + V_{bm}\cos \omega t$(注意,这里 V_{BB} 本身带符号),代入式(1.4-13)则

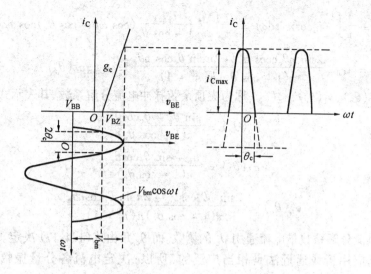

图 1.4-8   折线法分析非线性电路

$$i_C = g_c(V_{BB} + V_{bm}\cos \omega t - V_{BZ}) \tag{1.4-16}$$

由图 1.4-8 可见,当 $\omega t = \theta_c$ 时,$i_C = 0$,于是

$$\cos \theta_c = \frac{V_{BZ} - V_{BB}}{V_{bm}} \tag{1.4-17}$$

改写式(1.4-14)

$$i_C = g_c V_{bm}\left(\cos \omega t - \frac{V_{BZ} - V_{BB}}{V_{bm}}\right) = g_c V_{bm}(\cos \omega t - \cos \theta_c) \tag{1.4-18}$$

当 $\omega t = 0$ 时,$i_C = i_{Cmax}$,于是

$$i_{Cmax} = g_c V_{bm}(1 - \cos \theta_c) \tag{1.4-19}$$

根据式(1.4-18)、(1.4-19)可得

$$i_C = i_{Cmax}\frac{\cos \omega t - \cos \theta_c}{1 - \cos \theta_c} \tag{1.4-20}$$

这就是余弦脉冲电流的数学表达式。显然它是一周期函数,用傅氏级数展开,可求得频谱

$$i_C = I_{c0} + I_{c1m}\cos \omega t + I_{c2m}\cos 2\omega t + I_{c3m}\cos 3\omega t + \cdots = \sum_{n=0}^{\infty} I_{cnm}\cos n\omega t \tag{1.4-21}$$

其中,I_{c0} 为直流分量,I_{c1m} 为基波分量幅度,I_{cnm} 为 n 次谐波分量幅度,其值分别为

$$I_{c0} = \frac{1}{2\pi}\int_{-\pi}^{+\pi} i_C \mathrm{d}\omega t = \frac{1}{2\pi}\int_{-\theta_c}^{+\theta_c} \frac{i_{Cmax}}{1 - \cos \theta_c}(\cos \omega t - \cos \theta_c)\mathrm{d}\omega t$$

$$= i_{Cmax}\frac{\sin \theta_c - \theta_c\cos \theta_c}{\pi(1 - \cos \theta_c)} = i_{Cmax}\alpha_0(\theta_c) \tag{1.4-22}$$

$$I_{c1m} = \frac{1}{\pi}\int_{-\pi}^{+\pi} i_C\cos\omega t\,\mathrm{d}\omega t = \frac{1}{\pi}\int_{-\theta_c}^{+\theta_c} \frac{i_{Cmax}}{1 - \cos \theta_c}(\cos \omega t - \cos \theta_c)\cos \omega t\mathrm{d}\omega t$$

$$= i_{Cmax}\frac{\theta_c - \sin \theta_c\cos \theta_c}{\pi(1 - \cos \theta_c)} = i_{Cmax}\alpha_1(\theta_c) \tag{1.4-23}$$

$$I_{cnm} = \frac{1}{\pi}\int_{-\pi}^{+\pi} i_C \cos n\omega t\, d\omega t = \frac{1}{\pi}\int_{-\theta_c}^{+\theta_c} \frac{i_{Cmax}}{1 - \cos\theta_c}(\cos\omega t - \cos\theta_c)\cos n\omega t\, d\omega t$$

$$= i_{Cmax}\frac{2\sin n\theta_c \cos\theta_c - 2n\sin\theta_c \cos n\theta_c}{\pi(1 - \cos\theta_c)n(n^2 - 1)} = i_{Cmax}\alpha_n(\theta_c) \qquad (1.4\text{-}24)$$

上列式中，$\alpha_0(\theta_c)$、$\alpha_1(\theta_c)$、$\alpha_n(\theta_c)$称为尖顶余弦脉冲电流分解系数，其表示式分别为

$$\alpha_0(\theta_c) = \frac{\sin\theta_c - \theta_c\cos\theta_c}{\pi(1 - \cos\theta_c)} \qquad (1.4\text{-}25)$$

$$\alpha_1(\theta_c) = \frac{\theta_c - \sin\theta_c\cos\theta_c}{\pi(1 - \cos\theta_c)} \qquad (1.4\text{-}26)$$

$$\alpha_n(\theta_c) = \frac{2\sin n\theta_c\cos\theta_c - 2n\sin\theta_c\cos n\theta_c}{\pi(1 - \cos\theta_c)n(n^2 - 1)} \qquad (1.4\text{-}27)$$

从而看出，电流分解系数是电流通用 θ_c 的函数。而 θ_c 角由式(1.4-17)决定。

实际中，应用折线逼近法是相当广泛的，所以，决定电流各分量振幅的分解系数 $\alpha_n(\theta_c)$ 和波形系数 $g_1(\theta_c) = \dfrac{\alpha_1(\theta_c)}{\alpha_0(\theta_c)}$ 随 θ_c 的变化关系，一般皆绘成曲线，如图1.4-9所示。如需更精确计算，可查阅本书附录2：余弦脉冲分解系数表。

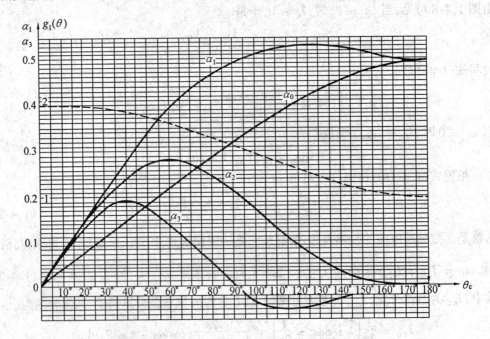

图 1.4-9　尖顶余弦脉冲分解系数与 θ_c 的关系曲线

3. 双曲函数分析法

由于集成电路的迅速发展，差分对放大电路应用越来越广泛，其原理电路如图1.4-10所示。这是一个十分有用的、易于集成化的电路。下面求其非线性特性表示式。

已知晶体管在放大区工作时的发射极电流与发射结电压之间的关系为

$$i_E = I_S(e^{v_{BE}q/kT} - 1) \approx I_S e^{v_{BE}q/kT} \qquad (1.4\text{-}28)$$

式中，k 为波耳兹曼常数，等于 1.38×10^{-23} J/K；q 为电子电荷，等于 1.6×10^{-19} C；T 为绝对温度。

因此
$$i_{E1} = I_{S1}(e^{v_{BE1}q/kT} - 1) \approx I_{S1}e^{v_{BE1}q/kT}$$
$$i_{E2} = I_{S2}(e^{v_{BE2}q/kT} - 1) \approx I_{S2}e^{v_{BE1}q/kT}$$

若 T_1、T_2 管完全对称，即 $I_{S1} = I_{S2}$。

那么
$$\frac{i_{E1}}{i_{E2}} = e^{(v_{BE1} - v_{BE2})q/kT} = e^{Z} \tag{1.4-29}$$

式中
$$Z = (v_{BE1} - v_{BE2})q/kT = v_x q/kT, \quad v_x = (v_{BE1} - v_{BE2}) \tag{1.4-30}$$

由图 1.4-10 知，$i_{E1} + i_{E2} = I_o$（恒流源），则
$$i_{E2} = \frac{I_o}{1 + e^{Z}} \qquad i_{E1} = \frac{I_o}{1 + e^{-Z}}$$

归一化非线性特性 i_{E1}/I_o 和 i_{E2}/I_o 与 Z 关系曲线如图 1.4-11 所示。

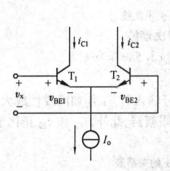

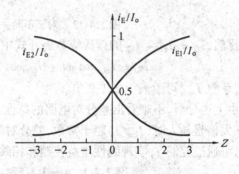

图 1.4-10　差分对放大器原理电路　　　图 1.4-11　归一化电流与 Z 值的关系曲线

值得注意的是，i_{E1} 和 i_{E2} 在它们的平均值 $I_o/2$ 上均有奇对称特性，即 $i(Z) = -i(-Z)$，又因
$$i_{E2} - \frac{I_o}{2} = \frac{I_o}{1 + e^{Z}} - \frac{I_o}{2} = \frac{I_o}{2}\left(\frac{1 - e^{Z}}{1 + e^{Z}}\right) = -\frac{I_o}{2}\text{th}\frac{Z}{2}$$

故
$$i_{E2} = \frac{I_o}{2} - \frac{I_o}{2}\text{th}\frac{Z}{2} \tag{1.4-31}$$

同理
$$i_{E1} = \frac{I_o}{2} + \frac{I_o}{2}\text{th}\frac{Z}{2} \tag{1.4-32}$$

则
$$i_{E1} - i_{E2} = I_o\text{th}\frac{Z}{2} = I_o\text{th}\frac{v_x q}{2kT} \tag{1.4-33}$$

对于小信号，如 $v_x < 26$ mV，$Z < 1/2$，$\text{th}\dfrac{Z}{2} \approx \dfrac{Z}{2}$。

式(1.4-33)改写为
$$i_{E1} - i_{E2} \approx \frac{qI_o}{2kT}v_x \tag{1.4-34}$$

$i_{E1} - i_{E2}$ 与 v_x 间呈线性关系。

设 $v_x = V_{xm}\cos \omega t$，代入式(1.4-33)

$$i_C = \alpha(i_{E1} - i_{E2}) = \alpha I_0 \text{th}\left(\frac{V_{xm}q}{2kT}\cos \omega t\right) = \alpha I_0 \text{th}\left(\frac{x}{2}\cos \omega t\right) \qquad (1.4-35)$$

式中，α 为共基极短路电流放大倍数，$x = \dfrac{V_{xm}q}{kT}$。i_C 与 ωt 关系的简图如图 1.4-12 所示。

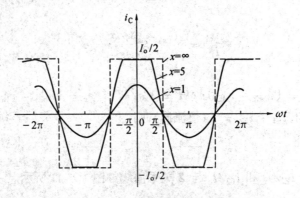

图 1.4-12   对于不同 x 值，i 与 ωt 关系曲线

显然，$i_C = i_{E1} - i_{E2}$ 的傅氏级数展开式中只含有奇次谐波

$$i_C = I_{c1m}\cos \omega t + I_{c3m}\cos 3\omega t + I_{c5m}\cos 5\omega t + \cdots$$

式中，系数 I_{cnm} 可由表 1.2-1 查出。

由上述分析，不难看出差分对电路的特性：在小信号输入时，工作如同线性放大器状态，在大信号输入时，I_{1m}/I_0 趋于常数，差分对电路如同限幅器。此外，i_{E1} 和 i_{E2} 正比于 I_0，因此，可通过控制 I_0 实现线性增益控制和相乘功能。

表 1.2-1 $n = 1、3、5$ 时 I_{Cnm}/I_0 与 x 的关系表

x	I_{c1m}/I_0	I_{c3m}/I_0	I_{c5m}/I_0
0.0	0.0000	0.0000	0.0000
0.5	0.1231	—	—
1.0	0.2356	− 0.0046	—
1.5	0.3305	− 0.0136	—
2.0	0.4058	− 0.0271	—
2.5	0.4631	− 0.0435	0.00226
3.0	0.5054	− 0.0611	0.0097
4.0	0.5560	—	—
5.0	0.5877	− 0.1214	0.0355
7.0	0.6112	− 0.1571	0.0575
10.0	0.6257	− 0.1872	0.0831
∞	0.6366	− 0.2122	0.1273

1.4.3 非线性电路的频率变换作用

通过上节分析可以看出,不管采用什么函数去逼近非线性元件的特性,当输入一个正弦信号时,响应电流中都会出现新的频率分量(谐波)。这就是说,非线性元件的非线性特性具有频率变换功能。

在无线电技术中,还经常遇到两个或多个不同频率信号同时作用于非线性元件上的情况,这时响应电流中,除含有各自基波分量和谐波分量外,还会产生两个或多个信号的差频与和频,这正是前面提及的混频原理和后面将要讨论的调制、解调原理所需要的。下面将说明非线性元件产生差频与和频的机理。

1. 两个余弦信号作用在非线性元件的一般情况

若将两个不同频率的小信号同时加到非线性元件上,这时可用幂级数逼近非线性元件的特性。设输入信号为

$$v = V_Q + v_1 + v_2 = V_Q + V_{1m}\cos\omega_1 t + V_{2m}\cos\omega_2 t \tag{1.4-36}$$

代入式(1.4-4)中

$$
\begin{aligned}
i &= f(V_Q) + f'(V_Q)(v_1 + v_2) + \frac{f''(V_Q)}{2!}(v_1 + v_2)^2 + \cdots + \frac{f^{(n)}(V_Q)}{n!}(v_1 + v_2)^n + \cdots \\
&= a_0 + a_1(v_1 + v_2) + a_2(v_1 + v_2)^2 + \cdots + a_n(v_1 + v_2)^n + \cdots \\
&= \sum_{n=0}^{\infty} a_n(v_1 + v_2)^n
\end{aligned}
\tag{1.4-37}
$$

根据二项式公式

$$(v_1 + v_2)^n = \sum_{m=0}^{n} \frac{n!}{m!(n-m)!} v_1^{n-m} v_2^m \tag{1.4-38}$$

将式(1.4-38)代入式(1.4-37)

$$i = \sum_{n=0}^{\infty} \sum_{m=0}^{n} \frac{n!}{m!(n-m)!} a_n v_1^{n-m} v_2^m \tag{1.4-39}$$

由此可见,当两个不同频率信号同时作用到非线性元件上时,其响应电流中出现众多的该两个信号不同方幂的相乘积($v_1^{n-m} v_2^m$)项。如果令 $p = n - m$、$q = m$,则 $v_1^p v_2^q$ 之积必将产生降幂组合频率分量,其频率用 $\omega_{p,q}$ 表示。其通式为

$$\omega_{p,q} = |\pm p\omega_1 \pm q\omega_2| \tag{1.4-40}$$
$$p = 0,1,2,\cdots \qquad q = 0,1,2,\cdots$$

举例 设非线性元件静态特性用下式逼近

$$i = a_0 + a_1(v - V_Q) + a_2(v - V_Q)^2 + a_3(v - V_Q)^3$$

将式(1.4-36)代入上式中,经整理后,得

$$
\begin{aligned}
i = {} & a_0 + \frac{1}{2} a_1 V_{1m}^2 + \frac{1}{2} a_1 V_{2m}^2 \\
& + \left(a_1 V_{1m} + \frac{3}{4} a_3 V_{1m}^3 + \frac{3}{2} a_3 V_{1m} V_{2m}^2\right)\cos\omega_1 t \\
& + \left(a_1 V_{2m} + \frac{3}{4} a_3 V_{2m}^3 + \frac{3}{2} a_3 V_{1m}^2 V_{2m}\right)\cos\omega_2 t
\end{aligned}
$$

$$+ \frac{1}{2} a_2 V_{1m}^2 \cos 2\omega_1 t + \frac{1}{2} a_2 V_{2m}^2 \cos 2\omega_2 t$$

$$+ a_2 V_{1m} V_{2m} \cos(\omega_1 + \omega_2) t + a_2 V_{1m} V_{2m} \cos(\omega_1 - \omega_2) t$$

$$+ \frac{1}{4} a_3 V_{1m}^3 \cos 3\omega_1 t + \frac{1}{4} a_3 V_{2m}^3 \cos 3\omega_2 t$$

$$+ \frac{3}{4} a_3 V_{1m}^2 V_{2m} \cos(2\omega_1 + \omega_2) t + \frac{3}{4} a_3 V_{1m}^2 V_{2m} \cos(2\omega_1 - \omega_2) t$$

$$+ \frac{3}{4} a_3 V_{1m} V_{2m}^2 \cos(\omega_1 + 2\omega_2) t + \frac{3}{4} a_3 V_{1m} V_{2m}^2 \cos(\omega_1 - 2\omega_2) t$$

可见组合频率分量出现的规律为

(1) 所有组合频率都是成对出现的。

(2) $p + q =$ 偶数的组合频率分量,都是由幂级数中 n 为偶数,且 $n \geq (p + q)$ 各偶次方项产生的;$p + q =$ 奇数的组合频率分量,都是由幂级数中 n 为奇数,且 $n \geq (p + q)$ 各奇次方项产生的。

(3) 组合频率最高阶数 $p + q = n$。

(4) 当信号幅度较小时,各组合频率分量振幅都随阶数$(p + q)$增加而较快地减少。

由此得出结论:我们感兴趣的$(\omega_1 \pm \omega_2)$频率分量(即 $p = 1$、$q = 1$ 的情况)是由非线性元件特性的平方项导致两个输入信号瞬时值相乘而产生的,与此同时,非线性特性的高次$(n > 2)$幂项还产生了众多无用的组合频率分量$(p \neq 1、q \neq 1$情况),有可能对有用分量造成干扰。如何减少、甚至消除这些无用分量、净化输出信号的频谱,是我们最关心的基本问题之一。解决的方法有三:一是合理选用非线性元件和其工作点,希望其非线性特性高于二次幂以上各项的系数为零,力图获得理想相乘效果;二是采用平衡电路,抵消一部分无用组合频率分量;三是适当改变两输入信号幅度,使非线性元件工作在不同状态。对前面两种方法将结合具体电路说明,对第三种方法讨论如下。

2. 时变参量线性电路工作状态

考察式(1.4-36),如果满足 $v_1 \gg v_2$ 条件,式(1.4-4)可在 $V_Q + v_1$ 处对 v_2 展开成泰勒级数

$$i = f(V_Q + v_1) + f'(V_Q + v_1) v_2 + \frac{f''(V_Q + v_1)}{2!} v_2^2 + \cdots \qquad (1.4\text{-}41)$$

不难看出,上式中各项系数均是 v_1 的函数,且与 v_2 无关。由于 v_1 是时间函数,因此称这些系数为时变系数。在电流表示中,因这些系数与各种参量相对应,如 $f(V_Q + v_1)$ 是直流电流分量,$f'(V_Q + v_1)$ 是电导(或跨导)等,故又称之为时变参量。

在实际工作中,v_2 的绝对量可以很小,常可忽略其二次方以上的各次方项,则式(1.4-41)可以进一步简化

$$i \approx f(V_Q + v_1) + f'(V_Q + v_1) v_2 = I_0(t) + g(t) v_2 \qquad (1.4\text{-}42)$$

式中,$I_0(t) = f(V_Q + v_1)$ 为时变静态电流;$g(t) = f'(V_Q + v_1)$ 为时变电导(或跨导)。

由此可见,式(1.4-42)中 i 对 v_2 而言,呈线性关系,但其参量却是受 v_1 控制的。工作在该状态下的电路称为"时变参量线性电路"。

采用时变参量线性电路工作状态的优点,是在完成所需要的频率变换的同时,大大减

少输出电流中的无用频率分量。这种情况下组合频率通式为

$$\omega_{p,q} = | \pm p\omega_1 \pm q\omega_2 | \tag{1.4-43}$$

$$p = 0,1,2,3\cdots \qquad q = 0,1$$

将此式与式(1.4-40)比较,显然少了 p 为任意值,$q > 1$ 的众多组合频率分量。

3.开关电路工作状态

为进一步减少无用频率分量,还可人为地使 v_1 增大到使非线性器件工作到饱和截止的开关状态。这时可用折线法去逼近非线性器件的特性,如图 1.4-13 所示。设折线拐点恰与原点重合,且 $V_Q = 0$,则在 v_1 激励下,响应电流 i 与被控参量 $g(t)$ 将按下式变化

$$\left. \begin{array}{lll} \text{当 } v_1 > 0 & g(t) = g_d & i = g_d v_1 \\ \text{当 } v_1 \leqslant 0 & g(t) = 0 & i = 0 \end{array} \right\} \tag{1.4-44}$$

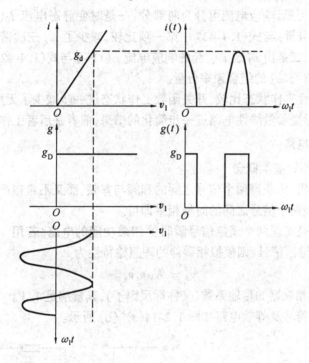

图 1.4-13　开关状态分析法

显然,这时非线性器件在 $v_1 = V_{1m}\cos \omega_1 t$ 作用下呈开关状态。并且开关导通与断开的时间是相同的。$i = I_o(t)$ 是周期性半波余弦信号,$g(t)$ 为周期性占空比为1的矩形脉冲序列,因而 $g(t)$ 的变化规律可用开关函数来描述:

$$\left. \begin{array}{l} g(t) = g_d S_1(\omega_1 t) \\ i(t) = g(t) v_1 = g_d S_1(\omega_1 t) v_1 \end{array} \right\} \tag{1.4-45}$$

式中

$$S_1(\omega_1 t) = \begin{cases} 1 & \text{当 } v_1 > 0 \\ 0 & \text{当 } v_1 \leqslant 0 \end{cases} \tag{1.4-46}$$

称为单向开关函数,其傅氏级数展开式为

$$S_1(\omega_1 t) = \frac{1}{2} + \frac{2}{\pi}\cos\omega_1 t - \frac{2}{3\pi}\cos 3\omega_1 t + \cdots$$

$$= \frac{1}{2} + \sum_{n=1}^{\infty}(-1)^{n-1}\frac{2}{2(n-1)\pi}\cos(2n-1)\omega_1 t \qquad (1.4\text{-}47)$$

可见上式中不再含有 ω_1 的偶次谐波分量。

在此基础上，再加入另一激励信号 $v_2 = V_{2m}\cos\omega_2 t$，且满足 $V_{2m} \ll V_{1m}$，这样 v_2 的加入将不影响 $g(t)$ 的变化规律，即 $g(t) = g_d S_1(\omega_1 t)$ 仅是 ω_1 的函数，而与 ω_2 无关，因而可以认为非线性器件对 v_2 呈线性特性。这样一来，在 v_1、v_2 共同作用的情况下，响应电流表示式为

$$i = g_d S_1(\omega_1 t)(v_1 + v_2) = g_d S_1(\omega_1 t)v_1 + g_d s(\omega_1 t)v_2$$

$$= I_0(t) + g(t)v_2 \qquad (1.4\text{-}48)$$

从式(1.4-48)可见，响应电流可分为两部分：一是时变静态电流 $I_0(t)$，其中只含 ω_1 基波及其偶次谐波分量。与式(1.4-42)中第一项比较，减少了 ω_1 三次谐波和三次谐波以上的奇次谐波分量。二是由 v_2 激励引起的响应电流 $g(t)v_2$。与式(1.4-42)第二项比较，减少了 ω_1 各偶次谐波与 ω_2 的组合频率分量。

与时变参量线性工作状态比较，开关函数工作状态进一步减少了无用频率分量，实际上，开关函数法是时变参量线性电路进一步简化的结果，前者是后者工作状态的特例。

4. 模拟相乘器电路

(1) 模拟相乘器的基本概念

由上述分析看出，为获得两个信号之间的和频与差频，而又不希望产生其他无用频率分量，只要能实现该两个信号之间的时域相乘即可。

模拟相乘器恰是实现两个模拟信号瞬时值相乘功能的电路。若用 v_x、v_y 表示两个输入信号，用 v_o 表示输出信号，则模拟相乘器的理想输特性为

$$v_o = K_M v_x v_y \qquad (1.4\text{-}49)$$

式中，K_M 称为模拟相乘器的传输系数(又称标尺因子)，其量纲是 $1/V$。

模拟相乘器的符号及等效电路如图 1.2-14(a)、(b) 所示。

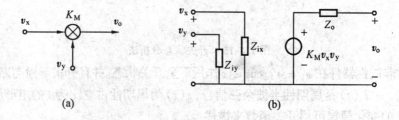

(a)   (b)

图 1.4-14　模拟相乘器符号及其等效电路

理想模拟相乘器的条件是，① 具有无限大的输入阻抗($Z_{ix} = \infty$，$Z_{iy} = \infty$)及零输出阻抗($Z_o = 0$)；② 标尺因子 K_M 与两个输入信号波形、幅度、极性、频率无关，与环境温度无关；③ 如果 v_x、v_y 中，任一路输入电压为零，其输出也为零。这种理想器件的使用，理论上没有任何限制。

但是,实际相乘器件总是有一定的漂移和噪声电压,为了使它们造成的误差保持在允许范围内,对输入信号的振幅和频率都需加一定的限制条件。

(2) 模拟相乘器的基本特性

由于模拟相乘器有两个独立的输入信号,不同于一般放大器只有一个输入信号。因而,模拟相乘器的特性是指以一个输入信号为参变量,确定另一个输入信号与输出信号之间的特性。

① 线性与非线性特性。因为两个交流信号相乘,必然产生新的频率分量,因而模拟相乘器本质上是一个非线性电路。但是在特定条件下,例如,当模拟相乘器的一个输入电压为某恒定值(如 $v_x = V_x$),其输出电压为

$$v_0 = K_M V_x v_y \qquad (1.4\text{-}50)$$

这时模拟相乘器相当于增益为 $K_M V_x$ 的线性放大器,可把它看成是一个线性电路。当 V_x 随时间变化时,模拟相乘器又可被看成是一个"时变参量线性电路"。

② 输出特性。根据乘法运算的代数性质,模拟相乘器有四个工作区,它们由两个输入信号电压的极性所决定。如能适应两个输入信号电压极性可正可负,模拟相乘器将工作于四个区域,如图 1.4-15 所示。称为四象限模拟相乘器,如只能适应一个输入信号电压为单极性,另一个输入信号电压可正可负,模拟相乘器工作区只有两个,称为二象限模拟相乘器。若两个输入电压都只能是一种极性,则称为单象限模拟相乘器了。在通信电路中,两个输入信号多为交流信号,故四象限模拟相乘器应用较多。

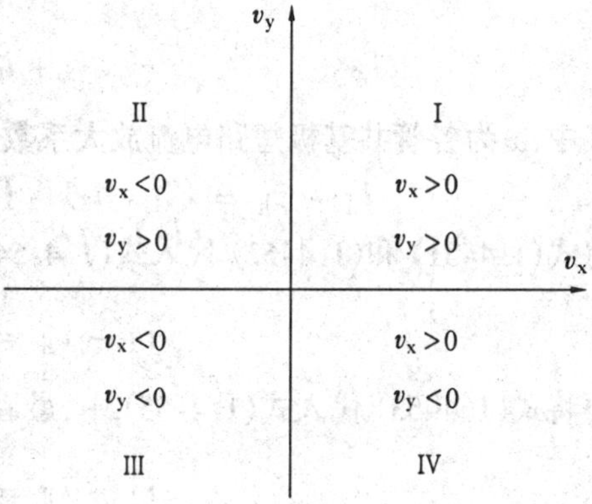

(3) 四象限模拟相乘器原理电路

实现模拟相乘的方法有很多种,本节只介绍适用于高频电路工作又便于集成的四象限变跨导式模拟相乘电路,它是目前应用最为广泛的一种相乘器。

变跨导式相乘器的原理电路如图 1.4-16 所示,它是在差分放大电路基础上,对恒流源管电流加以控制的原理构成的。它是由吉尔伯特(B.Gilbert)于 1968 年最早提出的。

图 1.4-15　四象限工作区

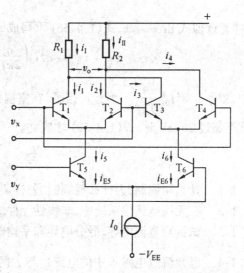

图 1.4-16　变跨导式模拟相乘器原理电路

由图 1.4-16 可见，T_1 与 T_2、T_3 与 T_4 组成两对差分电路，作为上述两对差分电路的恒流源 T_5 与 T_6 也是一对差分电路，其恒流源为 I_0。两个输入信号 v_x 和 v_y 分别加到 $T_1 \sim T_4$ 和 $T_5 \sim T_6$ 管的基极，可以平衡输入，也可将其中任一端接地变成单端输入。T_1 与 T_3 集电极接在一起作一个输出端，T_2 与 T_4 集电极接在一起作另一输出端，可以平衡输出，也可将其中任一端接地变成单端输出。

根据式(1.4-33)，上述各差分对管输出差值电流分别为

$$i_1 - i_2 = \alpha i_5 \text{th} \frac{q v_x}{2kT} \tag{1.4-51}$$

$$i_4 - i_3 = \alpha i_6 \text{th} \frac{q v_x}{2kT} \tag{1.4-52}$$

$$i_5 - i_6 = \alpha I_0 \text{th} \frac{q v_y}{2kT} \tag{1.4-53}$$

式中，α 为各管共基极短路电流放大系数，总的输出电流为

$$i_{\text{I}} - i_{\text{II}} = (i_1 + i_3) - (i_2 + i_4) = (i_1 - i_2) - (i_4 - i_3) \tag{1.4-54}$$

将式(1.4-51)和(1.4-52)代入式(1.4-54)

$$i_{\text{I}} - i_{\text{II}} = \alpha(i_5 - i_6)\text{th} \frac{q v_x}{2kT} \tag{1.4-55}$$

再将式(1.4-53)代入式(1.4-55)中，最后可得

$$i_{\text{I}} - i_{\text{II}} = \alpha^2 I_0 \text{th} \frac{q v_y}{2kT} \text{th} \frac{q v_x}{2kT} \tag{1.4-56}$$

由此可见，图 1.4-16 所示电路并不能直接实现 v_x 与 v_y 的相乘运算，只有满足下列条件

$$|v_x| \leqslant \frac{kT}{q} \qquad |v_y| \leqslant \frac{kT}{q} \tag{1.4-57}$$

时，才有近似式 $\text{th}\, x \approx x$，式(1.4-56)可写成

$$i_{\text{I}} - i_{\text{II}} \approx \alpha^2 I_0 \left(\frac{q}{2kT}\right)^2 v_x v_y = K'_{\text{M}} v_x v_y \tag{1.4-58}$$

式中，$K'_{\text{M}} = \alpha^2 I_0 \left(\dfrac{q}{2kT}\right)^2$ 为标尺因子，在室温条件下，$kT/q \approx 26 \text{ mV}$。所以只有输入信号幅度不超过 26 mV 时，式(1.4-58)才成立。

习　　题

1-1　什么叫调制？为什么要调制？怎样调制？

1-2　在无线电通信系统中，非线性元件的作用是什么？

1-3　试区别直流电导、微分电导和平均电导之间的含义及其应用场合。

1-4　已知流过电感 L 中的电流 i_L 与 L 两端电压间的关系为 $v_L = L \dfrac{\mathrm{d} i_L}{\mathrm{d} t}$，式中 L 为常数，试说明电感线圈是线性元件。同样，对于电容器，有 $v_C = \dfrac{1}{C} \displaystyle\int i_C \mathrm{d} t$，式中 C 为常数，试说明电容器也是线性元件。

1-5　若非线性元件的伏安特性为 $i = K v^2$，其中 K 为常数，若在元件两端施加电压

$$v = V_Q + V_{sm}\cos \omega t$$

式中 V_Q 为直流工作点电压。(1)若想使该非线性元件近似当线性元件使用,应如何选择 V_Q 与 V_{sm}?(2)若想使该非线性元件实现频率变换功能,应如何选取 V_Q 与 V_{sm}?

1-6 题图 1-6 中,设二极管 D_1 和 D_2 特性相同,都为 $i = a_0 + a_1v + a_2v^2 + a_3v^3$,如果两输入电压 v_1、v_2 均为已知,求输出电压 v_o 的表示式。

1-7 题图 1-7 中,四个二极管特性相同(同 1-6 题),已知 v_1、v_2 试求负载 R_L 上的输出电压 v_o 示式。

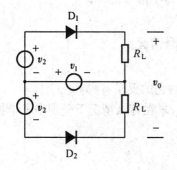

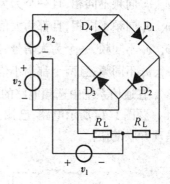

题图 1-6　　　　　　　　　　　　　　　　题图 1-7

1-8 晶体管传输特性如题图 1-8 所示,若用此管组成二次倍频器,设输入电压幅度 V_{bm} 已知,应如何选取晶体管的工作状态才能使其输出最大?

1-9 题图 1-9 中所示二极管是理想的(即其特性曲线为过原点的折线),试求此电路中电流的直流、基波、二次谐波和三次谐波各分量。

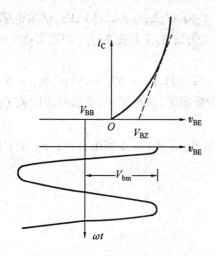

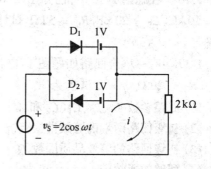

题图 1-8　　　　　　　　　　　　　　　　题图 1-9

1-10 减少组合频率干扰的方法有哪些?

1-11 设某理想相乘器,即 $v_o = K_M v_x v_y$,若 $v_x = \cos \omega t$,$v_y = \cos 6\omega t$ 时,试绘出输出电压 $v_o(t)$ 的波形图。

1-12 设某相乘器具有理想的相乘特性,在以下各种输入情况下,绘出其输出电压波形图:

(1)v_x、v_y 同频同相,且都为小信号(即双差分对管工作在线性放大状态)情况;

(2)v_x、v_y 同频同相,且都为大信号(即双差分管工作在开关状态)情况;

(3)v_x、v_y 同频不同相,且一个为大信号,另一个为小信号情况;

(4)v_x、v_y 同频不同相,且都为大信号情况;

(5)v_x、v_y 不同频,一个为大信号,另一个为小信号情况;

(6)v_x、v_y 不同频,且两个都为小信号情况。

1-13 在通信系统中选频电路的作用是什么?对它的要求有哪些?

1-14 题图 1-14 所示电路,已知:$L_1 C_1 < L_2 C_2$,求在什么情况下呈现串联谐振?什么情况下呈现并联谐振?

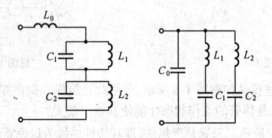

题图 1-14

1-15 已知并联谐振回路的 $f_0 = 5$ MHz,$C = 50$ pF,$2\Delta f_{0.7} = 150$ kHz,试求电感 L、品质因数 Q_0,以及对信号频率为 5.5 MHz 时的广义失谐 ξ。又若把 $2\Delta f_{0.7}$ 加宽至 300 kHz,需并接多大电阻?

1-16 在题图 1-16 中,已知 $L = 0.8\ \mu H$,$Q_0 = 100$,$C_1 = C_2 = 20$ pF,$C_i = 5$ pF,$R_i = 10$ kΩ,$C_0 = 20$ pF,$R_0 = 5$ kΩ,试计算回路谐振频率、谐振阻抗、有载品质因数 Q_L 和通频带。

1-17 有一耦合回路如题图 1-17 所示。已知 $f_{01} = f_{02} = 1$ MHz,$\rho_1 = \rho_2 = 1$ kΩ,$R_1 = R_2 = 20$ Ω,$\eta = 1$ 试求:

(1) 回路参数 L_1、L_2、C_1、C_2 和 M;

(2) 初级回路两端的等效谐振阻抗 Z_P;

(3) 初级回路的等效品质因数 Q_L;

(4) 回路的通频带;

(5) 如调节 C_2 使 $f_{02} = 950$ kHz(信号源频率仍为 1 MHz)。求反射到初级回路的串联阻抗。它呈电感性还是电容性?

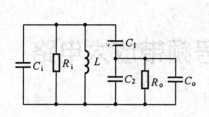

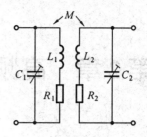

题图 1-16   题图 1-17

1-18　晶体管 3DG6C 的特征频率 $f_T = 250$ MHz，$\beta_0 = 50$，求该管分别在 $f = 1$、20、50 MHz 时的 β 值。

1-19　某型号晶体管的共发电路 y 参数为

$$\dot{y}_{ie} = (20 + j10)10^{-2}\ \text{S}; \qquad\qquad \dot{y}_{re} = (-1 - j0.5)10^{-3}\ \text{S}$$

$$\dot{y}_{fe} = (40 - j100)10^{-3}\ \text{S}; \qquad\qquad \dot{y}_{oe} = (1 + j5)10^{-3}\ \text{S}$$

试决定此管的共基和共集电路中的 y 参数。

第2章　高频小信号频带放大电路

2.1　概　述

在通信系统中,收发两地一般相距甚远,信号经过信道传输,受到很大衰减,到达接收端的高频信号电平多在微伏数量级。因此,必须先将微弱信号进行放大再解调。在多数情况下,信号不是单一频率的,而是占有一定频谱宽度的频带信号,将完成频带信号放大任务的电路称为高频小信号频带放大电路。另外,在同一信道中,可能同时存在许多偏离有用信号频率的各种干扰信号,因此高频小信号频带放大电路除有放大功能外,还必须具有选频功能,即具有从众多信号中选择出有用信号、滤除无用的干扰信号的能力。从这个意义上讲,高频小信号频带放大电路又可视为有源滤波器,它集放大选频于一体,其电路模型必然由有源放大元件和无源选频网络所组成,如图2.1-1所示。

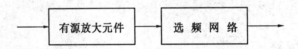

图 2.1-1　高频小信号频带放大电路的组成

放大元件可以是晶体管、场效应管或集成电路,而选频网络则可以是LC谐振回路,或者是声表面波、陶瓷、晶体管固体滤波器。不同的组合方法,构成了各种各样的电路形式。本章以LC谐振放大电路和声表面波集中选择性放大电路为例,讨论高频小信号频带放大电路的选频特性及其有关问题。

高频小信号频带放大器的主要技术指标有:

1. 中心频率 f_0

中心频率就是调谐放大电路的工作频率,一般在几百千赫到几百兆赫。它是调谐放大器的主要指标,是根据设备的整体指标确定的。它是设计放大电路时,选择有源器件、计算谐振回路元件参数的依据。

2. 增益

增益是表示放大电路对有用信号的放大能力,通常用中心频率(谐振时)的电压增益和功率增益两种方法表示:

电压增益 $\qquad A_{v0} = \dfrac{V_o}{V_i}$ 或 $\quad A_{v0} = 20\lg\dfrac{V_o}{V_i}\text{dB}$ $\qquad\qquad$ (2.1-1)

功率增益 $\qquad A_{p0} = \dfrac{P_o}{P_i}$ 或 $\quad A_{p0} = 10\lg\dfrac{P_o}{P_i}\text{dB}$ $\qquad\qquad$ (2.1-2)

式中，V_o、V_i 分别为放大电路中心频率上的输出、输入电压幅度，P_o、P_i 分别为放大电路中心频率上的输出、输入功率。通常增益用分贝表示。

3. 通频带

为保证频带信号无失真地通过放大电路，要求其增益频率响应特性必须有与信号带宽相适应的平坦宽度。放大电路电压增益频率响应特性由最大值下降至 3 dB 时对应的频率宽度，称为放大器的通频带，通常以 $2\Delta f_{0.7}$ 表示，如图 2.1-2 所示。

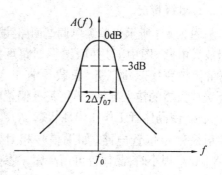

图 2.1-2　通频带的定义

4. 选择性

选择性是指对通频带之外干扰信号的衰减能力，有两种描述方法：一是用前章提及的短形系数[参看式(1.4-3)]来说明邻近波道选择性的好坏；二是用抑制比(或称抗拒比)来说明对带外某一特定干扰频率 f_N 信号抑制能力的大小，其定义为

$$d = \frac{A_p(f_0)}{A_p(f_N)} \tag{2.1-3}$$

式中，$A_p(f_0)$ 为中心频率上的功率增益；$A_p(f_N)$ 为某特定干扰频率 f_N 上的功率增益。

抑制比用分贝表示则为

$$d(\mathrm{dB}) = 10\lg\frac{A_p(f_0)}{A_p(f_N)} \tag{2.1-4}$$

5. 工作稳定性

工作稳定性是指当放大电路的工作状态、元件参数等发生可能的变化时，放大器主要性能的稳定程度。不稳定现象表现在增益变化、中心频率偏移、通频带变窄、谐振曲线变形等。不稳定状态的极端情况是放大器自激振荡，以致使放大器完全不能工作。

引起不稳定的原因主要是由于寄生反馈作用的结果。为消除或减少不稳定现象，必须尽力找出寄生反馈的途径，力图消除一切可能产生反馈的因素(详见 2.3 节)。

6. 噪声系数

噪声系数是用来描述放大器本身产生噪声电平大小的一个参数。放大器本身产生噪声电平的大小对所传输信号，特别是对微弱信号的影响是极其不利的(详见第 3 章)。

上述指标相互之间既有联系又有矛盾，例如增益和稳定性、通频带和选择性等，根据实际需要决定主次，进行合理设计与调整。

2.2　晶体管谐振放大电路

晶体管谐振放大电路由晶体管和调谐回路两部分组成，根据不同的要求晶体管可以是双极型晶体管，也可以是场效应晶体管，或者是线性模拟集成电路。调谐回路可用单回路，也可用双耦回路。

2.2.1 单调谐回路谐振放大电路

1. 单级情况

图 2.2-1 所示为单级单调谐回路共发射极放大电路。图中 LC 并联谐振回路承担选频和阻抗变换双重任务,负载导纳 Y_L 多为下级放大器的输入导纳。调整基极偏置电阻 R_{b1}、R_{b2} 使晶体管工作在线性状态,R_e、C_e 为发射极稳定偏置电路。如果信号相对带宽 $2\Delta f_{0.7}/f_0$ 很小时,晶体管可用高频 y 参数等效电路来分析,如图 2.2-2 所示。图中,将放大器的输入端等效成诺顿电流源,LC 并联谐振回路损耗用电导 g_0 代替,设回路线圈 L 的

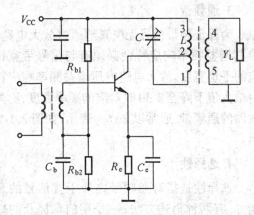

图 2.2-1 共射单回路谐振放大器

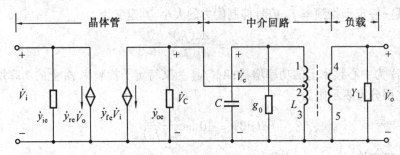

图 2.2-2 单管谐振放大器等效电路

1 – 2 间匝数为 N_{1-2},2 – 3 间匝数为 N_{2-3},4 – 5 间匝数为 N_{4-5},则晶体管接入回路的接入系数

$$p_1 = \frac{N_{2-3}}{N_{1-2} + N_{2-3}} = \frac{N_{2-3}}{N} \qquad (2.2\text{-}1)$$

负载导纳接入回路的接入导数

$$p_2 = \frac{N_{4-5}}{N}$$

根据 1.4 节所介绍的阻抗变换原理,可将图 2.2-2 中输出电路所有元件参数均折合到 LC 回路两端,如图 2.2-3(a) 所示(图中忽略 $\dot{y}_{re}\dot{V}_C$)。将同类元件合并,最终可得如图 2.2-3(b) 所示简化电路,图中

$$C_{\Sigma} = p_1^2 C_{oe} + C + p_2^2 C_L \qquad (2.2\text{-}2)$$

$$g_{\Sigma} = p_1^2 g_{oe} + g_0 + p_2^2 g_L \qquad (2.2\text{-}3)$$

由此,可以求得单级单调谐放大器的主要性能指标:

(1) 功率增益

在非谐振点计算功率增益是很复杂的,用处不大,下面仅讨论谐振时功率增益的计

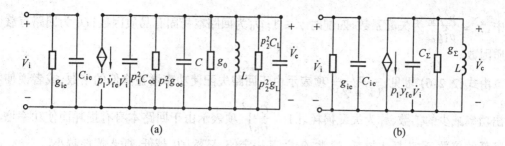

(a)   (b)

图 2.2-3 等效电路的化简

算。分析图 2.2-3 可见,当回路谐振忽略回路固有损耗(即 $g_0 = 0$)、晶体管输出阻抗与负载阻抗匹配(即 $p_1^2 g_{oe} = p_2^2 g_L$)时,晶体管可输出最大功率

$$P_{omax} = \frac{V_{cm}^2}{2} \cdot p_2^2 g_L = \frac{1}{2}\left(\frac{p_1 \mid \dot{y}_{fe} \mid V_{im}}{p_1^2 g_{oe} + p_2^2 g_L}\right)^2 \cdot p_2^2 g_L = \frac{1}{2} \cdot \frac{p_1^2 \mid \dot{y}_{fe} \mid^2 V_{im}^2}{4 p_1^2 g_{oe}} \quad (2.2-4)$$

晶体管输入功率为

$$P_i = \frac{V_{im}^2}{2} g_{ie}$$

因此,晶体管最大谐振功率增益为

$$A_{p0max} = \frac{P_{omax}}{P_i} = \frac{\mid \dot{y}_{fe} \mid^2}{4 g_{oe} g_{ie}} \quad (2.2-5)$$

A_{p0max} 是晶体管单向化后可给出的最大功率增益,其值由晶体管本身参数决定,与外电路形式无关。因此,它是选管的重要依据。通常晶体管手册中给出了其参考数据。

当晶体管输出阻抗和负载不匹配、回路本身损耗不可忽略时,按图 2.2-3 计算输出功率

$$P_o = \frac{1}{2}\left(\frac{p_1 \mid \dot{y}_{fe} \mid V_{im}}{g_\Sigma}\right)^2 p_2^2 g_L$$

此时的功率增益为

$$A_{p0} = \frac{p_1^2 \mid \dot{y}_{fe} \mid^2}{g_\Sigma^2 g_{ie}} p_2^2 g_L$$

假设本级与下一级用的是相同的晶体管,因此 $g_L = g_{ie}$,代入上式中,并作下列同乘、除等式变化

$$
\begin{aligned}
A_{p0} &= \frac{p_1^2 \mid \dot{y}_{fe} \mid^2}{g_\Sigma^2 g_{ie}} p_2^2 g_{ie} = \frac{\mid \dot{y}_{fe} \mid^2}{4 g_{oe} g_{ie}} \cdot \frac{4 p_1^2 g_{oe} p_2^2 g_{ie}}{g_\Sigma^2} \\
&= A_{p0max} \frac{4 p_1^2 g_{oe} p_2^2 g_{ie}}{(p_1^2 g_{oe} + p_2^2 g_{ie})^2} \cdot \frac{(p_1^2 g_{oe} + p_2^2 g_{ie})^2}{g_\Sigma^2} \\
&= A_{p0max} \frac{4\gamma}{(1 + \gamma)^2} \cdot \frac{(g_\Sigma - g_0)^2}{g_\Sigma^2} \\
&= A_{p0max} \frac{4\gamma}{(1 + \gamma)^2}\left(1 - \frac{Q_L}{Q_0}\right)^2
\end{aligned}
$$

$$(2.2-6)$$

式中，$\gamma = \dfrac{p_2^2 g_{ie}}{p_1^2 g_{oe}}$ 为失配系数，匹配时 $\gamma = 1$；Q_0 为回路本身固有品质因数；Q_L 为回路有载品质因数。

由式(2.2-6)可见，$\dfrac{4\gamma}{(1+\gamma)^2}$ 项表示由于回路失配使功率增益降低的倍数，或者说使输出功率减少的倍数，称为失配损耗。$\left(1 - \dfrac{Q_L}{Q_0}\right)^2$ 项表示由于回路本身有损耗而使功率增益降低的倍数，称为插入损耗。通常 Q_0 为某一定值。显然 Q_L 越低，插入损耗越小。

式(2.2-6)表示回路既有损耗又不匹配时的功率增益，它具有普遍意义。

(2) 电压增益

为研究放大器的通频带和选择性，现讨论回路失谐时的电压增益表示式。由图(2.2-2)可见，从本级晶体管的输入端到下级晶体管的输入端的电压增益 $\dot{A}_V$ 为

$$\dot{A}_v = \frac{\dot{V}_o}{\dot{V}_i} = \frac{\dot{V}_c}{\dot{V}_i} \cdot \frac{\dot{V}_o}{\dot{V}_c} = \frac{-p_1 \dot{y}_{fe}}{g_\Sigma + j\omega C_\Sigma + \dfrac{1}{j\omega L}} \cdot p_2 = \frac{-p_1 p_2 \dot{y}_{ie}}{g_\Sigma(1 + j\xi)} \tag{2.2-7}$$

式中负号表示输出电压相位与假设方向相反。$\dot{y}_{fe}$ 本身是一复数，有一相角 φ_{fe}（参看式(1.3-15)），但当满足工作频率 $f \ll f_T$ 条件时，可认为 $\varphi_{fe} \approx 0$。

当回路谐振时，$\xi = 0$

$$A_{v0} = \frac{-p_1 p_2 \mid \dot{y}_{fe} \mid}{g_\Sigma} \tag{2.2-8}$$

电压增益和功率增益之间的关系，可由下式导出

$$A_{p0} = \frac{P_o}{P_i} = \frac{\dfrac{1}{2} V_{om}^2 g_L}{\dfrac{1}{2} V_{im}^2 g_{ie}} = A_{v0}^2 \frac{g_L}{g_{ie}}$$

如前后两级采用相同晶体管，则 $g_L = g_{ie}$，故有

$$A_{v0} = \sqrt{A_{p0}} = \sqrt{A_{p0max}} \sqrt{\frac{4\gamma}{(1+\gamma)^2}\left(1 - \frac{Q_L}{Q_0}\right)}$$

$$= \frac{\mid \dot{y}_{fe} \mid}{2\sqrt{g_{oe} g_{ie}}} \frac{2\sqrt{\gamma}}{1+\gamma}\left(1 - \frac{Q_L}{Q_0}\right) \tag{2.2-9}$$

(3) 通频带与选择性

将式(2.2-7)除以式(2.2-8)，得

$$\frac{\dot{A}_v}{A_{v0}} = \frac{1}{1 + j\xi}$$

取其模值

$$\alpha = \left| \frac{\dot{A}_v}{A_{v0}} \right| = \frac{1}{\sqrt{1 + \xi^2}} \cong \frac{1}{\sqrt{1 + \left(Q_L \dfrac{2\Delta\omega}{\omega_0}\right)^2}} \tag{2.2-10}$$

可见，单调谐单级调谐放大器归一化谐振曲线表示式与并联谐振回路有相同的形式[参见式(1.2-21)]，所以单调谐单级放大器的通频带、选择性也有与并联谐振回路相同的结论。

2.多级情况

实际应用中常常为了提高增益或改善选择性,采用多级级联放大电路。那么级数增多后,放大器各项指标与级数之间有何关系?

(1) 多级放大器的增益

假设有 m 级放大器,由完全相同的单级放大器级联而成。显然,总增益 $(A_V)_m$ 是各级增益 A_{V1} 的乘积

$$(A_v)_m = [A_{v1}]^m = \left[\frac{p_1 p_2 |\dot{y}_{fe}|}{g_\Sigma \sqrt{1 + \left(Q_L \frac{2\Delta\omega}{\omega} \right)^2}} \right]^m \tag{2.2-11}$$

谐振时

$$(A_{v0})_m = \frac{(p_1 p_2 |\dot{y}_{fe}|)^m}{g_\Sigma^m} \tag{2.2-12}$$

(2) 多级放大器的通频带

由式(2.2-11)与(2.2-12)可得多级放大器归一化谐振曲线表达式

$$\alpha_m = \frac{(A_v)_m}{(A_{v0})_m} = \frac{1}{\left[1 + \left(Q_L \frac{2\Delta\omega}{\omega_0} \right)^2 \right]^{m/2}} \tag{2.2-13}$$

令 $\alpha_m = \frac{1}{\sqrt{2}}$,可解得 m 级放大器的 3 dB 带宽

$$(2\Delta f_{0.7})_m = \sqrt{2^{1/m} - 1} \cdot \frac{f_0}{Q_L} \tag{2.2-14}$$

显然,$\sqrt{2^{1/m} - 1}$ 是随 m 增大而小于 1 的系数,称为缩减因子,它与级数 m 的关系列于表 2.2-1 中。

表 2.2-1 缩减因子 $\sqrt{2^{1/m} - 1}$ 与级数 m 的关系

m	1	2	3	4	5	6
$\sqrt{2^{1/m} - 1}$	1.00	0.64	0.51	0.43	0.39	0.35

为保证总通频带为某一给定的值,每个单级放大器的通频带必须加宽 $\frac{1}{\sqrt{2^{1/m} - 1}}$ 倍。

(3) 多级放大器的矩形系数

根据矩形系数定义,令 $\alpha_m = \frac{1}{10}$,解出

$$(2\Delta f_{0.1})_m = \sqrt{10^{2/m} - 1} \frac{f_0}{Q_L}$$

则 m 级放大器的矩形系数为

$$(K_{r0.1})_m = \frac{(2\Delta f_{0.7})_m}{(2\Delta f_{0.7})_m} = \frac{\sqrt{10^{2/m} - 1}}{\sqrt{2^{1/m} - 1}}$$

$(K_{r0.1})_m$ 与级数 m 的关系列于表 2.2-2。

表 2.2-2 $(K_{r0.1})_m$ 与级数 m 的关系

m	1	2	3	4	5	6
$(K_{r0.1})_m$	9.96	4.8	3.75	3.4	3.2	3.1

由表 2.2-2 可见,随 m 增加,放大器矩形系数有所改善。但是级数越多,改善程度越慢,与理想的矩形相差甚远。

2.2.2 双调谐回路谐振放大电路

图 2.2-4(a) 是双调谐回路谐振放大器电路,(b) 与(c) 是其等效电路和简化的等效电路。

实际应用中,初、次级均调谐到同一中心频率 f_0,并假设初、次回路元件参数对应相等,这样就得到如图 2.2-4(d) 所示等效电路。

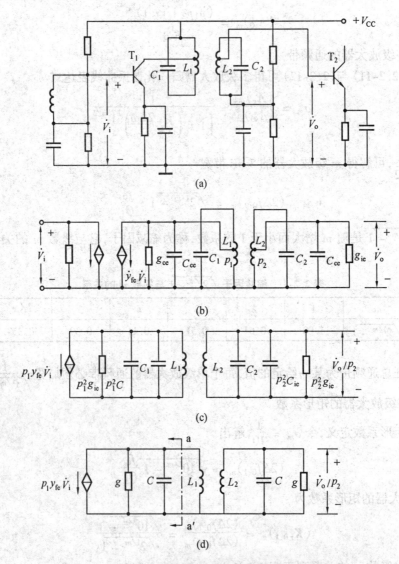

图 2.2-4 双调谐回路谐振放大电路及其等效电路

为直接引用 1.2 节有关耦合回路的结论,应用戴维南定理,将图(d)中点划线 aa' 左边的可控电流源变化成可控电压源形式,再将初、次级回路变化成串联阻抗形式,如图 2.2-5 所示。

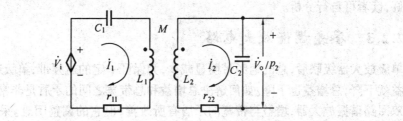

图 2.2-5　串联形式耦合回路

图中 $\dot{V}_i = \dfrac{p_1 \dot{y}_{fe} \dot{V}_i}{g + j\omega C}$,通常 $g \ll \omega C$,则

$$\dot{V}_i \approx \frac{p_1 \dot{y}_{fe} \dot{V}_i}{j\omega C}, \quad C_1 \approx C_2 \approx C, \quad r_{11} \approx \frac{g}{(\omega C)^2} \approx r_{22} \tag{2.2-15}$$

将式(2.2-15)代入式(1.2-39)

$$\dot{I}_{2max} = \frac{p_1 \dot{y}_{fe} \dot{V}_i \omega C}{2g} \tag{2.2-16}$$

将式(2.2-16)代入式(1.2-44),取其模值

$$|\dot{I}_2| = \frac{p_1 |\dot{y}_{fe}| \dot{V}_i \omega C}{g} \cdot \frac{\eta}{\sqrt{(1 - \xi^2 + \eta^2)^2 + 4\xi^2}} \tag{2.2-17}$$

有了次级回路电流 $\dot{I}_2$ 表达式,便可求出放大器的各项指标。

(1) 电压增益

$$A_v = \frac{\dot{V}_o}{\dot{V}_i}$$

式中,$\dot{V}_0$、$\dot{V}_i$ 由图 2.2-4(a)中定义。

而 $\dot{I}_2$ 流径 C_2 产生的压降为 $\dot{V}_o/p_2$,故有

$$A_v = \frac{p_1 p_2 |\dot{y}_{fe}|}{g} \cdot \frac{\eta}{\sqrt{(1 - \xi^2 + \eta^2)^2 + 4\xi^2}} \tag{2.2-18}$$

由谐振时 $\xi = 0$,得

$$A_{v0} = \frac{\eta}{1 + \eta^2} \cdot \frac{p_1 p_2 |\dot{y}_{fe}|}{g}$$

当 $\eta = 1$ 时

$$A_{v0} = \frac{1}{2} \cdot \frac{p_1 p_2 |\dot{y}_{fe}|}{g} \tag{2.2-19}$$

(2) 通频带与选择性

由式(2.2-18)除以式(2.2-19),可得临界耦合归一化谐振曲线表达式

$$\alpha = \frac{A_v}{A_{v0}} = \frac{2\eta}{\sqrt{(1 - \xi^2 + \eta^2)^2 + 4\xi^2}} \tag{2.2-20}$$

显然,双调谐回路谐振放大器归一化谐振曲线表示式,与双耦合回路的谐振曲线有相同的形式[参看式(1.2-45)],因此,两者有相同的结论。

多级情况和单回路多级情况类似,通频带随级数 m 增加而减小,矩形系数随 m 增加而变好,读者可自行分析。

2.2.3 参差调谐放大电路

单级放大器级联后,总的通频带明显减少,为保证一定的通频带,单级通频需加宽,单级增益就下降,总增益也下降。如何解决总增益和总带宽之间的矛盾是非常必要的。

双回路谐振放大器,增益与带宽的矛盾有所改善,但它的调整困难。采用参差调谐放大器和后面要讨论的集中选择性放大器是两种解决增益与带宽矛盾的有效方法。

参差调谐放大是指将两个或多个调谐放大器的谐振频率分别调整到略高于和略低于中心频率上,如两个回路称双参差,其交流等效电路如图 2.2-6(a) 所示。两级总增益等于各级增益相乘,其合成曲线示意图如图 2.2-6(b) 中虚线所示。

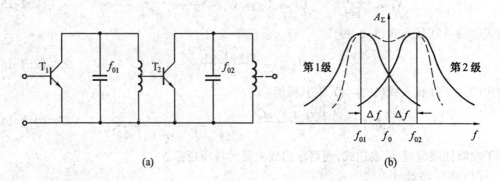

(a)	(b)

图 2.2-6 双参差调谐放大器及其幅频特性曲线

由此曲线可定性地看出,在$(f_0 - \Delta f)$ 至 $(f_0 + \Delta f)$ 频率范围内,第一级增益随频率升高而减小,但第二级增益却随频率升高而增加,两者的变化趋势恰好互相补偿,取长补短。因而只要单回路的品质因数 Q_L 和失谐量 Δf 选择恰当,在这段频率范围内的谐振曲线就比较平坦,频带加宽。但在此范围之外,两级增益同时减小,两级总增益下降更快,即提高带外选择性。

在统一的广义失谐 ξ 坐标系中,第一级谐振函数

$$\left| \frac{A_{v1}}{A_{v0}} \right|_1 = \frac{1}{\sqrt{1 + (\xi + \Delta)^2}} \tag{2.2-21}$$

第二级谐振函数

$$\left| \frac{A_{v2}}{A_{v0}} \right|_2 = \frac{1}{\sqrt{1 + (\xi - \Delta)^2}} \tag{2.2-22}$$

式中

$$\Delta = Q_L \frac{2\Delta f}{f_0}$$

两级相乘

$$A_\Sigma = \frac{1}{\sqrt{1 + (\xi + \Delta)^2}} \cdot \frac{1}{\sqrt{1 + (\xi - \Delta)^2}} = \frac{1}{\sqrt{(1 + \Delta^2 - \xi^2)^2 + (2\xi)^2}} \tag{2.2-23}$$

为求出 A_Σ 的最大值，令 $\dfrac{\partial A_\Sigma}{\partial \xi} = 0$,解得

$$\xi = \begin{cases} 0 \\ + \sqrt{\Delta^2 - 1} \\ - \sqrt{\Delta^2 - 1} \end{cases}$$

故有
$$A_{\Sigma \max} = \begin{cases} \dfrac{1}{1 + \Delta^2} & \text{当 } \Delta < 1 \text{ 时} \\[2mm] \dfrac{1}{2} & \text{当 } \Delta = 1 \text{ 时} \\[2mm] \dfrac{1}{2\Delta} & \text{当 } \Delta > 1 \text{ 时} \end{cases} \tag{2.2-24}$$

则得双参差组级归一化谐振曲线方程为

$$\alpha = \frac{A_\Sigma}{A_{\Sigma \max}} = \begin{cases} \dfrac{1 + \Delta^2}{\sqrt{(1 + \Delta^2 - \xi^2)^2 + 4\xi^2}} & \Delta < 1 \text{ 时} \tag{2.2-25} \\[3mm] \dfrac{2}{\sqrt{4 + \xi^4}} & \Delta = 1 \text{ 时} \tag{2.2-26} \\[3mm] \dfrac{2\Delta}{\sqrt{(1 + \Delta^2 - \xi^2)^2 + 4\xi^2}} & \Delta > 1 \text{ 时} \tag{2.2-27} \end{cases}$$

可见双参差调谐放大器和双调谐耦合回路放大器有相似的表示式。在一定条件下,两者有相同的通频带和矩形系数,但双调谐回路放大器结构较复杂,调整麻烦,而双参差调谐放大器前后两级回路彼此独立,调整比较方便。有了双参差组级归一化谐振曲线方程,就可用前述方法求出多级双参差调谐放大器各项指标与级数间的关系。为获得更宽的通频带,还可构成三参差、四参差调谐放大器,广泛地用于电视接收机和雷达接收机中。

2.2.4 集中选择性放大电路

随着宽频带、高增益线性集成电路的出现和固体滤波技术的发展,上述那种每级均配有调谐回路的分散选择性放大器,已逐渐被集中选择性放大器所代替。这不仅简便了多级放大器的调整,消除了晶体管参数对放大器稳定性的影响,而且也有利于改善放大器的矩形系数。

1.集中选择性放大器的组成

集中选择性放大器的组成如图 2.2-7 所示,图中宽带放大器一般由线性集成电路构成。当工作频率较高,找不到合适的线性集成电路时,也可采用分立元件宽带放大器构成

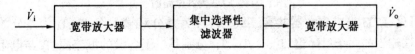

图 2.2-7　集中选择放大器的组成

的放大链,这些放大器可以是共基电路、差分电路、负反馈对电路等。集中选择性滤波器可以是集中LC滤波器、石英晶体滤波器、陶瓷滤波器和声表面波滤波器等。这些滤波器可根据系统要求进行精确的设计,便于与放大器之间设置良好的阻抗匹配电路,因而其选频特性可以接近理想要求。

集中选择性滤波器的位置,一般设置于放大链的低信号电平端,以对可能进入宽带放大器的带外干扰和噪声进行必要的衰减,改善传输信号的质量。

2.线性集成宽带放大器特点

(1)线性集成宽带放大器工作频率范围,低端可能很低,甚至可工作在直流状态。这是因为集成放大电路各级间均采用直接耦合方式的缘故。为了抑制零点漂移,多采用差分放大的电路形式,这是不同于分立元件晶体管放大器的一个主要特点。

(2)模拟集成电路扩展频带宽度方法,与分立晶体管所用传统方法不同。由于集成工艺限制,人们宁愿增加一些晶体管来达到展宽频带的目的,而不愿意多用电阻、电容一类元件,至于电感,在一般情况下,总是摒弃不用的。扩展频带宽度的另一个有效手段,就是采用负反馈技术,这点是和分立元件电路雷同的,在各类集成宽频带放大器中,几乎无例外地采用输出和输入之间的反馈(包括本级、前后级甚至多级间的负反馈)。这是因为在集成电路制造工艺中,加进负反馈不仅是方便的,而且对稳定放大器各晶体管的工作点也是有益的。

图2.2-8是一种典型的集成宽带放大器F733的内部电路图。

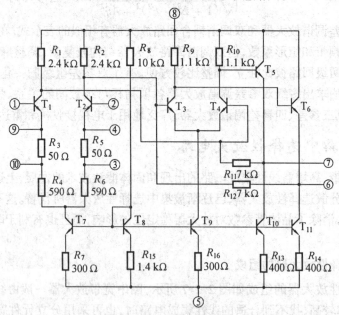

图2.2-8　F733内部电路图

由图可见,F733集成放大器共有三级:T_1、T_2为差分对输入级,T_3、T_4为差分放大器,T_5、T_6为双端输出的两个射随器。T_7、T_9、T_{10}、T_{11}分别是以上各级的恒流源。T_8与电阻R_8组成直流偏置电路,决定恒流源各管的工作点,从而决定了差分输入级、差分放大级和射随输出级的静态工作电流。$R_3 \sim R_6$ 为 T_1 和 T_2 的射极电阻,可用来调节其线性范围。输入端有四个增益选择引出端,⑨、④、⑩ 和 ③,采用不同接法,可以调整第一级差分放大器发射极负反馈电阻的大小,从而改变增益。由于增益与频带成反比,所以调整增益也意味着调整带宽,可调范围有三挡选择:④、⑨ 短接增益最大,带宽最窄;③、⑩ 短接增益中等;全部不接时增益最小,带宽最宽。若在 ④、⑨ 或 ③、⑩ 间外接一个可调电阻,可使增益连续可变,做 AGC 控制。

F733 宽带放大器因从输出端到第二级差分放大器输入端有深度负反馈,因此有良好的频率特性。下至直流,上至 120 MHz,电压增益不小于 40 dB(当 $R_L = 2 \text{ k}\Omega$ 时)。

3. 固体滤波器工作原理简介

人们常将无需调整的石英晶体滤波器、陶瓷滤波器和声表面波滤波器,统称为固体滤波器,下面分别介绍它们的工作原理与应用举例。

(1) 石英晶体滤波器

石英是一种天然矿物质(也可人工制造),其形状为结晶的六角锥体,因而人们称它为石英晶体,它的化学成分是 SiO_2。石英晶体具有一种特殊的物理性能,即正、反两种压电效应。如沿晶体某一特定方向施以张力,则与其相应的两表面上就会产生正负异号电荷 $\pm q$,其值基本上与张力引起的变形成正比;施以压力,则电荷改变符号。这种效应称为正压电效应。反之,在能产生电荷的两个面上加以交变电压,则石英晶体就会生产弹性形变,称机械振动,振动的大小与所加交变电场强度成正比。这种效应称为反压电效应。这就是说,石英晶体具有能把机械振动转换成交变电压,或把交变电压转换为机械振动的作用。

石英晶体和其他弹性体一样,具有惯性和弹性,因而存在着固有振动频率,当外加交变电压的频率与其固有振动频率相等时,晶体发生共振现象,这时具有最大的机械振动的振幅,外电路中也将有最大的电流。因而,石英晶体具有谐振电路的特性,故称为晶体谐振器。

石英晶体的代表符号和其等效电路,如图 2.2-9 所示。图中,L_q 为等效电感。决定晶体质量(惯性);C_q 等效电容,决定于晶体弹性模数(刚性);r_q 等效电阻,决定于机械振动中的摩擦损耗;C_0 是以石英晶体为介质的两极板(支架)间形成的分布电容。其值一般在几至几十皮法之间。

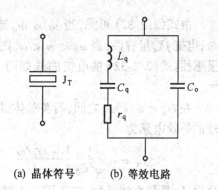

(a) 晶体符号　　(b) 等效电路

由于石英晶体的等效电容 C_q 很小(一般为 $0.005 \sim 0.1 \text{ pF}$),而等效电感 L_q 很大(频率约 100 kHz 时,L_q 大约为 100 H;频率约 1 MHz 时,L_q 大约为 1 H;频率约 10 MHz 时,L_q 大约为 10 mH),等效

图 2.2-9　石英晶体的符号及其等效电路

电阻 r_q 较小。因而晶体的品质因数 $Q_q = \dfrac{1}{r_q}\sqrt{\dfrac{L_q}{C_q}}$ 很大,一般为几万至几百万,这是普通 LC 电路望尘莫及的。

另外,还应注意到 $C_0 \gg C_q$,这意味着外电路的接入系数 $p \approx \dfrac{C_q}{C_0}$ 非常小,外电路对晶体频率特性影响必然很小。

根据石英晶体等效电路图 2.2-9(b) 可见,必有两个谐振频率:

一是较低的串联谐振频率 ω_q

$$\omega_q = \frac{1}{\sqrt{L_q C_q}} \qquad (2.2\text{-}28)$$

另一个是较高的并联谐振频率 ω_p

$$\omega_p = \frac{1}{\sqrt{L_q \left(\dfrac{C_0 C_q}{C_0 + C_q} \right)}} \qquad (2.2\text{-}29)$$

将式(2.2-28) 代入式(2.2-29),得

$$\omega_p = \omega_q \sqrt{1 + \frac{C_q}{C_0}} = \omega_q \sqrt{(1 + p)}$$

式中,$p = \dfrac{C_q}{C_0}$ 为接入系数。通常 p 很小,一般为 10^{-3} 数量级。将上式展开,并忽略高次谐波后,得

$$\omega_p \approx \omega_q + \omega_q \frac{p}{2} \quad \text{或} \quad \frac{\omega_p - \omega_q}{\omega_q} \approx \frac{C_q}{2C_0} \qquad (2.2\text{-}30)$$

图 2.2-9(b) 所示等效电路的阻抗表示式为

$$Z_e = \frac{\left[r_q + j \left(L\omega_q - \dfrac{1}{\omega C_q} \right) \right] \dfrac{1}{j\omega C_0}}{r_q + j \left(L\omega_q - \dfrac{1}{\omega C_q} - \dfrac{1}{\omega C_0} \right)} = R_e + jX_e \qquad (2.2\text{-}31)$$

当忽略式中 r_q 后,可简化为

$$Z_e \approx jX_e = -j \frac{1}{\omega C_0} \frac{1 - \omega_q^2/\omega^2}{1 - \omega_p^2/\omega^2} \qquad (2.2\text{-}32)$$

由式(2.2-32) 可见,当 $\omega < \omega_q$ 或 $\omega > \omega_p$ 时,电抗 jX_e 呈容性;当 $\omega_q < \omega < \omega_p$ 时,电抗 jX_e 呈感性。式(2.2-32) 的电抗曲线如图 2.2-10 所示。

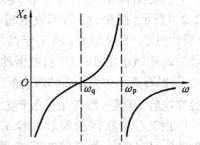

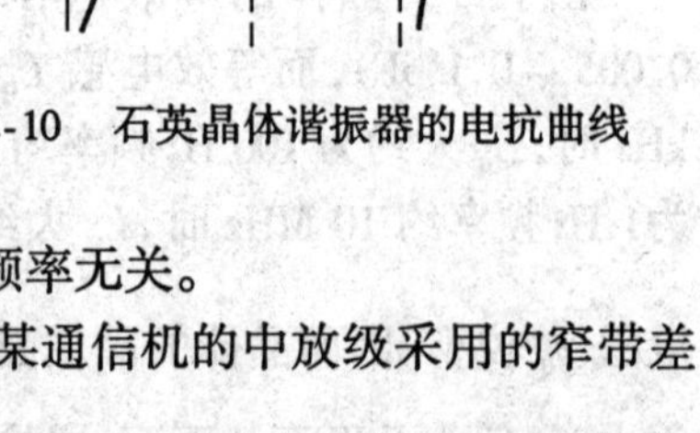

在 $\omega_q < \omega < \omega_p$ 之间,石英晶体谐振器所呈现的等效电感为

$$L_e = -\frac{1}{\omega^2 C_0} \frac{1 - \omega_q^2/\omega}{1 - \omega_p^2/\omega} \qquad (2.2\text{-}33)$$

图 2.2-10 石英晶体谐振器的电抗曲线

这里 L_e 是频率的函数,它不同于石英晶体本身的等效电感 L_q。L_q 只与石英晶体片的体积大小有关,与频率无关。

下面简介石英晶体滤波器的实用电路。图 2.2-11 为某通信机的中放级采用的窄带差接桥型晶体滤波器电路。

图中 R_1、R_2、R_3 和 C_1、C_2 组成直流偏置电路,R_4、C_3 为电源去耦电路,Z_1、Z_2、Z_3、Z_4 组成滤波电路。Z_1 为石英晶体,Z_2 为调节电容,也可为石英晶体;Z_3、Z_4 为调谐回路的对称线圈,Z_5 为第二调谐回路。

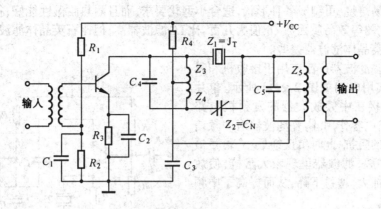

图 2.2-11　窄带石英晶体滤波器电路

现将 Z_1、Z_2、Z_3、Z_4 组成的滤波电路改画成阻抗电桥形式,如图 2.2-12 所示。

根据电桥平衡条件,定性讨论晶体滤波器的通带与阻带问题。如果输入端信号电压的频率使 Z_1 和 Z_2 的阻抗异号(即一为容性,另一为感性),那么电桥就永远不能平衡,这时输出端可得到足够大的电压输出,这一频率就应该是通频带内的频率。如果输入端信号电压的频率使 Z_1 和 Z_2 同号,且 $Z_1 = Z_2$,则电桥完全平衡,这时电桥的衰减最大。若 Z_1 和 Z_2 同号,但 $Z_1 \neq Z_2$ 时,产生一定程度的衰减,Z_1 与 Z_2 相差越大,则衰减越小。

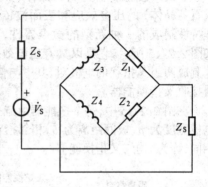

图 2.2-12　窄带晶体滤波器等效电路

图 2.2-11 中,若 Z_1 是石英晶体,Z_2 是电容 C_N,那么 Z_1、Z_2 表现为异号的频率范围,只有在 f_q 与 f_p 之间,也就是说,上述晶体滤波器的通频带宽度为 $\Delta f = f_p - f_q$,可见是很窄的,例如 $f_0 = 100$ kHz,$\Delta f \approx 0.4\% \times 100 \times 1\,000 = 400$ Hz。

如将 Z_2 改用晶体,并让其串联谐振频率 f_{q2} 等于 Z_1 晶体的并联谐振频率 f_{p1},那么其通频带可以增加一倍,如图 2.2-13 所示。

(2)陶瓷滤波器

某些陶瓷材料(如锆钛酸铅)具有压电效应。它们有与石英晶体相似的代表符号和等效电路,因而压电陶瓷也可制成滤波器,称为陶瓷滤波器。

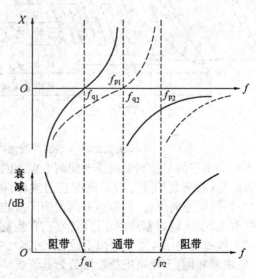

图 2.2-13　晶体滤波器通频带的扩展方法之一

陶瓷容易焙烧,可制成各种形状,适合小型化要求,而且耐热耐湿性能好,很少受外界条件影响,它的等效品质因数 Q_L 值为几百,比 LC 滤波器高,但比石英晶体滤波器低,因而选择性比石英晶体滤波器差些。

目前陶瓷滤波器广泛应用于接收机和其他仪器中,实用电路如图 2.2-14 所示。单片陶瓷滤波器接在中频放大器的发射极电路里,取代旁路电容作用。陶瓷滤波器对中频信号呈现极小的阻抗;此时负反馈最小,增益最大,而离开中频,滤波器呈现较大阻抗,使放大器负反馈加大,增益下降,从而提高了中频级的选择性。

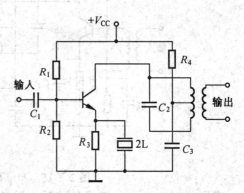

图 2.2-14 陶瓷滤波的实用电路

(3) 表面声波滤波器

表面声波滤波器是利用晶体(如铌酸锂或石英晶体)的压电效应和表面波传播的物理特性制成的一种新型的微声器件,其结构如图 2.2-15 所示。它是以具有压电效应材料为基片,在其表面上用光刻、腐蚀、蒸发等工艺制成两组叉指状的电极对,其中与信号源联接的称为发送叉指换能器,与负载联接的称为接收叉指换能器。

在图 2.2-15 中,每个换能器由五个电极(即五个金属条构成的叉指分布)组成,每个电极宽度为 a,极间距离为 b,相邻指对的重迭长度称"叉指孔径"为 W。图中各指对孔径相同,称为"均匀叉指换能器"。

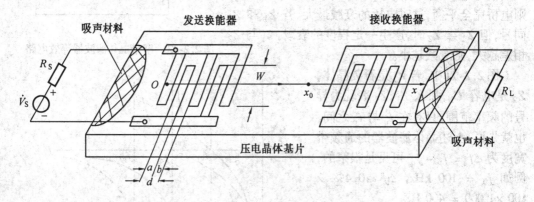

图 2.2-15 表面声波滤波器结构示意图

当交变电压信号加到发送换能器两电极上时,由于晶体的反压电效应,基片将产生同期性的形变(收缩或扩张),形成横向表面波(声波),这种表面波沿垂直于电极方向的 x 轴,向左右两个方向传播。向左侧方向的表面波被吸声材料吸收;向右侧方向传播的表面波到接收换能器,通过基片的正压电效应,在换能器两端产生电信号。

如果换能器由 $n+1$ 个电极组成(图 2.2-15 示意图中只画五个电极),并且各指对参数 a、b、W 都相同,于是可把换能器分为 n 节或 N 个周期段($N = n/2$),则各节激发的表面波振幅值 A_0 必相同,相位差180°。它们沿 x 轴向接收换能器方向传播,在 x_0 处(x 轴原点设在第一节中心)总量为各节所激发的矢量和

$$F_s(T) = A_0\left[1 + e^{j(\pi+\delta)} + e^{j2(\pi+\delta)} + \cdots + e^{jn(\pi+\delta)}\right]e^{j(\omega t - \frac{\omega}{v}x_0)} \tag{2.2-33}$$

式中 $\delta = \dfrac{2\pi d}{\lambda} = \dfrac{\omega d}{v}$ 为表面波传播相位常数，$d = a + b$ 是每节距离，λ 是信号波长，ω 是角频率，v 是表面波传播的速度。

当信号波长等于换能器的一个周期段长度（$\lambda = 2d$）时，$\delta = \pi$，上式括号中各项都等于 $+1$，也就是各节所激发的表面波同相相加，振幅最大，即 $|F_s(t)| = nA_0$，这时的信号频率称为共振频率 ω_0。

当频率 ω 偏离 ω_0 时，令 $\Delta\omega = \omega - \omega_0$，经近似处理后可从式(2.2-33)推出

$$F_S(t) \approx 2NA_0\frac{\sin N\pi\dfrac{\Delta\omega}{\omega_0}}{N\pi\dfrac{\Delta\omega}{\omega_0}}e^{j\left[\omega t - \frac{\omega}{v}x_0 - (2N-1)\pi\frac{\Delta\omega}{2\omega_0}\right]}$$

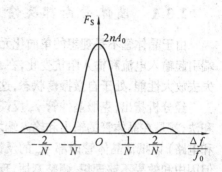

可见其振幅出现 $\dfrac{\sin x}{x}$ 函数形式。如图 2.2-16 所示。

由图可见，它的主瓣宽为 $2/N$，3 分贝相对带宽 $(\Delta f/f)_{3\,dB} \approx 1/N$。如用两个相同形式的换能器做滤波器，则其幅频曲线是两者的乘积，即 $\left(\dfrac{\sin x}{x}\right)^2$ 函

图 2.2-16　均匀叉指换能器幅频特性曲性

数，这个滤波器的相对带宽只有 $\dfrac{0.65}{N}$，而第一旁瓣最大值比主峰低 26 dB。

这样的滤波器显然难以满足实用要求，实际上常用"非均匀"换能器（又称"加权"换能器）来获得特定性能的滤波器。

限于篇幅对各种加权换能器的分析，参看有关资料。

表 2.2-3 中列出了几种实用的表面声波滤波器的特性，以供参考。

表 2.2-3　几种实用的表面声波带通滤波器技术指标

	中心频率 f_0	相对频带 $BW_{0.7}/f_0$	阻抗 R_0	插入损耗	矩形系数 $K_{r0.01}$	带外抑制	其他特性	幅频曲线	结构特点
彩色电视机中频滤波器	38 MHz	13.6%	50 Ω	17 dB	1.8	40 dB	群延迟 < 25ns		硅酸铋基片不对称均匀分布叉指
通信接收机宽带滤波器	95 MHz	50%	75 Ω		$K_{r0.1} = 1.1$	30 dB			铌酸锂基片
雷达中频滤波器	60 MHz	7%		25 dB		60 dB			高斯函数振幅加权
目前水平	10 MHz ~ 1 GHz	(05 ~ 50)%		6 dB	1.2	60 dB	线性相位偏离 $\pm 1.5°$ 波纹因数 ± 0.25 dB		

2.3　放大器的稳定性

在 2.1 节中已经指出,放大器工作的稳定性是其重要指标之一。引起放大器不稳定的原因是由于存在着各种寄生反馈造成的。反馈的途径主要有两条:一是晶体管内部反馈,二是晶体管外部干扰。

2.3.1　晶体管内部反馈

由于晶体管不是理想的单向化元件,存在着反向传输导纳 $\dot{y}_{re}$,输出电压反馈到输入端引起输入电流和输入阻抗变化,在某些特定频率上,可能使放大器呈现负阻,使放大器失去放大性能,处于自激振荡状态,这是绝对不允许的。

经分析指出,克服晶件管 $\dot{y}_{re}$ 反馈引起放大器工作不稳定的措施,有两种方法:一是中和法,就是在晶体管的输出和输入端之间,人为地加入一个附加的外部反馈电路(称为中和电路)以抵消晶体管内部 $\dot{y}_{re}$ 的反馈作用,但因中和效果不够理想、调整麻烦,现已较少应用。二是失配法,实质上它是牺牲增益、换取稳定性的办法,典型例子是共发－共基电路,如图 2.3-1 所示。我们知道,共基电路输入阻抗很小,它作为共发级负载,使其电压增益也小,故通过共发组态晶体管 $\dot{y}_{re}$ 反馈到输入端的电流也很小,但共发级电流增益较大,而共基级电压增益较大。因此,两者级联总增

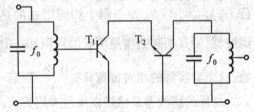

图 2.3-1　共发－共基放大器交流等效电路

益等于电流增益和电压增益的乘积,结果功率增益也很大。在实际电路中,获得了广泛的应用。

2.3.2　晶体管外部干扰

管外干扰,根据干扰来源又分两类:一是系统内部某电路单元对其他部分的干扰,称为系统内部干扰,二是来自系统外部,称为系统外部干扰。但无论是系统内部干扰,还是系统外部干扰,都是以电磁干扰形式出现的。引起电磁干扰的条件,必须是三个因素同时存在,即:

第一,电磁干扰源(发射体);

第二,对干扰源敏感的感受装置(接收器);

第三,耦合途径。它是指当发射体和接收器之间存在耦合介质时,发射体的电磁能传到接收器的途径。对耦合途径的了解与分析,是消除或减少电磁干扰措施的依据。

电磁干扰的耦合途径,有以下四种:

1.电容性耦合

它是由于电噪声发射体(干扰源)与周围的接收器(感受器)之间存在分布电容,干扰源通过分布电容影响敏感的接收器,使接收器电路中出现感生电压。

2. 电感性耦合

载流导体周围空间必存在磁场,当干扰源(导线、线圈等) 中流过交变电流时,它所产生的交变磁场与周围接收器的回路交链,形成电感性耦合,在接收器回路里产生感应电动势。

3. 电磁辐射耦合

随时间交变的电荷分布或电流分布会产生辐射电磁能量。辐射能力大小和频率有关。频率越高,辐射越强。一般认为,交变电磁场频率高于 10 kHz 时开始具有辐射能力,频率在 150 kHz 以上辐射能力明显增强,通常称 150 kHz 为射频频率的起点。所谓电磁辐射耦合,是指干扰源通过空间辐射将干扰传给接收器。接收器所受干扰的程度与所处位置的干扰场强成正比;而干扰场强取决于干扰源的类型、传播媒介、接收器距干扰源的距离等因素。

4. 传导耦合

就是通过导体传播不希望有的电磁能量,它可以通过电源线、信号输入、输出线和控制线等来传播干扰。导线或导体是传递干扰的重要途径。在许多情况下,从空间传来的辐射干扰最终还是要被接收器感受,并通过导线的传播,造成干扰的。

综观上述四种电磁干扰的耦合途径,可分为辐射和传导两大类。切断耦合途径的原则是根据不同干扰类型采取不同措施,比如:对系统内部干扰,通过正确布置元器件与导线是解决这类干扰的有效途径,必要时,还可采用屏蔽方法;对系统外部电磁辐射干扰,只能用屏蔽的方法;而抑制传导耦合干扰的主要方法是使用滤波器。

习 题

2-1 在题图 2-1 中,晶体管直流工作点是 $V_{CC} = +8$ V,$I_E = 2$ mA,工作频率 $f_0 = 10.7$ MHz,$L_{1-3} = 4$ μH,$Q_0 = 100$,其比变 $p_1 = \frac{1}{4}$,$p_2 = \frac{1}{4}$,求:(1)电压增益;(2)功率增益;(3)通频带;(4)回路插入损耗。

又知晶体管 3DG39 在 $V_{CC} = 8$ V,$I_E = 2$ mA 时,参数为

$g_{ie} = 2\ 860\ \mu S$ $C_{ie} = 18$ pF

$g_{oe} = 200\ \mu S$ $C_{oe} = 7$ pF

$|\dot{y}_{fe}| = 45$ mS $\varphi_{fe} = -54°$

$|\dot{y}_{re}| = 0.31$ mS $\varphi_{re} = -88.5°$

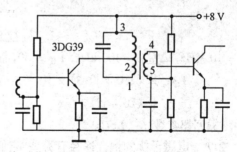

题图 2-1

2-2 设有一级单调谐回路中频放大器,其通频带 $2\Delta f_{0.7} = 4$ MHz,$A_{v0} = 10$,如果再用一完全相同放大器与之级联,这时两级中放总增益和通频带各有多少?若要求级联后的总频带为 4 MHz,问每级放大器通频带应如何改变?改变后的总增益是多少?

2-3 有一单调谐回路中放,其通频带 $2\Delta f_{0.7} = 2$ MHz,谐振时电压增益 $A_{v0} = 10$,如再用一级与之相同的中放组成一级双参差调谐放大器,并使其 $\Delta = 1$,求其总通频和电压增益 A_{v0} 各为多少?

2-4 在题图2-4所示电路中第一级放大器输出导纳 $Y_o = g_o + j\omega C_o$ 和第二级放大器输入导纳 $Y_i = g_i + j\omega C_i$,其中 $g_o = 20 \times 10^{-6}$ S,$g_i = 0.62 \times 10^{-6}$ S,$C_o = 4$ pF。$C_i = 40$ pF,$y_{fe} = 4 \times 10^{-3}$ S,工作频率 $f_0 = 465$ kHz,中频变压器初、次级线圈的空载 Q 值均为 100,线圈接入系数如图中所示,L_1 与 L_2 为紧耦合,求:①电压放大倍数;②通频带;③矩形系数。

2-5 有一单调谐回路放大器如题图2-5所示,已知 $N_{1-2} = 5$ 匝,$N_{2-3} = 5$ 匝,$N_{4-5} = 5$ 匝,晶体管的 $|\dot{y}_{fe}| = 40$ mS,回路通频带为 12 kHz,$g_\Sigma = \frac{1}{4} \times 10^{-3}$ S,$R = 12$ kΩ,求:① 画出高频交流等效电路,并计算 A_{v0};②若不并联 R,求 A_{v0}、$2\Delta f_{0.7}$;③ 若采用中和法使其稳定工作,中和电容应如何接入?

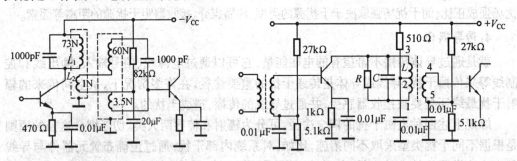

题图 2-4　　　　　　　　　　　　　　题图 2-5

2-6 已知电路如题图 2-6 所示。

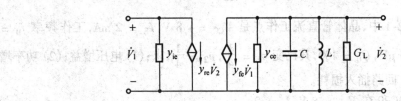

题图 2-6

$f_0 = 10$ MHz,$2\Delta f_{0.7} = 100$ kHz,$A_{v0} = 50$,晶体管的 y 参数

$$y_{ie} = (2.0 + j0.5) \times 10^{-3} \text{S}, \qquad y_{re} = -(1.0 + j0.5) \times 10^{-5} \text{S}$$
$$y_{fe} = (20 - j5), \qquad y_{oe} = (2.0 + j4.0) \times 10^{-5} \text{S}$$

求:谐振回路参数 G_L、L、C。

2-7 电磁干扰的耦合途径有哪些?它们之间有何区别?如何减少它们的影响?

第 3 章 放大器的内部噪声

本书 1.1 节中曾经指出,信号在信道中传输时,不可避免地要混入各种干扰和噪声,它们将对有用信号的检测造成极其不利的影响。干扰和噪声的区别仅在于它们的电特性不同,前者常常带有一定的脉冲性和周期性,如雷电干扰、工业电火花干扰、邻近电台干扰等。后者具有随机性,它可以来自系统外部,如宇宙噪声、大气噪声等,也可由组成电子设备的元器件本身产生,称为内部噪声。

克服干扰方法已在放大器稳定性一节作了一些说明。本章重点研究内部噪声的来源、性质、度量方法和减少措施。

3.1 噪声的来源与性质

3.1.1 热噪声

热噪声是导体中自由电子在热力学温度零度以上的环境温度激发下,在导体点阵结构内部产生的不规则的碰撞运动所引起的,很类似于微粒的布朗运动。自由电子在每两次碰撞间运动,都等效于产生一持续时间极短($10^{-13} \sim 10^{-14}$ s 的数量级)的脉冲电流。各脉冲电流的大小、极性和出现的时间都是随机的,众多自由电子不规则热扰动合成的总效果,即为一连续的、随机起伏的电流波形,如图 3.1-1 所示。它是通过理想放大器放大后,用示波器观察到的起伏波形。

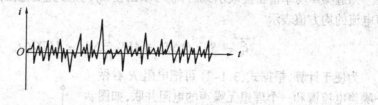

图 3.1-1 电阻中热噪声波形图

对于组成起伏噪声的任一个窄脉冲电流,尽管有不同的形状,但是,它的频谱密度总是收敛的,脉冲电流持续时间越短,收敛越慢,即频谱密度自零频率开始的平坦部分越宽。对于 $10^{-13} \sim 10^{-14}$ s 的窄脉冲电流,其频谱密度的平坦部分可扩展到 10^{12} Hz 数量级,几乎包括了整个可用无线电频段。换句话说,在整个可用的无线电频段内,它的频谱密度是均匀的,如图 3.1-2 所示。

大量这样窄脉冲电流相迭加。它的合成频谱密度能否由每一个脉冲电流的频谱密度直接相加得到呢?绝对不能!因为这些窄脉冲电流产生的时间或极性都是随机的,它们的相位是不确定的,无法以电流形式相加起来。但可以用功率形式相加,可以认为起伏噪

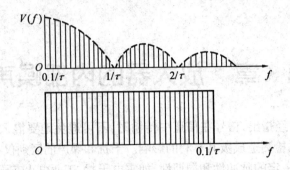

图 3.1-2 窄脉冲电流频谱

声能量是各窄脉冲能量之和。因为单个脉冲振幅频谱是均等的。其功率频谱也是均等的。由各个脉冲的功率谱叠加而得总噪声功率频谱也必然是均等的。因此,常用功率频谱(简称功率谱)或功率谱密度(单位频带内的平均功率,单位为 W/Hz)来说明噪声电压的频率特性。

根据热力学统计理论和实践证明:一个阻值为 R 的电阻器产生的噪声电流,其功率谱密度为

$$S_I(f) = 4kT\frac{1}{R} = 4kTG \tag{3.1-1}$$

式中,k 为波耳兹曼常数,等于 $1.37 \times 10^{-23}(\text{J/K})$;$T$ 为电阻的绝对温度(K);$G = \frac{1}{R}$ 为电阻 R 的电导值(S)。

式(3.1-1)说明,电阻器的单位频带噪声功率在很宽的频率范围内均为一恒定值。通常称这种噪声为"白噪声"。这意味着,它类似于白色光功率谱在可见光频段内均匀分布的特点,而把功率谱分布不均匀的噪声称为"有色噪声"。

知道噪声功率谱密度表示式后,就可求出在 Δf_n 频带宽度范围内的噪声功率,可用噪声电流的均方值表示

$$\overline{i_n^2} = S_I(f)\Delta f_n = 4kT\frac{1}{R}\Delta f_n = 4kTG\Delta f_n \tag{3.1-2}$$

为便于计算,根据式(3.1-2)可把电阻 R 看做一噪声电流源和一个理想无噪声的电阻并联,如图 3.1-3 所示。运用戴维南定理,也可将其变换成噪声电压源的等效电路形式。其噪声电压均方值为

$$\overline{v_n^2} = 4kTR\Delta f_n \tag{3.1-3}$$

有时为了便于与信号类比,还引入噪声电压、电流"有效值"的形式,分别用 V_n、I_n 表示

$$\left.\begin{array}{l} V_n = \sqrt{\overline{v_n^2}} = \sqrt{4kTTR\Delta f_n} \\ I_n = \sqrt{\overline{i_n^2}} = \sqrt{4kT\frac{1}{R}\Delta f_n} \end{array}\right\} \tag{3.1-4}$$

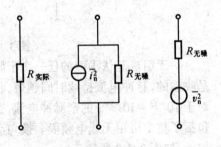

图 3.1-3 电阻热噪声等效电路

该值又称噪声电压、电流的均方根值。单位为"V"、"A"。但须注意,它们与正弦波电压、电流有效值不同,它不能反映噪声电压、电流实际起伏的大小。

有了电阻噪声等效电路,便可对多个电阻串、并联组成的网络总噪声进行计算。

例3.1-1 计算图3.1-4(a)所示电路的噪声电压。设 R_1 和 R_2 所处温度相同,因两个电阻并联,利用电流源等效电路较为方便,如图3.1-4(b)所示。根据式(3.1-2)

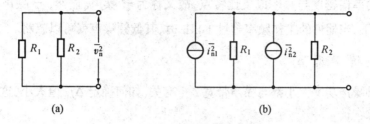

(a)　　　　　　　　　　　　　　　(b)

图3.1-4　电阻网络噪声计算

$$\overline{i_{n1}^2} = 4kT\frac{1}{R_1}\Delta f_n$$

$$\overline{i_{n2}^2} = 4kT\frac{1}{R_2}\Delta f_n$$

因两个噪源之间,彼此独立,其和可按功率相加

$$\overline{i_n^2} = \overline{i_{n1}^2} + \overline{i_{n2}^2} = 4kT\left(\frac{1}{R_1} + \frac{1}{R_2}\right)\Delta f_n$$

噪声电压

$$\overline{v_n^2} = \frac{\overline{i_n^2}}{\left(\frac{1}{R_1} + \frac{1}{R_2}\right)^2} = 4kT\frac{R_1 R_2}{R_1 + R_2}\Delta f_n$$

3.1.2　散粒噪声

在晶体三极管、二极管或电子管中,当电荷载流子以扩散运动形式通过 PN 结或者阴极表面位垒时,由于载流子速度不一致,单位时间内通过 PN 结或位垒的数目是随机的,引起外电路中电流的起伏,产生了散粒噪声。

理论与实践证明散粒噪声功率谱密度为

$$S_1(f) = 2qI_{DC} \tag{3.1-5}$$

式中,q 为载流子(电子或空穴)所载电荷量的绝对值,等于 1.6×10^{-19}(C);

I_{DC} 为通过 PN 结或位垒的平均电流值,单位为 A。

显然,散粒噪声功率谱密度是与频率无关的常数,所以散粒噪声也具有白噪声特性。在 Δf_n 频带宽度内,噪声电流的均方值为

$$\overline{i_n^2} = 2qI_{DC}\Delta f_n \tag{3.1-6}$$

3.1.3　1/f 噪声

在半导体器件、电子管、热敏电阻、炭质微音器,以及普通电阻中,还存在一种闪烁噪

声,其噪声功率谱密度表达式为

$$S_I(f) = K_0 \frac{1}{f^\alpha} \tag{3.1-7}$$

其中 K_0 为与器件有关的常数。

α 与器件的材料性质及表面状况有关,其值在 $0.8 \sim 1.3$ 范围内,通常取 $\alpha = 1$,由于这种噪声的功率谱密度与频率成反比特点,故又称为 $\frac{1}{f}$ 噪声。显然,$\frac{1}{f}$ 噪声不再是白噪声。一般情况下,当器件的工作频率超过 $1\,kHz$ 时,其低频噪声就可以忽略。

3.1.4 噪声带宽

上述各种噪声功率大小都与噪声带宽 Δf_n 有关,如何确定 Δf_n 值大小?这里引出等效噪声带宽概念。

我们知道,白噪声具有均匀功率谱分布,如图 3.1-5(a) 所示,让它通过有选频作用的线性网络,如图 3.1-5(b) 所示,其输出噪声功率谱不再是均匀的了,如图 3.1-5(c) 所示。

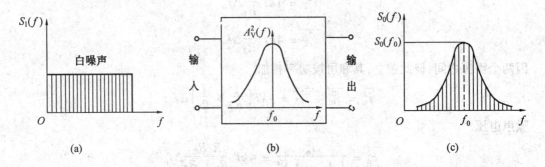

图 3.1-5 白噪声通过线性网络功率谱的变化

设线性二端口网络电压传输系数为 $A_V(f)$,输入端噪声功率谱密度为 $S_i(f)$。经过选频网络传输,其输出端噪声功率谱密度为

$$S_o(f) = S_i(f) A_V^2(f) \tag{3.1-8}$$

输出噪声电压的均方值为

$$\overline{v_{no}^2} = \int_0^\infty S_o(f) \mathrm{d}f \tag{3.1-9}$$

由式(3.1-9)可见,图 3.1-5(c) 所示 $S_o(f)$ 曲线与横轴之间的面积就表示输出端噪声电压的均方值,或者说输出端的噪声功率可通过 $S_o(f)$ 曲线下的面积求出。根据噪声功率相等的等效原则,令 $S_o(f)$ 曲线下的面积 $\int_0^\infty S_o(f)\mathrm{d}f$ 与矩形面积 $S_o(f) \cdot \Delta f_n$ 相等,如图 3.1-6 所示,即

$$\int_0^\infty S_o(f) \mathrm{d}f = S_o(f_0) \Delta f_n \tag{3.1-10}$$

将式(3.1-8)代入式(3.1-10)中,由于输入端噪声功率谱密度 $S_i(f)$ 是均匀的,可得到白噪声通过具有频率选择网络后的等效噪声带宽

$$\Delta f_n = \frac{\int_0^\infty A_V^2(f)\mathrm{d}f}{A_V^2(f_0)} \qquad (3.1\text{-}11)$$

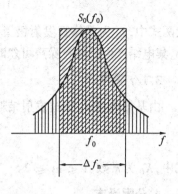

图 3.1-6　等效噪声带宽示意图

显然,等效噪声带宽与信号半功率点通频带一样,都只是由网络本身参数所决定。两者在定义方法上完全不同,但在数值上有一定关系。可以证明:对于单级单调谐并联谐振回路有

$$\Delta f_n = \frac{\pi}{2}(2\Delta f_{0.7}) \qquad (3.1\text{-}12)$$

选频网络谐振曲线越接近矩形,两者差别也越小。工程上,常用信号通频带代替等效噪声带宽。

3.2　元件的噪声及其噪声模型

3.2.1　晶体二极管的噪声

晶体二极管工作状态可分为正偏与反偏两种。正偏使用时,主要是直流通过 PN 结时产生的散粒噪声。半导体材料的体电阻产生的热噪声可忽略不计。

反偏使用时,因反向饱和电流很小,故其产生的散粒噪声也小。如果达到反向击穿状态(如:稳态管),又分两种情况:齐纳击穿二极管主要是散粒噪声,额外噪声很小,个别的有 $1/f$ 噪声。雪崩击穿二极管的噪声较大,除有散粒噪声,还有多态噪声,即其噪声电压在两个或两个以上的不同电平上进行随机变换,不同电平可能相差若干毫伏。这种多电平工作是由于结区内杂质缺陷和结宽的变化所引起。

硅二极管工作电压在 4 V 以下是齐纳二极管,7 V 以上是雪崩二极管,4 V 和 7 V 之间两种二极管都有。为了低噪声使用,最好选用低压齐纳二极管。

3.2.2　晶体三极管的噪声

晶体三极管有两个 PN 结,当其工作在放大状态时,发射结正偏,集电结反偏。晶体三极管除有热噪声、散粒噪声、$1/f$ 噪声而外,还有分配噪声。

1. 热噪声

各电极的体电阻产生热噪声,其中以基极体电阻 r'_{bb} 值最大,其产生的噪声电压也大,其值为

$$\overline{v_{nb}^2} = 4kTr'_{bb}\Delta f_n \qquad (3.2\text{-}1)$$

发射极和集电极体电阻值很小,产生的热噪声可以忽略不计。

2. 散粒噪声

在发射结和集电结产生散粒噪声电流的均方值分别为

$$\overline{i_{ne}^2} = 2qI_E\Delta f_n \qquad (3.2\text{-}2)$$

$$\overline{i_{nco}^2} = 2qI_{CO}\Delta f_n \qquad (3.2\text{-}3)$$

上两式中，I_E 为晶体管发射极工作电流；I_{CO} 为集电结的反向饱和电流，通常因为 I_{CO} 较小，集电结产生的散粒噪声可忽略。

3. $1/f$ 噪声

由基极电流 I_B 通过发射结耗尽层时产生的 $1/f$ 噪声，其表示式为

$$\overline{i_{nf}^2} = \frac{K_0 I_B^m}{f}\Delta f_n \qquad (3.2\text{-}4)$$

式中，K_0 为常数，$1 \leqslant m \leqslant 2$。

4. 分配噪声

当载流子从发射极注入基区后，大部分被运送到集电极形成集电极电流，有小部分在基区内复合成基极电流。由于这种复合过程是随机的，于是影响到集电极电流，产生了起伏噪声，被称为分配噪声。其噪声电流均方值为

$$\overline{i_{nc}^2} = 2qI_C\left(1 - \frac{|\alpha|^2}{\alpha_0}\right)\Delta f_n \qquad (3.2\text{-}5)$$

式中，I_C 为集电极直流工作电流；α 为共基组态短路电流放大系数。

$$\alpha = \frac{\beta}{1+\beta} = \frac{\alpha_0}{1 + jf/f_\alpha} \qquad (3.2\text{-}6)$$

式中，$f_\alpha = f_\beta(1 + \beta_0)$ 称为共基组态 α 截止频率。

将式(3.2-6)代入式(3.2-5)，则得

$$\overline{i_{nc}^2} = 2qI_C(1 - \alpha_0)\frac{1 + \left(\dfrac{f}{f_\alpha\sqrt{1-\alpha_0}}\right)^2}{1 + (f/f_\alpha)^2}\Delta f_n \qquad (3.2\text{-}7)$$

当放大器的工作频率 $f \ll f_\alpha$ 时，则 $|\alpha|^2 = |\alpha_0|^2$，式(3.2-5)可改写为

$$\overline{i_{nc}^2} = 2qI_C(1 - \alpha_0)\Delta f_n \qquad (3.2\text{-}8)$$

可见分配噪声本质上也是具有均匀频谱的白噪声，但当放大器工作频率增高时，由于 $|\alpha|$ 值下降（少数载流子在基区渡越时间增长，增加了在基区复合的机会），从而增大了三极管的分配噪声，故当工作频率满足

$$f > f_\alpha\sqrt{1-\alpha_0} \qquad (3.2\text{-}9)$$

时，分配噪声将随频率增高而加大。故将分配噪声又称为高频噪声。

如令 f_1 为 $1/f$ 噪声的频率上限（通常 $f_1 \leqslant 1\,000\ \text{Hz}$），$f_2 = f_\alpha\sqrt{1-\alpha_0}$ 为高频噪声频率下降，则可得晶体管的噪声性能（用噪声系数表示）与频率的关系，如图 3.2-1 所示。

将上述所有噪声源一起加到晶体管物理参数 T 型等效电路里[参看图 1.3-4(a)]，便可得共基电路的噪声模型，如图 3.2-2 所示。图中没有计入集电结散粒噪声[式(3.2-3)]和 $1/f$ 噪声[式(3.2-4)]。

当然，也可将所有噪声源加在混合 π 等效电路里，如图 3.2-3 所示。

在混合 π 噪声模型中，在 e、b 回路里的 $\overline{i_{neb}^2}$ 和在 e、c 回路里的 $\overline{i_{nec}^2}$ 两个噪声源，是由式

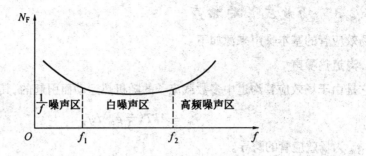

图 3.2-1　晶体管噪声特性

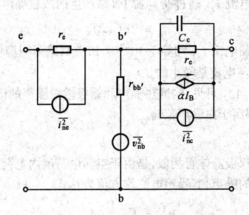

图 3.2-2　晶体管共基电路噪声模型

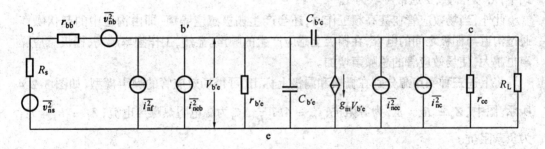

图 3.2-3　晶体管共发电路噪声模型

(3.2-2) 分解而来的

$$\overline{i_{nc}^2} = 2qI_E\Delta f_n = 2q(I_B + I_C)\Delta f_n = 2qI_B\Delta f_n + 2qI_C\Delta f_n = \overline{i_{neb}^2} + \overline{i_{nec}^2} \quad (3.2\text{-}10)$$

就是说,将发射结散粒噪声分成两部分,分别放在有关回路里,其余噪声源的含义,都已介绍过,不再重复。

注意的是,图中还给出了信号源内阻 R_s 及其热噪声电压均方值

$$\overline{v_{ns}^2} = 4kTR_s\Delta f_n \quad (3.2\text{-}11)$$

和负载电阻 R_L。

3.2.3 场效应管的噪声

场效应管的基本噪声来源如下：

1. 沟道热噪声

它是由于场效应管沟道中多数载流子的随机热运动而引起的,其噪声电流均方值为

$$\overline{i_{nt}^2} = 4kT\left(\frac{2}{3}g_m\right)\Delta f_n \tag{3.2-12}$$

式中,g_m 为场效应管的跨导。

2. 栅极散粒噪声

它是由于栅极泄漏电流 I_{g0} 通过栅 – 源 PN 结产生的散粒噪声,其噪声电流均方值为

$$\overline{i_{ng}^2} = 2qI_{g0}\Delta f_n \tag{3.2-13}$$

一般结型场效应管的泄漏电流 I_{g0} 约等于 $10^{-7} \sim 10^{-9}$ A,绝缘栅型场效应管的 I_{g0} 要小于 10^{-9} A。可见栅极散粒噪声电流是较小的。

由式(3.2-12)、(3.2-13) 可见,沟通热噪声和栅极散粒噪声的谱密度均是不随频率而变化的常数,因此它们都属于白噪声范畴。

3. $1/f$ 噪声

产生机理和形态与双极晶体管相似,是由于空间电荷层内电荷的产生与复合,使得沟道电流产生波动而引起的噪声,其噪声电流均方值表达式

$$\overline{i_{nf}^2} = K_0\frac{1}{f^\alpha}\Delta f_n \tag{3.2-14}$$

式中,K_0 为常数,α 通常可取为 1。

此外,当场效应管在甚高频工作时,还会产生栅极感应噪声,即由沟道中的起伏噪声通过沟道与栅极之间的电容,在栅极上感应产生的噪声。显然,工作频率越高,栅极感应噪声也越大,使场效应管的总噪声增加。

将上述三种噪声源分别在栅极和漏极上标出,可得场效应管的噪声模型,如图 3.2-4 所示。图中,$Z_s = R_s + jX_s$ 为源阻抗;$\overline{i_{ns}^2} = 4kT\frac{1}{R_s}\Delta f_n$ 为源电阻热噪声电流;$Z_L = R_L + jX_L$ 为负载阻抗。

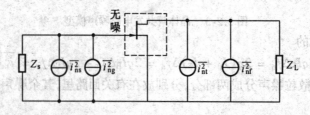

图 3.2-4 场效应管的噪声模型

3.2.4 放大器的噪声模型

任何一个放大器都是由许多有源和无源元件组成的,这些元件都是可能的噪声源,如

分别考虑,势必很难分析。本节提供一个噪声模型,简化了对放大器噪声的分析,同时引入等效输入噪声概念。

根据网络理论,任何二端口网络内的电过程均可等效地用连接在输入端的一对电压、电流发生器来表示,因而,放大器的内部噪声可以用图3.2-5所示噪声电压 – 电流模型(V_n – I_n 模型)来表示。V_n、I_n 符号的定义,已由式(3.1-4)说明。图中其他符号的含义是:V_s 为信号源电压,R_s 为信号源内阻,V_{ns} 为信号源内阻产生的热噪声电压均方根值,

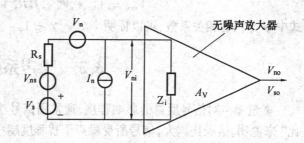

图 3.2-5　放大器噪声 V_n/I_n 模型

即 $V_{ns} = \sqrt{\overline{v_{ns}^2}} = \sqrt{4kTR_s\Delta f_n}$,$Z_i$ 为放大器输入阻抗,A_V 为放大器电压增益,V_{so}、V_{no} 分别为放大器输出信号和输出噪声电压。

有了 V_n – I_n 模型,放大器便可以看成是无噪声的了。对放大器噪声的研究归结为只要分析 V_n、I_n 在整个电路中的作用就可以了,从而简化了分析与计算。同时,这种模型还可通过实验方法测出 V_n、I_n 的具体大小,这对于低噪声电路设计来说是非常重要的。

利用 V_n – I_n 模型已经把一个放大系统的所有噪声源简化成为三个:V_n、I_n 和 V_{ns}。进一步考虑到这三个噪源的共同效果,还可将它们都等效地折算到信号源的位置上,用一个等效输入噪源 V_{nei} 来表示。

下面推导 V_{nei} 与 V_n、I_n、V_{ns} 间的关系,假设 V_n、I_n、V_{ns} 间是互相独立的,则放大器输入端上噪声电压 V_{ni} 为

$$V_{ni}^2 = \frac{(V_{ns}^2 + V_n^2)Z_i^2}{(R_s + Z_i)^2} + \frac{R_s^2 Z_i^2 I_n^2}{(R_s + Z_i)^2} \tag{3.2-15}$$

若放大器的电压增益为 A_v,放大器输出端总的噪声电压 V_{no} 为

$$V_{no}^2 = A_v^2 V_{ni}^2 = A_v^2\left[\frac{(V_{ns}^2 + V_n^2)Z_i^2}{(R_s + Z_i)^2} + \frac{R_s^2 Z_i^2 I_n^2}{(R_s + Z_i)^2}\right] \tag{3.2-16}$$

为将 V_{no}^2 折合到信号源处,需引用系统增益概念,即

$$A_{vsy} = \frac{V_{so}}{V_s} = \frac{V_{so}}{V_i} \cdot \frac{V_i}{V_s} = A_v \frac{Z_i}{R_s + Z_i} \tag{3.2-17}$$

式中 V_i 是放大器输入端信号电压。可见系统增益 A_{vsy} 不仅与放大器有关,还与信号源内阻 R_s 有关。只有 $R_s \ll Z_i$ 时,才有 $A_{vsy} = A_v$。

等效输入噪声 V_{nei} 定义为

$$V_{nei}^2 = \frac{V_{no}^2}{A_{vsy}^2} \tag{3.2-18}$$

将式(3.2-16)、(3.2-17)代入式(3.2-18)得

$$V_{nei}^2 = V_{ns}^2 + V_n^2 + I_n^2 R_n^2 \tag{3.2-19}$$

这是一个重要关系式,它适用于任何线性有源网络。需注意的是,式(3.2-19)是假设 V_n、I_n 不相关项的条件下导出的。若考虑它们的相关项,则有

$$V_{nei}^2 = V_{ns}^2 + V_n^2 + I_n^2 R_s^2 + 2\gamma V_n I_n R_s \qquad (3.2\text{-}20)$$

式中 γ 是两者相关系数,可以证明 $-1 \leqslant \gamma \leqslant 1$。

3.3 噪声系数

衡量噪声对信号质量的影响程度,通常用信号功率 P_s 与噪声功率 P_n 之比,即"信噪比"来说明。信噪比越大,信号所受噪声干扰程度越小,信号质量就越好。

衡量放大器(或线性网络)的噪声对信号质量的影响程度,通常用"噪声系数"来表征。

3.3.1 噪声系数的定义

噪声系数定义为,在标准信号源激励下,放大器输入信噪比与其输出信噪比之比。如以符号 N_F 表示,则

$$N_F = \frac{P_{si}/P_{ni}}{P_{so}/P_{no}} \qquad (3.3\text{-}1)$$

式中,P_{si}、P_{so} 分别为放大器输入端和输出端的信号功率。P_{ni} 为标准信源加到放大器输入端的噪声功率。"标准"的含义是:此输入噪声功率仅由信号源内阻 R_s、在标准室温 17℃($T = 290$ K)产生的热噪声功率。P_{no} 为放大器输出端总的噪声功率,它包括信号源内阻提供的噪声功率和放大器内部产生的噪声功率在输出端的值。

对于无噪声的理想放大器,输入、输出信噪比相等,其噪声系数 $N_F = 1$,而对于有噪声放大器,其输出信噪比将小于输入信噪比,故其噪声系数 $N_F > 1$。

噪声系数常用分贝表示

$$N_F(\text{dB}) = 10 \lg \frac{P_{si}/P_{ni}}{P_{so}/P_{no}} \qquad (3.3\text{-}2)$$

如果引用放大器功率增益表示式

$$A_p = \frac{P_{so}}{P_{si}} \qquad (3.3\text{-}3)$$

式(3.3-1)可改写为

$$N_F = \frac{P_{no}}{A_p P_{ni}} \qquad (3.3\text{-}4)$$

噪声系数便成为另一种表示形式

$$N_F = \frac{\text{总的输出噪声功率}}{\text{信源产生的噪声功率在输出端的值}}$$

由此可见,放大器的噪声系数 N_F 仅与其输入、输出噪声功率及放大器的功率增益有关,而与通过放大器的信号形式与大小无关。

如果进一步考察放大器总的输出噪声功率 P_{no}，可分为两部分：一是输入噪声功率经放大器放大在其输出端的值 $A_p P_{ni}$；二是放大器内部产生的噪声功率在放大器输出端的值 P_{nA}，即

$$P_{no} = A_p P_{ni} + P_{nA} \tag{3.3-5}$$

代入式(3.3-4)中，噪声系数 N_F 便有第三种表示形式

$$N_F = 1 + \frac{P_{nA}}{A_p P_{ni}} \tag{3.3-6}$$

3.3.2　噪声系数的计算公式

在噪声系数定义式中，P_{si}、P_{so}、P_{ni}、P_{no} 都是指放大器实际的输入输出的信号与噪声功率。它们的数值与电路匹配状况有关，极不方便于工程计算。为此，常引用"额定功率"和"额定功率增益"概念。所谓额定功率是指信号源(或噪声源)所能输出的最大功率，以 P_a 表示。所谓额定功率增益是指放大器的输入端和输出端分别匹配时的功率增益，以 A_{pa} 表示，如图 3.3-1 示。

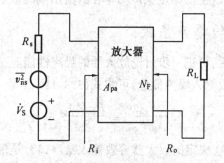

图 3.3-1　表示额定功率和额定功率增益的电路

由图可见，当 $R_s = R_i$ 时(匹配)信号源向负载 R_i 输出最大信号功率为

$$P_{sia} = \frac{V_s^2}{4R_s} \tag{3.3-7}$$

同时，噪声源向负载 R_i 输出最大噪声功率为

$$P_{nia} = \frac{\overline{v_{ns}^2}}{4R_s} = \frac{4kTR_s \Delta f_n}{4R_s} = kT\Delta f_n \tag{3.3-8}$$

由此可见，额定功率只取决于信号源本身参数，而与负载无关。负载的变化，只能改变信号源实际输出功率的大小，而不改变其额定功率值。实际功率与额定功率之间的关系为

$$P_{si} = \gamma P_{sia} \tag{3.3-9}$$

式中，γ 为不匹配系数，匹配时 $\gamma = 1$，失匹配时 $\gamma < 1$。

同理可求出放大器额定输出信号功率 P_{soa} 和额定噪声输出功率 P_{noa}。根据额定功率增益定义，则有

$$A_{pa} = \frac{P_{soa}}{P_{sia}} \tag{3.3-10}$$

显然,额定功率增益也是放大器本身固有的属性,它不一定等于放大器的实际功率增益,但当其输入端和输出端分别满足匹配条件($R_s = R_i$, $R_0 = R_L$)时,额定功率增益 A_{pa} 就等于实际功率增益 A_p,即 $A_{pa} = A_{po}$。

有了额定功率和额定功率增益的概念,噪声系数 N_F 就可用额定功率和额定功率增益来表示

$$N_F = \frac{\gamma_i P_{sia}/\gamma_i P_{nia}}{\gamma_o P_{soa}/\gamma_o P_{noa}} = \frac{P_{sia}/P_{nia}}{P_{soa}/P_{noa}} = \frac{P_{noa}}{A_{pa} P_{nia}} \tag{3.3-11}$$

式中,γ_i、γ_o 分别为放大器输入端和输出端不匹配系数。因为 γ_i、γ_o 对信号和噪声影响是相同的,故式(3.2-11) 中不再出现。

还可将式(3.3-11) 写成

$$N_F = 1 + \frac{P_{nAa}}{A_{pa} P_{nia}} \tag{3.3-12}$$

式中,P_{nAa} 为放大器本身产生的额定噪声功率在其输出端的值。

3.3.3 放大器的噪声系数

有了噪声系数定义后,可进一步讨论放大器的噪声性能。

考虑到放大器的等效输入噪声概念,可将式(3.3-11) 改写

$$N_F = \frac{P_{noa}}{A_{pa} P_{nia}} = \frac{P_{noa}/A_{pa}}{P_{nia}} = \frac{V_{nei}^2}{V_{ns}^2} \tag{3.3-13}$$

式中,V_{nei}^2 是由式(3.2-19) 决定的放大器等效输入噪声,V_{ns}^2 是信源内阻产生的热噪声。

将式(3.2-19) 代入式(3.3-13),可得放大器噪声系数的一般表示式

$$N_F = \frac{V_{ns}^2 + V_n^2 + I_n^2 R_n^2}{V_{ns}^2} \tag{3.3-14}$$

改写为

$$N_F = 1 + \frac{V_n^2}{V_{ns}^2} + \frac{I_n^2 R_s^2}{V_{ns}^2} = 1 + \frac{V_n^2}{4kTR_s\Delta f_n} + \frac{I_n^2 R_s}{4kT\Delta f_n} \tag{3.3-15}$$

上式表明,信号源内阻 R_s 对 N_F 影响是非线性的,当 R_s 为某值时,N_F 为最小。令

$$\frac{\partial N_F}{\partial R_s} = 0$$

可解得

$$R_s = R_{s,opt} = \frac{V_n}{I_n} \tag{3.3-16}$$

则对应有最小的噪声系数

$$N_{F,min} = 1 + \frac{V_n I_n}{2kT\Delta f_n} \tag{3.3-17}$$

$R_{s,opi}$ 称为最佳源电阻,其物理意义是,当信号源电阻等于最佳源电阻时,可以获得最小的噪声系数,这种情况称为"噪声匹配"。

一般情况下,噪声匹配与功率匹配并非同时出现,因为它们各自要求的最佳源电阻是不相等的。

为了比较 N_F 与 $N_{F,min}$,将式(3.3-16)、(3.3-17)代入式(3.3-15),得到

$$N_F = 1 + \left(\frac{N_{F,min}-1}{2}\right)\left(\frac{R_s}{R_{s,opt}} + \frac{R_{s,opt}}{R_s}\right) \tag{3.3-18}$$

其间变化关系如图3.3-2所示。当 $R_s = R_{s,opt}$ 时,噪声系数达最小值。在相同源电阻的条件下,随着乘积 $V_n I_n$ 的增大,噪声系数也增大。从图上还可看出,乘积 $V_n I_n$(即 $N_{F,min}$)小的曲线,噪声系数随 R_s 变化缓慢,而乘积 $V_n I_n$ 大的曲线,噪声系数随 R_s 变化剧烈。

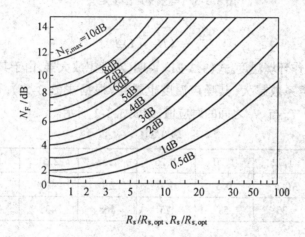

图 3.3-2　噪声系统 N_F 随 $\frac{R_s}{R_{s,opt}}$ 或 $\frac{R_{s,opt}}{R_s}$ 的变化曲线

从工程上看,如噪声系数小于 3 dB,这时再继续减小放大器噪声意义不大,原因是其中一半噪声是由信源内阻产生的。

3.3.4　等效噪声温度

放大器(或线性网络)噪声性能,还常采用另一种形式——等效噪声温度来描述。等效噪声温度的定义是,将放大器的内部噪声看成是其信号源内阻 R_s 在温度 T_e 时产生的,即

$$\overline{v_{ne}^2} = 4kT_e R_s \Delta f_n \tag{3.3-19}$$

而放大器被视为无噪声的了,如图3.3-3所示。该假想温度 T_e 即称为放大器的等效噪声温度,或简称噪声温度。

等效噪声温度 T_e 与噪声系数 N_F 之间的关系,可由式(3.3-12)求出

$$N_F = 1 + \frac{P_{nAa}}{A_{pa}P_{nia}} = 1 + \frac{A_{pa}kT_e\Delta f_n}{A_{pa}kT\Delta f_n} = 1 + \frac{T_e}{T} \tag{3.3-20}$$

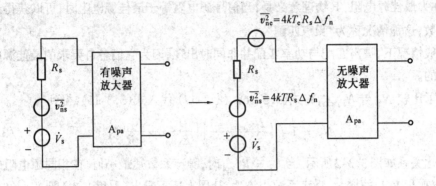

图 3.3-3　等效噪声温度定义

或者
$$T_e = (N_F - 1)T \tag{3.3-21}$$

其中，T 为放大器工作环境温度。式(3.3-21)说明，对理想放大器，由于其 $N_F = 1$，故其噪声温度 $T_e = 0$。噪声系数越大，其噪声温度也越高。根据式(3.3-21)，可以计算出室温（$T = 290$ K）条件下 T_e 与 N_F 之间的对应值，如表 3.3-1 所示。

表 3.3-1

N_F	1.07	1.12	1.20	1.26	1.58	2.51	6.31	10
N_F(dB)	0.3	0.5	0.8	1.0	2.0	4.0	8.0	10.0
T_e(K)	20	35	58	75	168	438	1 540	2 610

由表 3.3-1 可见，尽管 N_F 和 T_e 均可表示网络内部噪声的大小。但噪声较小时，用 T_e 表示差异明显。反之，用 N_F 表示较合适。近年来低噪声技术有很大发展，目前许多通信设备多用噪声温度来表示其噪声性能。

此外，天线热噪声也是用等效噪声温度来描述的
$$\overline{v_{nA}^2} = 4kT_A R_A \Delta f_n \tag{3.3-22}$$

式中，R_A 为天线辐射电阻；T_A 为天线等效噪声温度。

天线的噪声来源包括天线有功电阻的热噪声和来自太阳、银河等星体辐射和大气热运动产生的电磁辐射等。通常天线本身的损耗电阻很小，可忽略不计，因此天线噪声主要由后面两组因素决定，并将其等效为天线辐射电阻 R_A 在工作温度为 T_A 下产生的热噪声。

3.3.5　多级放大器的噪声系数

绝大多数无线电接收设备是由许多单级放大器所组成，研究其总的噪声系数与各级噪声系数的关系有实用意义，因为它可以指出降低总噪声系数的方向和措施。

下面先讨论二级电路情况，如图 3.3-4 所示，然后推广到多级。

根据式(3.3-12)，可求出各级固有噪声功率分别为

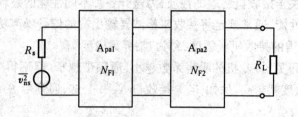

图 3.3-4　二极放大器噪声系数计算

$$P_{\mathrm{nAa1}} = (N_{\mathrm{F1}} - 1)A_{\mathrm{pa1}}kT\Delta f_{\mathrm{n}}$$

$$P_{\mathrm{nAa2}} = (N_{\mathrm{F2}} - 1)A_{\mathrm{pa2}}kT\Delta f_{\mathrm{n}}$$

它们在两级放大器输出端噪声功率之和为

$$P_{\mathrm{nAa}} = P_{\mathrm{nAa1}}A_{\mathrm{pa2}} + P_{\mathrm{nAa2}}$$

$$= (N_{\mathrm{F1}} - 1)A_{\mathrm{pa1}}A_{\mathrm{pa2}}kT\Delta f_{\mathrm{n}} + (N_{\mathrm{F2}} - 1)A_{\mathrm{pa2}}kT\Delta f_{\mathrm{n}} \qquad (3.3\text{-}23)$$

信号源内阻噪声在两级放大器输出端的值为

$$A_{\mathrm{pa}}P_{\mathrm{nia}} = A_{\mathrm{pa1}}A_{\mathrm{pa2}}kT\Delta f_{\mathrm{n}} \qquad (3.3\text{-}24)$$

则两级总的噪声系数

$$N_{\mathrm{F}} = 1 + \frac{P_{\mathrm{nAa}}}{A_{\mathrm{pia}}P_{\mathrm{nia}}} = 1 + \frac{(N_{\mathrm{p1}} - 1)A_{\mathrm{pa1}}A_{\mathrm{pa2}}kT\Delta f_{\mathrm{n}} + (N_{\mathrm{F2}} - 1)A_{\mathrm{pa2}}kT\Delta f_{\mathrm{n}}}{A_{\mathrm{pa1}}A_{\mathrm{pa2}}kT\Delta f_{\mathrm{n}}}$$

$$= 1 + (N_{\mathrm{F1}} - 1) + \frac{N_{\mathrm{F2}} - 1}{A_{\mathrm{pa1}}} = N_{\mathrm{F1}} + \frac{N_{\mathrm{F2}} - 1}{A_{\mathrm{pa1}}} \qquad (3.3\text{-}25)$$

采用类似方法可求得多级放大器的噪声系数为

$$N_{\mathrm{F}} = N_{\mathrm{F1}} + \frac{N_{\mathrm{F2}} - 1}{A_{\mathrm{pa1}}} + \frac{N_{\mathrm{F3}} - 1}{A_{\mathrm{pa1}}A_{\mathrm{pa2}}} + \cdots \qquad (3.3\text{-}26)$$

由式(3.3-26)可见多级放大器的噪声系数主要由前级噪声特性决定,当第一级增益足够大时,第二级以后各级对总噪声系数影响可以忽略不计。

3.3.6　接收机灵敏度与噪声系数关系

接收机灵敏度是表示接收机接收微弱信号的能力。能接收的信号越小,其灵敏度越高。

灵敏度的定义是,保持接收机输出端的信噪比为某一定值,接收天线所必需的最小可分辨信号感应电动势,或者额定功率。

根据式(3.3-11),接收机输入端的最小额定信号功率 $P_{\mathrm{sia,min}}$ 为

$$P_{\mathrm{sia,min}} = N_{\mathrm{F}}P_{\mathrm{nia}}\frac{P_{\mathrm{soa}}}{P_{\mathrm{noa}}}\bigg|_{\mathrm{min}} = N_{\mathrm{F}}kT\Delta f_{\mathrm{n}}D \qquad (3.3\text{-}27)$$

式中,$D = \dfrac{P_{\mathrm{soa}}}{P_{\mathrm{noa}}}\bigg|_{\mathrm{min}}$ 为接收机输出端所允许的最小信噪比。信噪比小于此值,信号就不能很好地被识别,所以这一比值称为识别系数。

D 值的高低取决于接收机终端的性质,为避开各种不同性能的终端部件的复杂影响,只说明接收机本身性能,通常规定将接收机检波器输出端的信号噪声功率比,作为识别系数。当 $D = 1$ 时,测得的接收机灵敏度,称为"临界灵敏度"。

由式(3.3-27) 可见,接收机的噪声系数越小,通频带越窄(但不得窄于最佳通频带)、环境温度越低,灵敏度就越高。例如,若某接收机 $N_F = 1.59$,通频带 $B = 5$ MHz,工作温度 290 K,则其临界灵敏度为

$$P_{sia,min} = kTBN_F D = 1.38 \times 10^{-23} \times 290 \times 5 \times 10^6 \times 1.59 \times 1 = 3.2 \times 10^{-14} \text{ W}$$

工程上,灵敏度常以最小可辨功率 $P_{sia,min}$ 相对于 1 毫瓦的分贝数表示(即以 1 毫瓦为 0 分贝),故有

$$P_{sia,min}(\text{dB/mW}) = 10 \lg k + 10 \lg T + 10 \lg B + 10 \lg 10^6 + 10 \lg N_F + 10 \lg 10^3$$
$$= -114 \text{ dB} + 10 \lg B(\text{MHz}) + 10 \lg N_F \qquad (3.3\text{-}28)$$

式中,通频带 B 以兆赫(MHz)为单位。

若 $N_F = 10$ dB,$B = 3$ MHz 时

$$P_{sia,min}(\text{dB/mW}) = -114 + 10 \lg 3 + 10 = -99.2 \text{ dB/mW}$$

根据式(3.3-28)所列接收机灵敏度、通频带和噪声系数三者的关系可知,只要任知其中两个参数,就可求出第三个参数。

习　题

3-1 三个电阻其值分别为 R_1、R_2、R_3,其温度分别为 T_1、T_2、T_3,当它们 ① 串联、② 并联时,求其等效电阻和等效温度。

3-2 有一RC并联网络,其中 C 是无损耗理想电容,试求该网络两端均方值噪声电压表示式和等效噪声通频带。

3-3 试求题图3-3所示电路AB两端在室温条件下总的噪声电压均方值及等效噪声通带宽(可只考虑二极管散粒噪声,其他噪声源可略)。

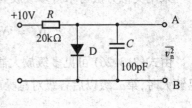

题图 3-3

3-4 试求题图3-4虚线框内所示各网络的额定功率增益和噪声系数。

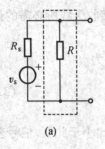

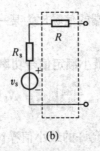

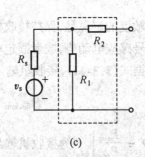

(a)　　　　　　　(b)　　　　　　　(c)

题图 3-4

3-5　已知题图3-5中电感线圈固有品质因数为Q_0,试求题图所示谐振回路的噪声系数及等效噪声温度的表示式。

R_s
C
L
R
v_s
1
2
3
+
−

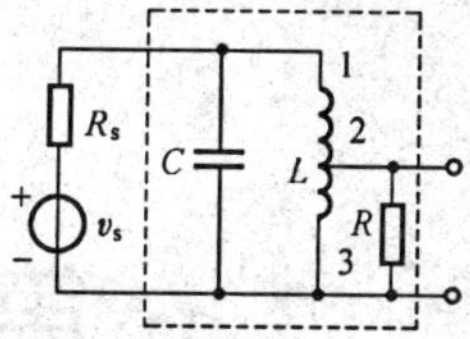

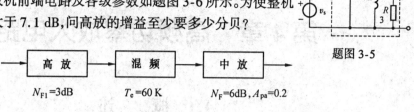

题图 3-5

3-6　某接收机前端电路及各级参数如题图3-6所示。为使整机噪声系数N_F不大于7.1 dB,问高放的增益至少要多少分贝?

高 放
混 频
中 放
N_{F1}=3dB
T_e=60 K
N_F=6dB, A_{pa}=0.2

题图 3-6

第4章 高频功率放大电路

4.1 概　述

高频功率放大电路有着广泛的应用,如在通信系统中,为弥补信号在信道传输过程中的损失,保证接收机正常工作,在其输入端必须有足够大的信号噪声功率比(不低于某一门限值)才行,这就要求发送机能送出足够大的射频功率;又如在高频加热设备中,也需要有足够大的高频功率输出。

大功率、高效率是高频功率放大电路的两个主要技术指标。这里所谓“功率放大”实质是功率转换,即通过非线性器件将直流功率 P_{dc} 转换为交变的高频功率 P_o,则其转换效率 η_c 为

$$\eta_c = \frac{P_o}{P_{dc}} = \frac{P_o}{P_o + P_c} \tag{4.1-1}$$

或者

$$P_o = \frac{\eta_c}{1 - \eta_c} P_c \tag{4.1-2}$$

式中,P_c 为晶体管集电极耗散功率,简称管耗。由式(4.1-2)看出,在管耗一定的前提下,提高效率就能增大输出高频功率。如何提高效率?由式(4.1-1)可知,设法减小管耗 P_c。若假设功率管集电极的电流和电压瞬时值分别为 i_c 和 v_{ce},则平均管为

$$P_c = \frac{1}{T} \int_0^T i_c v_{ce} \mathrm{d}t \tag{4.1-3}$$

为使 P_c 小,需使 $i_c v_{ce}$ 乘积小。有两个措施:一是让 $i_c v_{ce}$ 之间相位差 180°(i_c 大、v_{ce} 小;v_{ce} 大、i_c 小),即要求管子负载呈纯阻;二是使 $i_c v_{ce}$ 乘积不等于零的时间要小,即电流导通角 (2θ) 小于 360°!如图 4.1-1 所示,随着极基偏置电压 V_{BB} 逐渐左移,静态工作点 Q 随之降低,放大器的工作状态由甲类($2\theta = 360^\circ$)、乙类($2\theta = 180^\circ$)进入丙类($2\theta < 180^\circ$)状态。

由式(4.1-3)可知,丙类状态效率必高于甲类和乙类。但乙类工作状态引入了不可容忍的失真!如何解决失真问题?对于相对带宽远小于 1 的窄带信号而言,可用谐振回路选出其基波分量,滤除谐波,消除非线性失真。将这种功率放大电路,称为高频谐振功率放大器;对于相对带宽较宽的宽带信号而言,为不失真,功率放大电路必须工作在甲类或乙类推挽状态,用传输线变压器做级间匹配网络,可用功率合成技术,增大输出功率。将这类功率放大电路,称为高频宽带功率放大器。下面分别讨论这两种放大电路的工作原理。

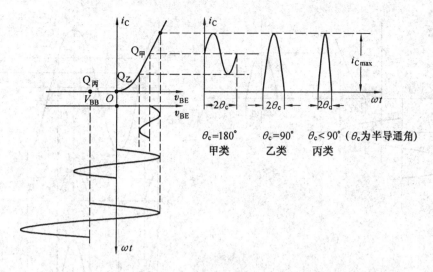

图 4.1-1　甲、乙、丙类三种工作状态下的静态工作点分布及相应波形图

4.2　高频谐振功率放大电路

4.2.1　电路组成与工作原理

丙类谐振功率放大原理电路,如图 4.2-1 所示。它是一个共发射极电路,V_{CC}、V_{BB} 分别为集电极和基极直流电源电压。

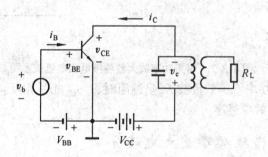

图 4.2-1　丙类谐振功率放大原理电路

该放大器的丙类工作状态,如图 4.2-2(a) 所示。V_{BZ} 是晶体管转移特性曲线理想化后的截止电压。硅管的 $V_{BZ} = 0.4 \sim 0.6\,V$,锗管的 $V_{BZ} = 0.2 \sim 0.3\,V$。丙类工作时,V_{BB} 可正可负,但必小于 V_{BZ}。没有外加激励信号时,晶体管处于截止状态。

如有输入信号,设 $v_b = V_{bm}\cos \omega t$ 是单频余弦信号

$$v_{BE} = V_{BB} + v_b = V_{BB} + V_{bm}\cos \omega t \tag{4.2-1}$$

输出回路调谐在输入信号频率 ω 上,则管上电压

$$v_{CE} = V_{CC} - v_c = V_{CC} - V_{cm}\cos \omega t \tag{4.2-2}$$

式中 $V_{cm} = I_{c1m}R_p$。原理图中各电极上的电压、电流波形,如图 4.2-2(b) 所示。

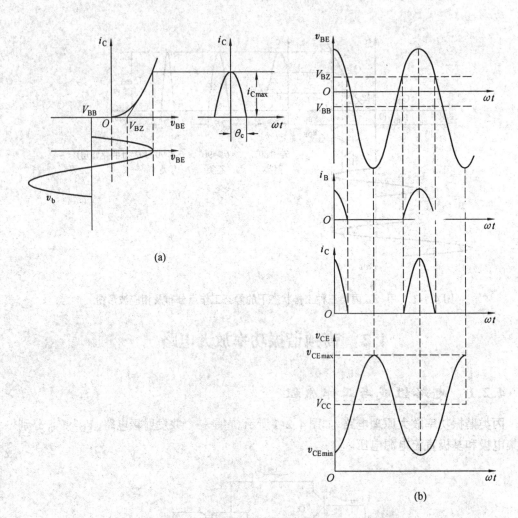

(a)

(b)

图 4.2-2　谐振功率放大器各极电压电流波形图

图中可见,只有功率管等效负载 R_p 呈纯阻时,$i_C v_{CE}$ 相位相反。在一个周期内,两者乘积才最小,管耗最小,效率最高。

4.2.2　丙类谐振功率放大电路分析

1.集电极电流谐波分析

丙类功放管必工作在大信号状态,需用折线分析法分析。第 1 章 1.4.2 节已从余弦脉冲电流 i_C 中求出了各次谐波幅度表示式

$$I_{c0} = i_{Cmax}\alpha_0(\theta_c) \tag{1.4-22}$$

$$I_{c1m} = i_{Cmax}\alpha_1(\theta_c) \tag{1.4-23}$$

$$I_{cnm} = i_{Cmax}\alpha_n(\theta_c) \tag{1.4-24}$$

于是可求出:

直流输入功率

$$P_{dc} = V_{CC}I_{c0} \tag{4.2-3}$$

交流输出功率

$$P_o = \frac{V_{cm}I_{c1m}}{2} = \frac{V_{cm}^2}{2R_p} = \frac{I_{c1m}^2 R_p}{2} \tag{4.2-4}$$

集电极耗散功率

$$P_c = P_{dc} - P_o \tag{4.2-5}$$

集电极效率

$$\eta_c = \frac{P_o}{P_{dc}} = \frac{1}{2}\frac{V_{cm}}{V_{CC}}\frac{I_{c1m}}{I_{c0}} = \frac{1}{2}\xi g_1(\theta_c) \tag{4.2-6}$$

式中，V_{cm} 为负载回路上基波电压振幅；R_p 为负载回路谐振阻抗；$\xi = \dfrac{V_{cm}}{V_{CC}}$ 为电压利用系数；$g_1(\theta_c) = \dfrac{I_{c1m}}{I_{c0}} = \dfrac{\alpha_1(\theta_c)}{\alpha_0(\theta_c)}$ 为波形系数，它与 θ_c 关系曲线示于第 1 章图 1.4-9 中。

2.动态特性

所谓动态特性是考虑负载反馈影响后的 $i_C \sim v_{CE}$ 关系曲线。从式(4.2-1) 和(4.2-2) 中消去 $\cos \omega t$ 项，可得

$$v_{BE} = V_{BB} + V_{bm}\frac{V_{CC} - v_{CE}}{V_{cm}} \tag{4.2-7}$$

代入式(1.4-14) 中，得

$$
\begin{aligned}
i_C &= g_c\left(V_{BB} + V_{bm}\frac{V_{CC} - v_{CE}}{V_{cm}} - V_{BZ}\right)\\
&= -g_c\frac{V_{bm}}{V_{cm}}\left(v_{CE} - \frac{V_{bm}V_{CC} - V_{BZ}V_{cm} + V_{BB}V_{cm}}{V_{bm}}\right)\\
&= g_d(v_{CE} - V_0) \tag{4.2-8}
\end{aligned}
$$

可见，$i_C \sim v_{CE}$ 是一直线方程，其斜率和截距分别为

$$g_d = -g_c\frac{V_{bm}}{V_{cm}} \tag{4.2-9}$$

$$V_0 = \frac{V_{bm}V_{CC} - V_{BZ}V_{cm} + V_{BB}V_{cm}}{V_{bm}} \tag{4.2-10}$$

当管子选定后，其动态特性仅决定于 V_{CC}、V_{BB}、V_{bm}、V_{cm}(或负载 R_p) 四个参数。动态特性的画法是：在折线近似后的输出特性 v_{CE} 轴上取 B 点，令 $OB = V_0$，通过 B 点作斜率为 g_d 的直线，与 v_{BEmax} 相交于 A 点，BA 即为丙类谐振功率放大电路的动态特性，如图 4.2-3 所示。

静态工作点 Q 处的电流 I_Q 为负，实际不可能存在，故称虚电流。其大小可由式(4.2-8) 求出，将 $v_{CE} = V_{CC}$ 代入式(4.2-8) 可得

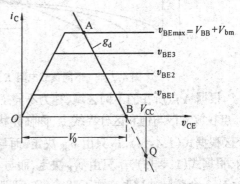

图 4.2-3　动态特性

$$I_Q = -g_c(V_{BZ} - V_{BB}) \qquad (4.2-11)$$

3. 负载特性

若保持 V_{CC}、V_{BB}、V_{bm} 不变,只改变 $V_{cm}(= I_{c1m}R_p)$ 或者 R_p 时,丙类谐振功率放大器输出电流、电压、功率和效率随 R_p 的变化规律,称为它的负载特性。首先看 g_d 与 R_p 之间的关系,因

$$g_d = -g_c \frac{V_{bm}}{V_{cm}} = -g_c \frac{V_{bm}}{R_p I_{c1m}} = -g_c \frac{V_{bm}}{R_p i_{Cmax}\alpha_1(\theta_c)} \qquad (4.2-12)$$

式中,集电极电流最大值 i_{Cmax} 由式(1.4-19)决定,代入上式,有

$$g_d = -\frac{g_c V_{bm}}{g_c V_{bm}(1-\cos\theta_c)\alpha_1(\theta_c)R_p} = -\frac{1}{(1-\cos\theta_c)\alpha_1(\theta_c)R_p} \qquad (4.2-13)$$

在保持 V_{CC}、V_{BB}、V_{bm} 不变条件下,$|g_d|$ 与 R_p 成反比。又从式(4.2-11)看出,I_Q 不随 R_p 改变,即工作点 Q 不动,动态特性与 $v_{BEmax}(= V_{BB} + V_{bm})$ 交点 A,随 R_p 增加,沿 v_{BEmax} 线左移,如图 4.2-4 所示。

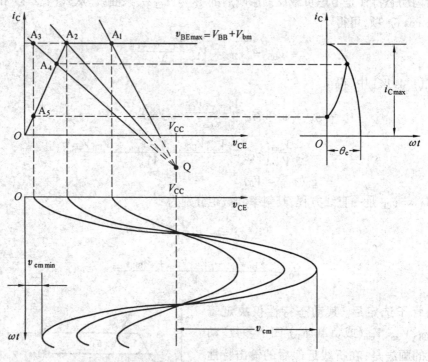

图 4.2-4 不同负载电阻 R_p 式的动态特性及 i_C、v_{CE} 波形图

根据 A 点所在的不同区域,称为不同工作状态。如 A_1 点在放大区内,称为欠压状态;A_2 点在放大区与饱和区分界线上,称临界状态;A_3 点移到饱和区内,称为过压状态。在放大区根据式(1.4-14),i_C 只由 v_{BE} 决定,而与 v_{CE} 无关,则 I_{c0}、I_{c1m} 均与 R_p 无关。在饱和区内,根据式(1.4-15),i_C 只由 v_{CE} 决定,而与 v_{BE} 无关。故对应 A_3 点 i_C 的大小应由 A_4、A_5 点决定。i_C 余弦脉冲波形变成下凹状,且下凹程度随着 R_p 的增大而急剧加深,使 I_{c0}、I_{c1m} 也随 R_p 增大急剧减小。

根据上述结论,可画出 I_{c0}、I_{c1m}、V_{cm} 随 R_p 变化曲线,如图 4.2-5(a) 所示。

图中 $V_{cm} = I_{c1m}R_p$。在欠压区内,I_{c1m} 不变,V_{cm} 随 R_p 增加而增大;在过压区内,虽然 V_{cm} 随 R_p 增加而增大,但 I_{c1m} 随 R_p 增加而减小,故 V_{cm} 随 R_p 增加趋于恒定,等效一个恒压源。

根据公式(4.2-3)～(4.2-6),可画出各功率和效率随 R_p 变化的曲线,如图 4.2-5(b) 所示。由图可见,临界状态输出功率最大,常用于输出级;过压状态 V_{cm} 趋于恒定,用于中间级;欠压状态无什么特点,除基极调幅电路外一般不用。

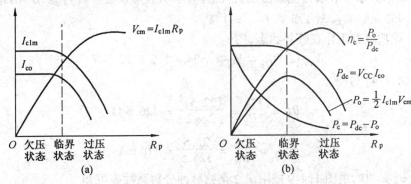

图 4.2-5 负载特性曲线

4.其他各极电压对工作状态的影响

(1) 假设保持 V_{BB}、V_{bm}、R_p 不变,只改变 V_{CC} 时(参看图 4.2-3),当 V_{CC} 减少时,动态特性斜率不变、向左平移,A 点由欠压状态向临界状态、过压状态变化,则 I_{c0}、I_{c1m} 随 V_{CC} 变化的曲线如图 4.2-6 所示。只有在过压状态下,I_{c0}、I_{c1m} 才随 V_{CC} 线性变化,这将用于集电极调幅电路中。

(2) 假设保持 V_{CC}、V_{BB}、R_p 不变,只改变 V_{bm} 时(仍参看图 4.2-3),因 $v_{BEmax} = V_{BB} + V_{bm}$,若 V_{bm} 增大,v_{BEmax} 也随之增大,静态特性曲线向上方平移,如果原来放大器工作于临界状态,那么这时放大器将进入过压状态。反之,当 V_{bm} 减小时,放大器将进入欠压状态,如图 4.2-7 所示。

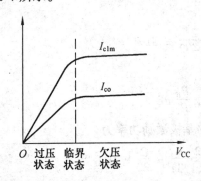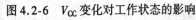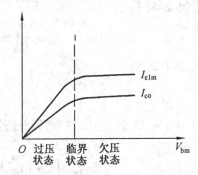

图 4.2-6 V_{CC} 变化对工作状态的影响　　图 4.2-7 V_{bm} 变化对工作状态的影响

由式(1.4-19)可知,i_{Cmax} 与 V_{bm} 成正比。因此,在欠压区内,I_{c1m}、I_{c0} 皆随 V_{bm} 减小而减小,这将用于调幅波放大场合。在过压区内,因 i_C 脉冲波形出现凹顶,V_{bm} 增加,脉冲振幅虽然增加，但凹陷深度也增大，故 I_{clm}、I_{c0} 随 V_{bm} 增加而变平。

（3）假设保持 V_{CC}、V_{bm}、R_p 不变，只改变 V_{BB}。由于 V_{BB} 对工作状态的影响与 V_{bm} 是相同的，只要把图 4.2-7 中横坐标改成 V_{BB} 即可。可见，在欠压区内，I_{clm}、I_{c0} 正比于 V_{BB}，这将用于基极调幅电路。

5.工作状态的估算举例

例 4.2-1 用 3DA1 做成的谐振功率放大器，已知 $V_{CC} = 24$ V，$P_o = 2$ W，工作频率 $f_0 = 1$ MHz，求其效率和所需基极激励。由晶体管手册查得该管参数 $f_T \geqslant 70$ MHz，$A_{p0} \geqslant 13$ dB，$I_{CM} = 750$ mA，$V_{CES} \geqslant 1.5$ V，$P_{CM} = 1$ W。

解 设功放管工作在临界状态，则
$$V_{cm} = V_{CC} - V_{CES} = 24 - 1.5 = 22.5 \text{ V}$$

由式（4.2-4）可得
$$R_P = \frac{V_{cm}^2}{2P_o} = \frac{(22.5)^2}{2 \times 2} = 126.5 \ \Omega$$

$$I_{clm} = \frac{V_{cm}}{R_p} = \frac{22.5}{126.5} = 178 \text{ mA}$$

选取 $\theta_c = 70°$，由图 1.4-9 或附录 2 余弦脉冲分解系数表可知
$$\alpha_0(70°) = 0.253 \qquad \alpha_1(70°) = 0.436$$

由式（1.4-23）得
$$i_{Cmax} \frac{I_{clm}}{\alpha_1(70°)} = \frac{178}{0.436} = 408 \text{ mA} < 750 \text{ mA}$$

i_{Cmax} 不超过允许的最大电流 I_{CM}。
$$I_{c0} = i_{Cmax}\alpha_0(70°) = 408 \times 0.253 = 103 \text{ mA}$$

由式（4.2-3）得
$$P_{dc} = V_{CC}I_{c0} = 24 \times 103 \times 10^{-3} = 2.472 \text{ W}$$

由式（4.2-5）得
$$P_c = P_{dc} - P_o = 2.472 - 2 = 0.472 \text{ W} < P_{CM}$$

由式（4.2-6）得
$$\eta_c = \frac{P_o}{P_{dc}} = \frac{2}{2.472} = 81\%$$

由式（2.1-2）得

$$A_{p0} = 10 \lg \frac{P_o}{P_i} \text{ dB}$$

在本例中，$A_{p0} = 13$ dB，$P_o = 2$ W，因此所需的基极激励功率为

$$P_i = \frac{P_o}{\lg^{-1}\left(\dfrac{A_{p0}}{10}\right)} = \frac{2}{\lg^{-1}(1.3)} = \frac{2}{20} = 0.1 \text{ W}$$

上述估算结果可作为调整功率放大器的依据。对晶体管来说，折线法只实用低频工作区。当工作频率较高时，由于晶体管内部物理过程较复杂（参阅 4.4 节），估算数据与实际值可能有较大的不同，必须注意这一点。

4.3 丙类谐振功率放大器电路形式与匹配网络参数估算

4.3.1 电路形式

丙类谐振功率放大器原理电路,除了图 4.2-1 所示的管子、负载、电源串联形式外,还有管子、负载、电源并联馈电形式,如图 4.3-1 所示。

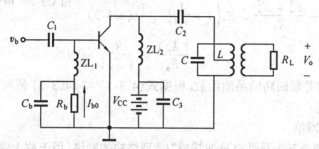

图 4.3-1 谐振功率放大器并联馈电型电路

该电路的特点是谐振回路 LC 中没有 i_C 的直流分量。C_1、C_2 是耦合电容。C_3 是基波旁路电容,目的是不让基波分量流过电源内阻产生无用功率损耗,以提高放大器的效率。ZL_1、ZL_2 均是高频扼流圈,可视为只通直流、阻断交流元件。基极回路偏置电压 V_{BB} 通常采用 R_b 产生自给偏压供给方式。C_b 是旁路各次谐波电流,以免在 R_b 上产生不必要的功率损耗。

4.3.2 阻抗匹配网络

通常在大功率发射系统中,需要多级功率放大器协同工作,但各级的任务、工作状态是不同的,由此带来了功率放大电路级间阻抗匹配联接问题。

1. 匹配网络任务

匹配网络任务有三:

(1) 阻抗变换。将外接负载阻抗转换为功率放大器所要求的最佳负载电阻,以保证放大器工作在相应的工作状态(临界、过压、或欠压)。

(2) 滤波。滤除无用谐波分量,选出有用的基波分量,通常将阻抗匹配网络设计为带通或低通滤波器形式。

(3) 功率传输。将本级输出的功率传输给下级负载。要求匹配网络本身损耗尽量小,以提高传输效率。

2. 匹配网络参数的估算[*]

多级功率放大器的末级负载,可以是发射机的天线回路,而中间级的负载则是下一级功放的输入阻抗。射频功率放大器常用的基本匹配网络有 L 型、π 型、T 型,和互感耦合型调谐回路等形式。

首先讨论串 – 并联阻抗转换公式。任何串联或并联阻抗都可分为电阻与电抗两部分。如图 4.3-2 所示。

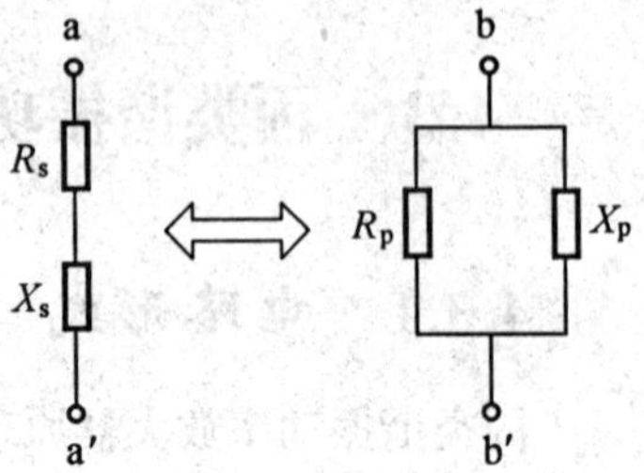

根据等效原理，令 a – a′ 与 b – b′ 两端阻抗相等，则有

$$\frac{1}{R_p} + \frac{1}{jx_p} = \frac{1}{R_s + jx_s}$$

不难解出

$$R_p = \frac{R_s^2 + X_s^2}{R_s} = R_s(1 + Q^2) \qquad (4.3\text{-}1)$$

$$X_p = \frac{R_s^2 + X_s^2}{X_s} = X_s\left(1 + \frac{1}{Q^2}\right) \qquad (4.3\text{-}2)$$

$$Q = \frac{|X_s|}{R_s} = \frac{R_p}{|X_p|} \qquad (4.3\text{-}3)$$

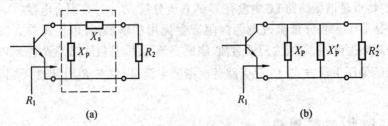

图 4.3-2　串 – 并联阻抗转换

式中，Q 为串联和并联回路的品质因数。根据式(4.3-1) ~ (4.3-3)便可求出以下几种网络阻抗变换特性。

(1)L 型匹配网络

L 型是指由两个互为异性电抗连接成"L"型结构的网络，用于放大管与负载之间的阻抗匹配，如图 4.3-3(a) 所示。

图 4.3-3　L 型匹配网络的阻抗变换

在图(a) 中，虚线框内为 L 型匹配网络，串臂电抗为 X_s，并臂电抗为 X_p。其中一个为电感，另一个必为电容。R_2 是负载电阻，R_1 是放大器要求的最佳负载电阻。为求出能满足匹配要求的网络参数，将图(a) 中 X_s – R_2 串联形式变为并联形式，如图(b) 所示。根据式(4.3-1)、(4.3-2) 可得

$$R_2' = R_2(1 + Q^2)$$

$$X_p' = X_s(1 + 1/Q^2)$$

回路谐振，电抗为零，故有

$$X_p + X_p' = 0$$

阻抗匹配，$R_1 = R_2' = R_2(1 + Q^2)$，或者

$$Q = \sqrt{\frac{R_1}{R_2} - 1} \qquad (4.3\text{-}4)$$

根据式(4.3-3) 可得(注意，这里 $R_s = R_2$、$R_p = R_1$)

$$X_s = R_s Q = R_2 Q = R_2\sqrt{\frac{R_1}{R_2} - 1} = \sqrt{R_2(R_1 - R_2)} \qquad (4.3\text{-}5)$$

$$X_p = R_p/Q = R_1/Q = R_1\sqrt{\frac{R_2}{R_1 - R_2}} \qquad (4.3\text{-}6)$$

因为回路品质因数 Q 必为正数,上述结构网络仅适用于 $R_1 > R_2$ 的情况。若 $R_1 < R_2$,需用图 4.3-4 所示匹配电路,分析方法相同。

值得注意的是如果信源内阻和负载不为纯阻时,需将其电抗部分折算到并臂或串臂的电抗中去考虑。

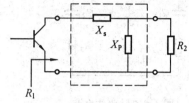

这里应该说明的是,由于高频功率放大管工作在非线性状态,管子内阻变动剧烈:导通时内阻很小,截止时内阻趋于无限大。因此,在线性电路中阻抗匹配条件下,信源内阻等于外阻的概念也就失去

图 4.3-4　对 $R_1 < R_2$ 情况匹配网络

了意义。在高频谐振功率放大器中,匹配是从输出的基波功率角度来考虑的。根据式 (4.2-4) 可得

$$R_p = R_1 = \frac{V_{cm}^2}{2P_o} \approx \frac{(V_{CC} - V_{CES})^2}{2P_o}$$

式中,V_{CES} 是功率管饱和电压。在给定输出功率 P_o、电源电压 V_{CC} 和管型条件下,对应的等效负载 R_p 就是唯一的。或者说,R_p 是由要求的输出功率和基波峰值电压决定的。这里的匹配概念就是通过级间网络将外接的实际负载 R_2 转换成等效负载 R_p,这样就叫达到了阻抗匹配。

还应指出,并联谐振回路型匹配网络(如图 4.2-1)可视为 L 匹配网络的一个特例,因为总可以将它简化为 L 型结构。

(2) π 型匹配网络

π 型匹配网络是指三个电抗元件接成 "π" 型结构的匹配网络,如图 4.3-5 所示。

π 匹配型网络与 L 型网络不同,它有三个待求的电抗元件,除了根据匹配和谐振两条件外,还需再加一个假设条件(通常都是假定 Q_L 值)才能解出三个电抗值来。

计算如图 4.3-6 所示 π 型匹配网络的三个电抗参数。

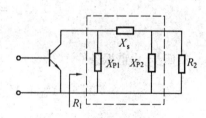

图 4.3-5　π 型匹配网络结构

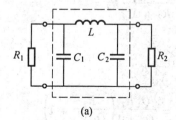

(a)

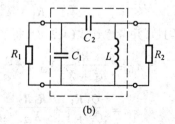

(b)

图 4.3-6　两种 π 型匹配网络

以图 4.3-6(a) 为例,具体计算步骤如下:

第一步,根据串 – 并联阻抗转换公式将 $R_1 C_1$ 与 $R_2 C_2$ 化为串联形式,如图 4.3-7 所示。

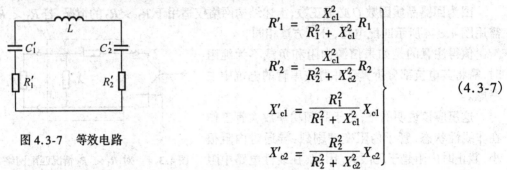

$$\left.\begin{aligned}
R'_1 &= \frac{X_{c1}^2}{R_1^2 + X_{c1}^2} R_1 \\[1mm]
R'_2 &= \frac{X_{c1}^2}{R_2^2 + X_{c2}^2} R_2 \\[1mm]
X'_{c1} &= \frac{R_1^2}{R_1^2 + X_{c1}^2} X_{c1} \\[1mm]
X'_{c2} &= \frac{R_2^2}{R_2^2 + X_{c2}^2} X_{c2}
\end{aligned}\right\} \tag{4.3-7}$$

图 4.3-7 等效电路

第二步,选定网络输入端的 Q_L 值,需兼顾选择性和传输效率要求,一般不超过 10。

$$Q_L = \frac{R_1}{X_{c1}} \qquad 或 \qquad X_{c1} = \frac{R_1}{Q_L} \tag{4.3-8}$$

第三步,根据阻抗匹配条件,$R'_1 = R'_2$,即

$$\frac{X_{c1}^2}{R_2^2 + X_{c1}^2} R_1 = \frac{X_{c2}^2}{R_2^2 + X_{c2}^2} R_2 \tag{4.3-9}$$

或写为

$$\frac{1}{Q_L^2 + 1} R_1 = \frac{1}{\left(\dfrac{R_2}{X_{c2}}\right)^2 + 1} R_2$$

解之得

$$X_{c2} = \frac{R_2}{\sqrt{\dfrac{R_2}{R_1}(Q_L^2 + 1) - 1}} \tag{4.3-10}$$

第四步,由谐振条件

$$X_L = X'_{c1} + X'_{c2} = \frac{R_1^2}{R_1^2 + X_{c1}^2} X_{c1} + \frac{R_2^2}{R_2^2 + X_{c2}^2} X_{c2} \tag{4.3-11}$$

式(4.3-9) 两端乘以 $\dfrac{R_2}{X_{c2}}$ 因子,得

$$\frac{R_2}{X_{c2}} \cdot \frac{X_{c1}^2}{R_1^2 + X_{c1}^2} R_1 = \frac{X_{c2}^2}{R_2^2 + X_{c2}^2} R_2^2$$

代入式(4.3-11),并考虑到式(4.3-8),得

$$X_L = \frac{R_1^2}{R_1^2 + X_{c1}^2} X_{c1} + \frac{R_2}{X_{c2}} \cdot \frac{X_{c1}^2}{R_1^2 + X_{c1}^2} R_1$$

$$= \frac{Q_L R_1}{Q_L^2 + 1} + \frac{R_1 R_2}{X_{c2}} \cdot \frac{1}{Q_L^2 + 1} = \frac{Q_L R_1}{Q_L^2 + 1}\left(\frac{R_2}{Q_L X_{c2}} + 1\right) \tag{4.3-12}$$

至此,匹配网络的三个参数 X_{c1}、X_{c2}、X_L 的计算公式:式(4.3-8)、式(4.3-10) 和(4.3-12) 均已求出。

例 4.3-1 某工作频率为 50 MHz 的高频功率放大器,输出功率 2 W,负载电阻 $R_2 = 50\ \Omega$, $V_{CC} = 24\ V$, 设 $Q_L = 10$, 试求,如图 4.3-6(a) 所示 π 型匹配网络的元件值。

解 (1) 由式(4.2-4)求出

$$R_p = R_1 = \frac{V_{cm}^2}{2P_o} \approx \frac{V_{CC}^2}{2P_o} = \frac{24^2}{2 \times 2} = 144\ \Omega$$

(2) 由式(4.3-8)求出

$$X_{c1} = \frac{R_1}{Q_L} = \frac{144}{10} = 14.4\ \Omega$$

故得

$$C_1 = \frac{1}{\omega X_{c1}} = \frac{1}{2\pi \times 50 \times 10^6 \times 14.4} = 221\ pF$$

(3) 由式(4.3-10)得

$$X_{c2} = \frac{R_2}{\sqrt{(1 + Q_L^2)\dfrac{R_2}{R_1} - 1}} = \frac{50}{\sqrt{(1 + 10^2)\dfrac{50}{144} - 1}} = 8.57\ \Omega$$

故得

$$C_2 = \frac{1}{\omega X_{c2}} = \frac{1}{2\pi \times 50 \times 10^6 \times 8.57} = 371\ pF$$

(4) 由式(4.3-12)得

$$X_{L1} = \frac{Q_L R_1}{Q_L^2 + 1}\left(1 + \frac{R_2}{Q_L X_{c2}}\right) = \frac{10 \times 144}{10^2 + 1}\left(1 + \frac{50}{10 \times 8.57}\right) = 22.6\ \Omega$$

用相同方法可求出图 4.3-6(b) 中电抗参数,其计算公式为

$$\left. \begin{aligned} X_{c1} &= \frac{R_1}{Q_L} \\[2mm] X_L &= \frac{R_2}{\sqrt{\dfrac{R_2}{R_1}(Q_L^2 + 1) - 1}} \\[2mm] X_{c2} &= \frac{Q_L R_1}{Q_L^2 + 1}\left(\frac{R_2}{Q_L X_L} + 1\right) \end{aligned} \right\} \tag{4.3-13}$$

由公式(4.3-10)、(4.3-13)可以看出,为保证网络的电抗参数是实数,该两组公式仅适用于 $\dfrac{R_2}{R_1}(Q_L^2 + 1) > 1$ 情况,或者说 R_1、R_2 必须满足下列条件

$$\frac{R_2}{R_1} > \frac{1}{(Q_L^2 + 1)} \tag{4.3-14}$$

(3)T 型匹配网络

T 型匹配网络如图 4.3-8 所示。通常,π 型网络多用于末级输出匹配网络,T 型匹配网络多用于输入级或中间级。虽然各级用途不同(如缓冲、倍频、功率放大等),但它们的集电极回路都是用来供给下一级放大器所需要的激励功率,故又称为级间耦合回路。与输出级有稳定的负载情况不同,中间级的负载都是下一级放大器的输入阻抗,其阻值随激励电压大

小、功率管工作状态的变化而变化,要求中间级能在不稳定负载的情况下提供稳定的激励电压,因此,中间级或者工作在过压状态,或者有意识增加回路损耗、降低级间耦合回路的传输效率,使下一级输入电阻获得的功率只占回路损耗功率很小的一部分,一般为 0.1 ~ 0.5。

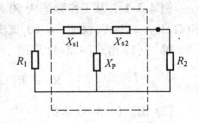

图 4.3-8 T型匹配网络结构

图中三个电抗元件值,仍根据匹配、谐振、设定 Q_L 三个条件算出。T型匹配网络用于输入级(或中间级)的例子,如图 4.3-9(a) 所示。

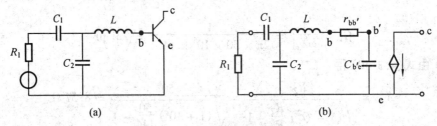

图 4.3-9 输入匹配网络

图(b)为晶体管输入端的等效电路。其输入阻抗很低,并且功率越大,输入阻抗越低。$r_{bb'}$ 为基极扩散电阻,其值与输出功率成反比。对于 5 W 以下的晶体管约为 5 ~ 20 Ω;对于 5 ~ 10 W 级的晶体管约为 1 ~ 5 Ω。$C_{b'e}$ 为发射极结电容,约为几百至上千皮法(例如 f = 500 MHz,I_e = 100 mA 时,$C_{b'e}$ 约为 1 300 pF)。当满足 $X_L \gg X_{C_{b'e}}$ 时,可推得下列计算公式

$$\left.\begin{aligned}
X_L &= Q_L R_2 = Q_L r_{bb'} \\
X_{c1} &= R_1 \sqrt{\frac{r_{bb'}(Q_L^2 + 1)}{R_1} - 1} \\
X_{c2} &= \frac{r_{bb'}(Q_L^2 + 1)}{Q_L} \frac{1}{\left(1 - \dfrac{X_{c1}}{Q_L R_1}\right)}
\end{aligned}\right\} \tag{4.3-16}$$

4.3.3 高频谐振功率放大器实用电路举例

采用不同的馈电电路和匹配网络,可以构成谐振功率放大器的各种实用电路。图 4.3-10 是工作频率为 160 MHz 的谐振功率放大电路,它向 50 Ω 外接负载提供 13 W 功率,功率增益达到 9 dB。这个电路的特点是:基极采用自给偏置电路,由高频扼流图 ZL_b 中的直流电阻产生很小的负值偏置电压,集电极采用并馈电路,ZL_c 为高频扼流图,C_c 为旁路电容。在放大器的输入端采用T型匹配网络,调节 C_1 和 C_2,使得功率管的输入阻抗在工作频率上变换为前级放大器所要求的 50 Ω 匹配电阻。放大器的输出端采用L型匹配网络,调节 C_3 和 C_4,使得 50 Ω 外接负载电阻在工作频率上变换为放大管所要求的匹配电阻 R_1。

图 4.3-11 是工作频率为 50 MHz 的谐振功率放大电路,它向 50 Ω 外接负载提供 25 W 功率,功率增益达到 7 dB。这个放大电路的基极馈电电路和输入匹配网络与前一电路相同,而集电极改用串馈电路,并由 L_2、L_3、C_3、C_4 组成 π 型匹配网络。

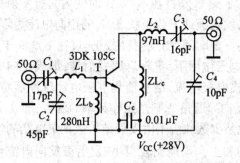
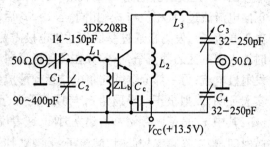

图 4.5-10　160 MHz 谐振功率放大电路　　　　图 4.5-11　50 MHz 谐振功率放大电路

4.4　功率放大管的高频特性

上述分析所得的结论都是晶体管工作在低频或中频工作区内的情况(参看 1.3 节)。但在高频工作区(即 $f > 0.2 f_\beta$) 时,还必须考虑载流子渡越时间,及各电极引线电感的影响。它们都会使放大器的功率增益、最大输出功率和效率急剧下降。

4.4.1　基区少数载流子渡越时间的影响

晶体管在低频工作时,总认为 i_b、i_c 是同时发生的,i_c 仅仅在数值上比 i_b 大 β 倍。在高频区工作时,考虑基区少数载流子渡越时间的影响,i_c 比 i_b、i_e 都滞后一个相角,幅值也比低频时小得多。下面用各极电流波形说明基区载流子渡越时间的影响,如图 4.4-1 所示。

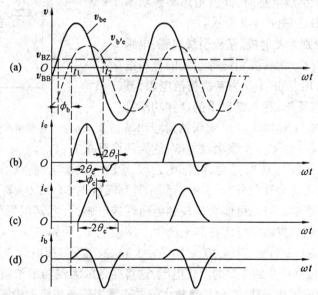

图 4.4-1　高频工作时基极电压和各极电流波形

图(a)表明,由于发射结电容 $C_{b'e}$ 存在,使加在 b'、e 之间的电压 $v_{b'e}$ 比输入电压 v_{be} 幅值减小,且滞后一个相位 ϕ_b。

图(b)是发射极电流 i_e 的波形,可见,当 $v_{b'e} > V_{BZ}$ 时(在 $t_1 \sim t_2$ 时间内),有发射极正向电流流过,其相位与 $v_{b'e}$ 相同。当 $t > t_2$ 后,发射极处于截止状态,i_e 的正向电流为零。由于载流子从发射极通过基区到达集电极需要一定时间,当发射极截止时,在 $v_{b'e} > V_{BZ}$ 时注入到基区的载流子,一部分在发射极反向电压作用下,重新返回发射结,形成反向的发射极电流;另一部分继续向集电结运动形成集电极电流,结果使集电极电流脉冲展宽。实验证明,发射极正向导通角 θ_e 与频率无关,反向导通角 θ_r 则是工作频率的函数,即 $\theta_r = \omega \tau_b$,其中 τ_b 是基区存储电荷建立时间,或者说是少数载流子由发射结扩散到集电结的渡越时间。当工作频率较低时,载流子的渡越时间和工作周期比较很小,发射极反向电流可忽略不计。

图(c)是集电极电流 i_c 的波形,由于载流子渡越时间的影响,所有载流子不能同时到达集电结(所谓分散现象)等原因,使 i_c 的峰值减小,并且相位较 i_e 滞后 ϕ_c。另外,因 i_c 脉冲展宽现象,使集电极导通角 θ_c 大于发射极导通角 θ_e,对 i_c 最大值而言,波形左右不对称。频率越高这些特点越显著。

图(d)是基极电流 i_b 的波形,与低频时相同,也存在 $i_b = i_e - i_c$ 的关系。据此,可得 i_b 的波形。由图可见,i_b 的波形与余弦脉冲差别极大,出现了较大的反向电流脉冲。

综上所述,随着工作频率的增加,集电极电流脉冲峰值减小,从而导致 I_{c1m} 减小;而基极电流脉冲剧增,导致 I_{b1m} 增大。结果使输出功率减少,输入功率增加,功率增益和集电极效率降低。

4.4.2　晶体管在高频区工作时引线电感的影响

考虑晶体管的引线电感时,共发组态高频功率管的输入等效电路,如图 4.4-2 所示。

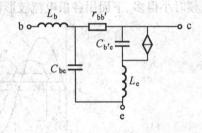

图中 L_e、L_b 分别为发射极、基极引线电感,电感量均为 1 nH 左右;C_{be} 为管壳引线等引入的分布电容,一般约为几到几十 pF;$r_{bb'}$ 为基极扩散电阻,其阻值与输出功率成反比,对 5 W 以下的高频功率管来说,$r_{bb'} = 5 \sim 20\ \Omega$,而对 $5 \sim 10$ W 级的射频功率管来说,$r_{bb'} = 1 \sim 5\ \Omega$;$C_{b'e}$ 为发射结电容,约为几百至几千 pF。

图 4.4-2　高频功率管输入等效电路

低、中频区工作($f < 0.2f_T$)时,可忽略 L_e、L_b 和 C_{be} 的影响,高频功率管输入阻抗仅为电阻 $r_{bb'}$ 和电容 $C_{b'e}$ 串联(如图 4.3-9(b)所示)。高频区工作($f > 0.2f_T$)时,L_e、L_b 和 C_{be} 不可忽略,使功率管输入阻抗可能会呈现纯电阻性或电感性,尤其以发射极引线电感 L_e 的影响更为严重,因为发射极电流在其上产生了反馈电压。例如 $f = 500$ MHz 时,在 1 nH 电感上的感抗为:$\omega L = 2\pi \times 500 \times 10^6 \times 10^{-9} = 3.14\ \Omega$。当发射极电流 $I_{e1} = 300$ mA 时,它将在基极 – 发射极间产生约 1 V 的反馈电压,这将导致放大器功率增益和输出功率严重下降,而且还可造成工作不稳定,给功率放大器的正常工作造成极大影响。

4.4.3　晶体管在高频区工作时对饱和压降的影响

随着工作频率的增加,由于趋肤效应的影响,晶体管集电极体电阻随之增加,从而使饱和压降显著增加。当工作频率为几十兆赫时,大多数功率管的饱和压降小于 3 V,而当工作频率为几百兆赫时,饱和压降可达 5 V 以上。因而晶体管在高频区工作时的输出静态特性曲线,如图 4.4-3 所示。为了对比,图中用虚线表示出低频工作时的静态输出特性。

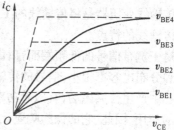

图 4.4-3　高频工作时的输出特性

由于饱和压降增大,电压利用系数降低,使输出功率减小,集电极效率降低,管子损耗增大。

综上所述,考虑高频效应时,谐振功率放大器的功率增益将随频率增高而迅速下降。例如,功率管 3DA14,在低频区工作时,实测的功率增益为 30 dB,当工作频率提高到 50 MHz 时,功率增益下降到 9 dB 左右。

4.5　宽带非谐振功率放大电路

宽带高频功率放大器采用非谐振宽带网络作为匹配网络,能在很宽的频带范围内获得线性放大。常用的宽带匹配网络是传输线变压器,它可使最高工作频率扩展到几百兆赫甚至上千兆赫,同时覆盖几个倍频程的频带宽度。但由于它无选频滤波作用,功放管只能工作在非线性失真较小的甲类或乙类状态,效率较低。它是以牺牲效率来换取工作频带的加宽。

4.5.1　传输线变压器

1.传输线变压器结构

将两根等长的导线(双绞线、平行双线或同轴线等)绕在高导磁率的磁环上,就成了传输线变压器,如图 4.5-1 所示。

磁环直径视传输功率大小而定,传输功率越大,直径越大。一般 15 W 功率放大器,磁环的直径约 10 ～ 15 mm 即可。

只要确保 2、3 端接地,传输线变压器就可画出如图 4.5-2 所示的两种形式的等效电路,或者说两者可以互换。

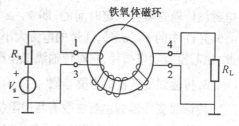

图 4.5-1　传输线变压器结构示意图

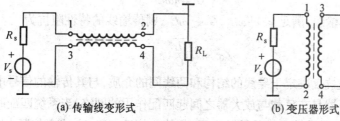

(a) 传输线变形式　　　　　　(b) 变压器形式

图 4.5-2　传输线变压器两种等效电路

2.传输线变压器传输能量原理

传输线变压器是将传输线的工作原理应用于变压器上,因此,它既有变压器的特点,又有传输线的特点。

对于宽带信号的低频端而言,由于信号的波长远大于导线的长度,单位长度上的分布电感和分布电容都很小,信号的传输以变压器方式工作,此时初级线圈中有激磁电流,并在磁芯中产生公共磁场,有磁芯功率损耗。正因有高导磁率磁环的存在,它有增大初级电感量的作用,因此,它的低频响应比普通变压器有很大改善。

对于宽带信号的高频端而言,由于信号的波长减小,这将使分布电感和分布电容增大,使变压器上限频率降低。然而,传输线能量的传递恰是利用这些分布参数,以电能和磁能互相转换方式实现的,如图 4.5-3 所示。这就是说,传输线间的分布参数非但不会影响高频特性,反而是传播能量的条件,从而使传输线变压器上限工作频率大大提高。

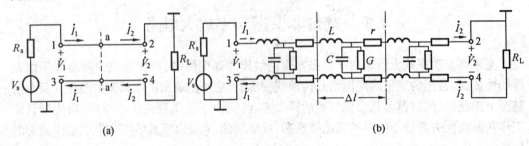

(a)   (b)

图 4.5-3   传输线及其等效电路

在图(b)中,r 为单位线长的损耗电阻,L 为单位线长的分布电感,G 为单位线长区间两线间的漏电导,C 单位线长区间两线间的分布电容。

严格地说,按传输线方式工作,其输入输出端的电压电流的幅度和相位是不同的,因电磁波传输是需要一定时间的,即 $\dot{V}_1 \neq \dot{V}_2$、$\dot{I}_1 \neq \dot{I}_2$,但在两个线圈中的对应点上,如图 4.5-3(a) 中的 $a - a'$ 处,通过的电流大小相等、方向相反,磁芯中的磁场正好互相抵消。因此,磁芯没有功率损耗,它对传输线工作没有什么影响。

3.传输线变压器的主要参数

传输线变压器的主要参数有特性阻抗和插入损耗,它们与导线长度、介质材料、线径和磁芯形式有关。由传输线理论可知,传输线的特性阻抗 Z_0 为

$$Z_0 = \sqrt{\frac{r + \mathrm{j}\omega L}{G + \mathrm{j}\omega C}} \qquad (4.5\text{-}1)$$

对于理想无损耗的传输线,满足 $r \ll \omega L$,$G \ll \omega C$,则传输线的特性阻抗为

$$Z_0 = \sqrt{\frac{L}{C}} \qquad (4.5\text{-}2)$$

可见传输线的特性阻抗仅决定于导线的结构和两线间的介质,与其传输的信号电平无关。

由于传输线变压器是在负载与放大器之间起匹配作用的网络,当系统匹配时,负载电阻 R_L 经传输线变换后在其输入端的等效电阻,应等于信源内阻 R_s;或者信源内阻 R_s 经传输线变换后在其输出端的等效电阻,应等于负载电阻 R_L。根据传输线理论可知,当信源内

阻 R_s,负载电阻 R_L 已知时,满足最佳功率传输条件的传输线特性阻抗,称为最佳特性阻抗,其表达式为

$$Z_{0opt} = \sqrt{R_s R_L} \tag{4.5-3}$$

另一个参数是插入损耗。实际工作中,传输线变压器不可能做到理想匹配。因此,传到终端的能量不能全部被负载吸收,有一部分经终端反射又回到信号源。信号在往返途中,被传输线介质和信号源内阻损耗掉。这种损耗就称为插入损耗。产生插入损耗的主要原因是传输线输出端电压和电流对输入端电压和电流产生了相移的结果,因为电磁波自输入端传到输出端是需要一定时间的。终端电压和电流总要滞后于始端电压和电流一个相位 φ,这个相位与信号波长 λ 及传输线长度 l 的关系为

$$\varphi = \frac{2\pi}{\lambda} \cdot l = \alpha \cdot l \tag{4.5-4}$$

式中,$\alpha = \frac{2\pi}{\lambda}$ 为相移常数。由式(4.5-4)看出,工作频率越高、传输线越长,相位差越大。因此,一般要求传输线长度 $l \leqslant 0.125\lambda$,但 l 也不能太短,否则将使初级绕阻的电感量降低,低频的频率特性变坏。一般情况下,传输线长度都满足 $l \leqslant 0.125\lambda$ 条件,故可近似认为 $\dot{V}_1 = \dot{V}_2 = V$、$\dot{I}_1 = \dot{I}_2 = I$。这样,便于简化分析。

4. 传输线变压器的主要应用

(1) 平衡与不平衡转换

图 4.5-4(a) 和(b) 分别是传输线变压器用作平衡输入、不平衡输出和不平衡输入、平衡输出的转换电路。

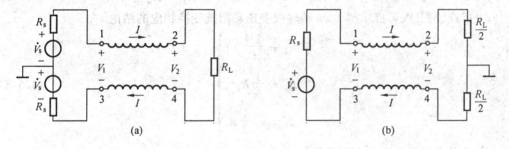

图 4.5-4 平衡与不平衡转换电路

(2) 阻抗变换

阻抗变换的目的是为了实现放大器的内阻与负载间的阻抗匹配。由于传输线变压器的结构限制,只能完成某些特定阻抗比的变换,如 4:1、9:1、16:1 或者 1:4、1:9、1:16,等等。4:1 传输线变压器是指输入端信源内阻 R_S 是负载电阻 R_L 的 4 倍。反之,1:4 传输线变压器是指输入端信源内阻 R_s 是负载电阻 R_L 的 1/4 倍。图 4.5-5(a)、(b) 分别表示 4:1 和 1:4 传输线变压器阻抗变换电路,图(c) 和(d) 表示与其相应的变压器形式的等效电路。

现以 4:1 传输线变压器阻抗变换电路(a) 为例,说明其阻抗变化原理。设负载电阻 R_L 上的电压为 V,传输线输入、输出端电压均为 V,因此信号源端的电压为 2 V。当信号源电流为 I 时,则通过 R_L 的电流为 $2I$,于是负载电阻 R_L 为

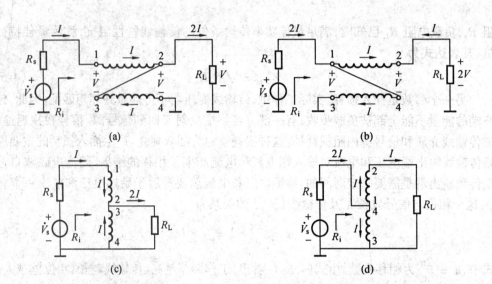

图 4.5-5　4:1 和 1:4 传输线变压器阻抗变换电路

$$R_L = \frac{V}{2I} \tag{4.5-5}$$

从信源向传输线变压器看去的输入电阻 R_i 为

$$R_i = \frac{2V}{I} = 4\frac{V}{2I} = 4R_L \tag{4.5-6}$$

传输线的最佳特性阻抗为

$$Z_{0opt} = \sqrt{R_s \cdot R_L} = \sqrt{R_i \cdot R_L} = \sqrt{4R_L \cdot R_L} = 2R_L \tag{4.5-7}$$

根据相同原理,可以求得 1:4 传输线变压器阻抗变换相应的结论

$$\left.\begin{aligned} R_L &= \frac{2V}{I} \\[2mm] R_i &= \frac{1}{4}R_L \\[2mm] Z_{0opt} &= \frac{1}{2}R_L \end{aligned}\right\} \tag{4.5-8}$$

5.宽带非谐振功率放大电路举例

为了说明传输线变压器在宽带放大器中的应用,图 4.5-6 给出一应用实例电路。其中,B_1、B_2 和 B_3 都是 4:1 传输线变压器阻抗变换器,B_1 与 B_2 串联,其总的阻抗变换比为 16:1,以完成两极功率放大器间的阻抗匹配。B_3 实现第二级功放与天线(50 Ω)之间匹配。由于两极都加入了电压并联负反馈,因此,即改善了频率特性,又有降低输出电阻的作用。宽带非谐振功率放大器的效率是很低的,一般只有 20% 左右。用降低效率换取了频带宽度。

4.5.2　功率合成与功率分配

功率合成与功率分配是目前广泛应用的两项技术。所谓合成,是指将多个功率放大器输出的功率,能独立、线性地相加,获得总和功率输出。所谓分配,是合成的逆过程,即将某

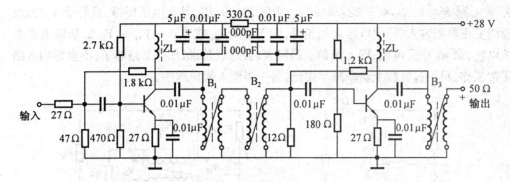

图 4.5-6　应用实例电路

一功率均等的、互不相关的分配到多个功率放大器上,其中任何一个放大器损坏时,都不会影响其他功率放大器的正常工作。

图 4.5-7 给出功率合成与功率分配的示意图。由图可见,关键技术是功率合成网络与功率分配网路。该任务均可由传输线变压器完成,统称为混合网络,如图 4.5-8 所示。

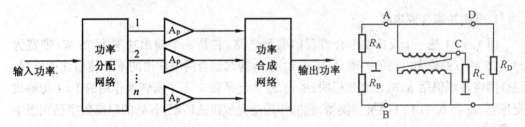

图 4.5-7　功率合成与功率分配示意图　　　　图 4.5-8　混合网络

如果满足下列条件,$R_A = R_B = Z_0$、$R_C = Z_0/2$,$R_D = 2Z_0$,Z_0 为传输线变压器特性阻抗,那么:

① 从 C 点输入信号功率,将均等的、相互独立的分配到 A、B 两端,且电流相位相同;D 端无电流。

② 从 D 点输入信号功率,将均等的、相互独立的分配到 A、B 两端,但电流相位相反;C 端无电流。

③ 从 A、B 两端输入幅度相等、相位相同的信号,在 C 端负载 R_C 中两电流相加,合成输出;D 端电流抵消,R_D 中无电流。

④ 从 A、B 两端输入幅度相等、相位相反的信号,在 D 端负载 R_D 中两电流相加,合成输出;C 端电流抵消,R_C 中无电流,称 R_C 与 R_D 互为假负载。

上述四点说明,无论是功率分配情况 ①②,还是功率合成情况 ③④,C、D 两点之间都是隔离的。这些不难从图 4.5-8 所示的混合网络的变压器模式等效线路(图 4.5-9)中看出,因为图中的电路元件参数是完全对称的。

利用图 4.5-10 说明 A、B 两点之间也是隔离的。假设只有 A 路有输入,B 路坏掉,信号电流在 C 端和 D 端平均分配,不会流入 B 端。说明如下:将 R_D 折合到传输线变压器 1、2 两

端为 R'_D，则 $R'_D = R_D/4 = 2Z_0/4 = R_C$，所以 $R'_D = R_C$，其上电压相等，且等于 $V_S/2$。设传输线变压器的输入、输出电压近似相等，即 $V_{13} = V_{24}$ 或 $V_{12} = V_{34} = V_S/2$，所以 B 点必为地电位，则 R_B 中无电流，即 A、B 两点是隔离的。这就是说，如果 B 路坏了，不会影响 A 路的正常工作，只不过负载上功率减半而已，另一半流入假负载中。

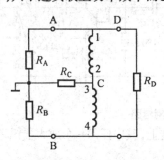 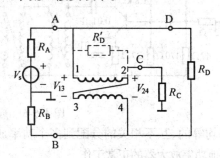

图 4.5-9　变压器模式等效线路　　　　图 4.5-10　说明 A、B 两点是隔离的

4.5.3　功率合成电路应用举例

1.反相功率合成电路

图 4.5-11 是一个反相功率合成器的典型电路，它是一个输出功率为 75 W、带宽为 30～75 MHz 的放大电路的一部分。图中 B_2 与 B_5 为起混合网络作用的 4∶1 传输线变压器，混合网络各端仍用 A、B、C、D 来标明；B_1 与 B_6 为起平衡－不平衡转换作用的 1∶1 传输线变压器；B_3 与 B_4 为 4∶1 阻抗变换器，它的作用是完成阻抗匹配。各处的阻抗数字已在图中注明。

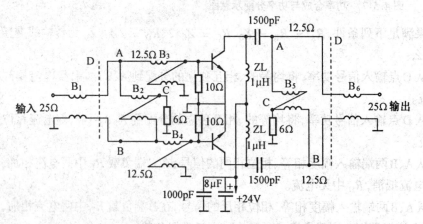

图 4.5-11　反相功率合成器典型电路

由图可知，B_2 是功率分配网络，在输入端由 D 端激励，A、B 两端得到反相激励功率，再经 4∶1 阻抗变换器与晶体管的输入阻抗(约 3 Ω)进行匹配。两个晶体管的输出电流是反相的，对于合成网络 B_5 来说，A、B 端获得反相功率、在 D 端即获得合成功率输出。在完全匹配时，输入输出混合网络的 C 端不会有功率损耗，但在匹配不完善和不十分对称的情况

下，C端还是功率损耗的。C端连接的电阻(6 Ω)即为吸收这不平衡功率之用，称为假负载电阻。

在完全匹配时，各传输线变压器的特性阻抗应为

B_1 与 B_6 $\qquad$ $Z_0 = 2R = 25\ \Omega$

B_2 与 B_5 $\qquad$ $Z_0 = R = 12.5\ \Omega$

B_3 与 B_4 $\qquad$ $Z_0 = \sqrt{R_S R_L} = \sqrt{12.5 \times 3} = 6\ \Omega = \dfrac{R}{2}$

每个晶体管基极到地的 10 Ω 电阻是用来稳定放大器，防止寄生振荡用的，并在晶体管截止期间作为混合网络的负载。

反相功率合成器的优点是：输出没有偶次谐波，输入电阻比单边工作时高，因而引线电感的影响减小。

2. 同相功率合成电路

图 4.5-12 表示一个典型的同相功率合成电路，B_1 与 B_6 起同相隔离混合网络的作用，图中仍用 A、B、C、D 来标明相应的端点。B_1 为功率分配网络，它的作用是将 C 端输入功率平均分配，供给 A 端和 B 端同相激励功率。B_6 为功率合成网络，它的作用是将晶体管输出至 A、B 两端的同相功率在 C 端合成，供给负载。B_2、B_3 与 B_4、B_5 分别为 4∶1 与 1∶4 阻抗变换器，它们的作用是完成阻抗匹配，各处阻抗均已在图中注明。两个晶体管的发射极各接入 1.1 Ω 电阻、产生负反馈，以提高晶体管的输入电阻(提高到 20 ~ 30 Ω)。各基极串联的 22 Ω 电阻作为提高输入电阻与防止寄生振荡之用。D 端所接的 400 Ω 与 200 Ω 电阻是 B_1 与 B_6 的假负载电阻。在同相功率合成器中，从 C 端输出为两路信号之和，所以两路信号的谐波均能输出非线性失真较大，而反相功率合成电路中的偶次谐波在输出端互相抵消。

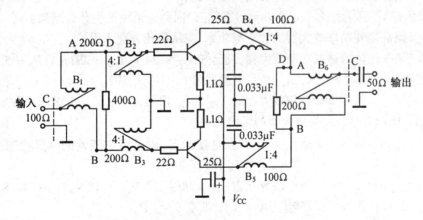

图 4.5-12 同相功率合成典型电路

概括起来可以这样说，掌握图 4.5-10 的混合网络的工作原理后，只要看是 D 端还是 C 端作为输出端，D 端输出，则必为反相功率合成电路；C 端输出，则必为同相功率合成电路。

用传输线变压器所组成的功率合成电路已获得广泛的应用，因为它能较好地解决高效率、大功率与宽带等一系列问题。

4.6 丙类倍频器

倍频器的功能是将输入信号频率变换为其 N 倍输出($N > 1$ 整数)。主要用途:在发射机中,为降低主振频率,有利于稳频或扩展工作频段;在放大链中做隔离级,防止同频反馈;在角度调制电路中为加大调制指数,等等。

所谓丙类倍频是利用工作在丙类状态的放大器,晶体管集电极余弦脉冲电流中含有丰富谐波分量,如果把集电极回路调谐到二次或三次谐波上,丙类放大器就变成二次或三次丙类倍频器了。所以,丙类倍频器电路结构形式与丙类放大器很相似。但也有不同之处:为了输出更大的谐波功率,需调整导通角 θ_c,使其相应谐波分解系数 $\alpha_N(\theta_c)$ 达到最大值。从图 1.4-9 可见,$\theta_c = 120°$,$\alpha_1(120°)$ 最大;$\theta_c = 60°$,$\alpha_2(60°)$ 最大;$\theta_c = 40°$,$\alpha_3(40°)$ 最大。且 $\alpha_N(\theta_c)$ 最大值随 N 增大而减小。为了输出的谐波功率不能太小,因而,丙类倍频器的倍频次数 N 一般不超过 3 ~ 4。为提高倍频次数,可采用多级倍频器。

实用电路如图 4.6-1 所示,基极扼流圈提供基极电流直流通路,发射极电阻和电容提供合适的导通角大小,集电极回路调谐在输入信号频率的 n 次谐波上。该电路的优点是电路简单调整方便。

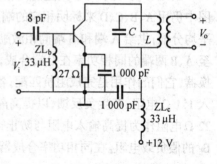

图 4.6-1 丙类倍频器电路

习 题

4-1 为什么低频功率放大器不能工作于丙类?而高频功率放大器则可工作于丙类?

4-2 丙类放大器为什么一定要用调谐回路作为集电极负载?回路为什么一定要调到谐振状态?回路失谐将产生什么结果?

4-3 提高高频功率放大器的效率与功率,应从哪几方面入手?

4-4 某一晶体管谐振功率放大器,设已知 $V_{CC} = 24$ V,$I_{c0} = 250$ mA,$P_o = 5$ W,电压利用系数 $\xi = 1$。试求 P_{dc}、η_c、R_P、I_{c1m}、电流通角 θ_c(用折线法)。

4-5 甲、乙、丙类谐振功率放大器的 V_{CC}、i_{Cmax} 相同,设 $v_{cmin} \approx 0$,试画出各放大器的 v_c、i_C 波形,比较乙类和丙类放大器的输出功率。

4-6 已知一谐振功率放大器,工作在过压状态,现欲将它调整到临界状态,应改变哪些参数。

4-7 晶体管放大器工作于临界状态,$\eta_c = 70\%$,以 $V_{CC} = 12$ V,$V_{cm} = 10.8$ V,回路电流 $I_k = 2$ A(有效值),回路电阻 $R = 1$ Ω。试求 θ_c 与 P_c。

4-8 晶体管放大器工作于临界状态,$R_P = 200$ Ω,$I_{c0} = 90$ mA,$V_{CC} = 30$ V,$\theta_c = 90°$。试求 P_o 与 η_c。

4-9 高频大功率晶体管 3DA4 参数为 $f_T = 100$ MHz,$\beta = 20$,额定输出功率 $P_o = 20$ W,饱和临界线跨导 $g_{cr} = 0.8$ A/V,用它做成 2 MHz 的谐振功率放大器,选定 $V_{CC} = 24$ V,$\theta_c = 70°$,$i_{Cmax} = 2.2$ A,并工作于临界状态。试计算 R_P、P_o、P_c、η_c 与 P_{dc}。

4-10 有一输出功率为 2 W 的晶体管高频功率放大器。采用图 4.3-6(b) 的 π 型匹配网络、负载电阻 $R_2 = 200\ \Omega$, $V_{CC} = 24\ V$, $f_0 = 50\ MHz$, 设 $Q_L = 10$, 试求 L_1、C_1、C_2 之值。

4-11 某功率放大器工作于临界状态, $V_{CC} = 24\ V$, 饱和压降 $V_{CES} = 1.5\ V$, $f_0 = 5\ MHz$, 负载电阻 $R_L = 8\ \Omega$, 要求输出功率 $P_o = 1\ W$, 如用 L 型匹配网络, 试求该网络形式及其元件参数值。

4-12 试画一个高频谐振功率放大器电路, 要求如下

(1) 晶体管采用 3DA1(NPN 型硅管);

(2) 集电极馈电电路采用并馈形式;

(3) 输出回路由 π 型电路组成, 负载为天线;

(4) 基极采用自给偏压形式, 与前级放大器采用电容耦合。

第5章 正弦波振荡电路

5.1 概　　述

振荡器是一种不需要外加激励、电路本身能自动将直流能量转换成具有某种波形的交流能量的装置,又称自激振荡器。功放也是能量转换电路,但它需要外加激励,故又称"他激振荡器"。

自激振荡器的分类、主要技术指标和应用,参看表5.1。

表5.1　自激振荡器的分类、主要技术指标和应用

分类	按原理分	反馈振荡器	负阻振荡器(多用于微波段)
	按波形分	正弦波振荡器	非正弦波振荡器
	按功用分	频率振荡器	功率振荡器
主要技术指标		频率稳定度	输出功率与效率
应用举例		发射机主振、信号源、时钟等	医疗仪器、高频加热炉等

本章重点介绍反馈式正弦波振荡电路的组成、工作原理及其性能特点。

5.2　反馈式正弦波振荡器基本工作原理

反馈式振荡器有两部分组成:放大器和反馈网络,如图5.2-1所示。

放大器的增益 $\dot{A}$ 表达式为

$$\dot{A} = \frac{\dot{V}_o}{\dot{V}_i} = A^{j\varphi_A} \qquad (5.2\text{-}1)$$

反馈系数为

$$\dot{F} = \frac{\dot{V}_f}{\dot{V}_o} = F e^{j\varphi_F} \qquad (5.2\text{-}2)$$

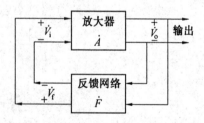

图5.2-1　反馈式振荡器组成框图

将放大器的输出电压 $\dot{V}_o$,经反馈网络获得的反馈电压 $\dot{V}_f$ 接回放大器的输入端。当接通电源后,它是如何从无到有输出一个稳定的正弦波呢?它必须同时满足起振条件、平衡条件和稳定条件。

5.2.1　起振条件

振荡电路在刚接通电源时,晶体管中电流必将从零跃变到某一数值,同时,电路中还存在着各种噪声,它们都具有很宽的频谱。由于放大器负载回路的选频作用,其中只有某

个频率分量(由选频回路决定)才能通过反馈网络加到放大器的输入端,这就是振荡器最初的激励信号 $\dot{V}_i$。$\dot{V}_i$ 经过放大器的放大、选频、反馈,得到 $\dot{V}_f$,只要 $\dot{V}_f$ 与 $\dot{V}_i$ 同相位,且 $|\dot{V}_f| > |\dot{V}_i|$,$\dot{V}_o$ 就增大。$\dot{V}_o$ 再经过放大、选频、反馈、再放大这样多次循环,尽管最初激励信号电压很小,最终将得到幅度足够大的正弦波。可见 $\dot{V}_f > \dot{V}_i$ 是起振的充分必要条件。

由于

$$\dot{V}_f = \dot{F}\dot{V}_o = \dot{F}\dot{A}\dot{V}_i = FAe^{j(\varphi_F + \varphi_A)}\dot{V}_i > \dot{V}_i$$

所以,起振条件又可写成下列形式

$$\dot{F}\dot{V} > 1 \tag{5.2-3}$$

或者

$$\begin{cases} FA > 1 & \tag{5.2-4}\\ \varphi_A + \varphi_F = 2n\pi & n = 0,1,2,3,\cdots \tag{5.2-5} \end{cases}$$

式(5.2-4)是振幅起振条件,(5.2-5)是相位起振条件。两者必须同时满足才能起振。

5.2.2 平衡条件

振荡器的幅度不能无限地增长下去(晶体管非线性所致),当达到某数值时,振荡器将保持输出幅度不变,这时必有 $\dot{V}_f = \dot{V}_i$,即 $\dot{V}_f = \dot{F}\dot{V}_o = \dot{F}\dot{A}\dot{V}_i = FAe^{j(\varphi_F + \varphi_A)}\dot{V}_i = \dot{V}_i$。所以,振荡器的平衡条件为

$$\dot{A}\dot{F} = 1 \tag{5.2-6}$$

或者

$$\begin{cases} AF = 1 & \tag{5.2-7}\\ \varphi_A + \varphi_F = 2n\pi & n = 0,1,2,3,\cdots \tag{5.2-8} \end{cases}$$

式(5.2-7)和(5.2-8)分别称为振幅平衡条件和相位平衡条件。

5.2.3 稳定条件

式(5.2-6)只说明振荡器满足了平衡条件,但没有说明该平衡是否是稳定平衡。所谓稳定平衡是指,当振荡器受到某种干扰因素作用使平衡条件遭到破坏,但一旦该种因素消失,它又能自动地恢复到原来的平衡状态。

振荡器的稳定条件包含两方面的含义:振幅稳定条件和相位稳定条件。

1. 振幅稳定条件

现用放大特性与反馈特性相交的曲线来说明这一问题,假设放大器的增益 A 随 V_i(或 V_o)增加而减小,反馈系数 F 保持不变,如图 5.2-2 所示。图中横坐标是振荡电压 V_i(或 V_o),纵坐标分别为放大倍数 A 与反馈系数的倒数 $1/F$。

图(a)是起始时 A 较大情况,随 V_i 增大 A 逐渐下降,$1/F$ 不随 V_i 改变,所以是一条水平线。当 V_i 较小时,$A > 1/F$,也即 $AF > 1$,满足振幅起振条件。当振荡幅度增加到某一数值时,随 V_i 增加 A 开始减小,直到 Q 点,$AF = 1$ 达到平衡点,且 Q 点是稳定的平衡点。因为若 V_{iQ} 略有增长至 V'_{iQ},则 A 下降,$AF < 1$ 使振幅减小,Q' 点又自动回到 Q 点;反之,若 V_{iQ} 略有减小至 V''_{iQ},则 A 增大,$AF > 1$,使振幅增大,Q'' 点也会自动增大到 Q 点。

图(b)是因为振荡管静态电流过小,放大特性与反馈特性相交有两个平衡点 P 与 Q。Q 点仍是稳定的平衡点,而 P 点却不是稳定的平衡点,分析方法同前。由此看出,振幅稳定

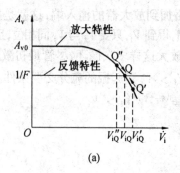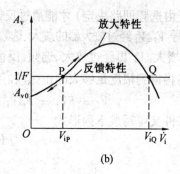

|(a)|(b)|

图 5.2-2 放大特性与反馈特性

条件是振荡特性在平衡点处的斜率为负值,即

$$\frac{\partial A}{\partial V_i}\bigg|_{V_i = V_{iQ}} < 0 \qquad (5.2-9)$$

对于图(b)的情况,开机后不能自行起振(因 $A_{v0} < 1/F$),必须有一大于 V_{ip} 的外加激励才行,称为硬激励情况。

2. 相位稳定条件

因为 $\omega = \dfrac{\partial \varphi}{\partial t}$,相位变化将引起频率变化。当某外界因素(如温度、电源电压、负载等)变化而引起相位变化时,若 $\Delta\varphi > 0$,则 $\Delta\omega > 0$;若 $\Delta\omega < 0$,则 $\Delta\omega < 0$。故必然有 $\dfrac{\partial\varphi}{\partial\omega} > 0$。为了削弱或抵消由外因引起的相位变化,振荡器内部应该有平衡这一相位变化的能力,即应有

$$\frac{\partial\varphi}{\partial\omega} < 0 \qquad (5.2-10)$$

称为相位稳定条件。

应指出式(5.2-10)中的 $\varphi = \varphi_y + \varphi_Z + \varphi_F$,其中 φ_y 为振荡管的相移,φ_Z 为选频回路相移,φ_F 为反馈网络相移。通常 φ_y、φ_F 与频率变化关系不敏感,则有

$$\frac{\partial\varphi}{\partial\omega} \approx \frac{\partial\varphi_Z}{\partial\omega} < 0 \qquad (5.2-11)$$

我们已知,并联谐振回路的相频特性曲线恰好有负斜率特性,所以在 LC 反馈振荡器中,常用并联谐振回路作稳频机构。

综上所述,反馈式正弦波振荡若能稳定地工作,必须同时满足起振、平衡、稳定的条件,三者缺一不可。

5.3 反馈式正弦波振荡器常用电路

5.3.1 互感耦合振荡电路

1. 典型电路

图 5.3-1 电路是常用的一种集电极调谐型互感耦合振荡电路。它是依靠线圈之间的互感耦合实现正反馈、满足起振相位条件的。可用瞬时极性法确定同名端的正确位置。同

时,调整耦合系数 M 大小以满足起振的振幅条件。

2.振荡频率和平衡条件定量分析*

分析思路:从平衡条件 $\dot{A}\dot{F} = 1$(5.2-6) 方程入手,分别求出某具体电路的增益 $\dot{A}$ 和反馈系数 $\dot{F}$,将其代入式(5.2-6) 中,经整理后,写成 $a + jb = 0$ 的形式。令 $b = 0$,可解出谐振频率表达式;令 $a = 0$,可解出振幅的平衡条件。

现以互感耦合振荡电路为例,分析如下。

第一步,画出图 5.3-1 互感耦合振荡电路的交流等效电路,如图 5.3-2 所示。

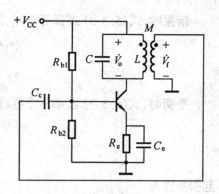

图 5.3-1　互感耦合振荡电路

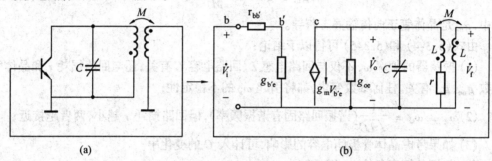

图 5.3-2　互感耦合振荡电路的交流等效电路

先求放大器增益

$$\dot{A} = \frac{\dot{V}_o}{\dot{V}_i} = -\frac{\bar{g}\dot{V}_i}{\frac{1}{Z_P} + g_{oe} + p^2 g_{ie}} / \dot{V}_i = -\frac{\bar{g}Z_P}{1 + (g_{oe} + p^2 g_{ie})Z_P} = -\frac{\bar{g}Z_P}{1 + gZ_P} \quad (5.3\text{-}1)$$

式中,$\bar{g}$ 为振荡晶体管正向传输平均跨导;

$$Z_P = (r + j\omega L) // \frac{1}{j\omega C} = \frac{(r + j\omega L)\frac{1}{j\omega C}}{r + j\omega L + \frac{1}{j\omega C}}$$ 为回路阻抗;

$g_z = g_{oe} + p^2 g_{oe}$ 为管子输出电导与管子输入电导折合到输出端的值之和;

$p = \dfrac{L_f + M}{L + M}$(当 $k < 1$ 时) 为接入系数;

r 为回路损耗电阻;

g_{oe} 为管子输出电导;

g_{ie} 为管子输入电导。

再求反馈系数

$$\dot{F} = \frac{\dot{V}_f}{\dot{V}_o} = \frac{-j\omega M\dot{I}_1}{(r + j\omega L)\dot{I}_1} = \frac{-j\omega M}{r + j\omega L} \quad (5.3\text{-}2)$$

第二步,将 $\dot{A}$ 和 $\dot{F}$ 代入式(5.2-6),整理后可得

$$\omega(Cr + g_z L - \bar{g}M) + j(\omega^2 LC - 1 - g_z r) = 0 \quad (5.3\text{-}3)$$

谐振时,式(5.3-3)虚部等于零,即

$$\omega_g^2 LC - 1 - g_z r = 0$$

$$\omega_g = \frac{1}{\sqrt{LC}} \sqrt{1 + g_z r} \tag{5.3-4}$$

平衡时,式(5.3-3)实部等于零,即

$$\omega(Cr + g_z L - \bar{g}M) = 0$$

$$\bar{g} = \frac{Cr + g_z L}{M} \tag{5.3-5}$$

起振条件为

$$g_m > \bar{g} = \frac{Cr + g_z L}{M} \tag{5.3-6}$$

式中,g_m 是晶体管正向传输静态跨导。

由式(5.3-4)和(5.3-5)可得以下结论:

(1) 振荡器的频率 ω_g 不仅与回路电感 L、回路电容 C 有关,还与回路损耗 r 和晶体管参数 g_{oe}、g_{ie} 有关。任何参数变化,都将引起 ω_g 的不稳定性;

(2) $\omega_g \neq \omega_0 = \frac{1}{\sqrt{LC}}$(谐振回路固有谐振频率),但回路损耗 r 越小,两者越接近;

(3) 如果考虑晶体管极间电容的影响,可计入 C 的变化中;

(4) 起振的幅度条件 g_m 要足够大。

3.互感耦合振荡电路的特点

优点:调谐回路位置灵活,除上述将调谐回路接在集电极外,还可接在基极或发射极中,如图(5.3-3)所示。

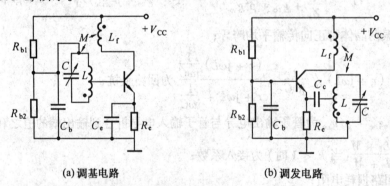

(a)调基电路   (b)调发电路

图 5.3-3 互感耦合振荡电路的不同形式

缺点:振荡频率较高时,因电感元件漏感大,难于保持振荡条件,故互感耦合振荡电路只适用于中、短波段。

5.3.2 三点式振荡电路

1.电路组成原则

"三点式"振荡器,是指由三个电抗元件组成串联谐振回路的三个接点,分别与晶体管的三个电极相连接而组成的振荡电路,如图 5.3-4 所示。

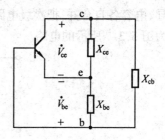

如何保证实现正反馈条件?为了简化分析,暂不考虑晶体管的电抗效应,当回路谐振(即 $\omega_g = \omega_0$ 时),则有

$$X_{ce} + X_{cb} + X_{be} = 0 \quad 或 \quad (X_{be} + X_{cb}) = -X_{ce}$$

从图 5.3-4 所示电路中,可求出反馈电压 $\dot{V}_{be}$ 为

$$\dot{V}_{be} = \frac{jX_{be}}{j(X_{cb} + X_{be})}\dot{V}_{ce} = -\frac{X_{be}}{X_{ce}}\dot{V}_{ce}$$

图 5.3-4　三点式振荡电路组成

式中,$\dot{V}_{ce}$ 是管子输出电压,$\dot{V}_{be}$ 是基极输入(反馈)电压。$\dot{V}_{ce}$ 与 $\dot{V}_{be}$ 相位差 180°。又因管子输出与输入电压反相位,则 $\dot{V}_{be}$ 与 $\dot{V}_{ce}$ 必同相。由此可见,只有与发射极相联的两个电抗 X_{be}、X_{ce} 性质相同,$\dot{V}_{be}$、$\dot{V}_{ce}$ 才可能同相位,即实现正反馈;只有 X_{ce} 与 X_{be}、X_{ce} 电抗性质相反,才可能满足回路谐振条件,即应满足"射同它异"原则。

2. 电容三点式振荡电路(考毕兹电路,Coplitts)

组成三点式振荡电路的反馈元件是电容时,称为电容三点式振荡电路,又称为考毕兹电路。一种常见形式如图 5.3-5(a) 所示,(b) 是其高频等效电路。

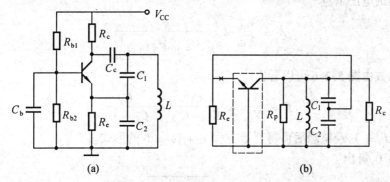

(a)　　　　　　　　　(b)

图 5.3-5　电容三点式振荡电路

图中,C_1、C_2 是回路电容,L 是回路电感,C_c 为耦合电容,C_b 为高频旁路电容。可见,此电路是共基组态电路,其高频等效电路如图 5.3-5(b) 所示,图中 R_p 为回路谐振电阻。将晶体管用其共基组态 Y 参数等效电路(如图 1.3-7) 的简化电路代换,(即忽略反馈电流源及 $\dot{y}_{fb} \approx \dot{y}_{fe} \approx g_m$ 时),则有图 5.3-6 所示。

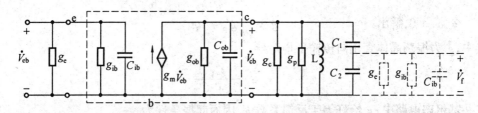

图 5.3-6　电容三点式振荡器的共基等效电路

图中,虚线框内是晶体管的共基组态 Y 参数等效电路。晶体管输入端等效电路对输出端的影响,用该电路的右边虚线部分表示。各电阻元件采用其相应的电导形式,将并联电

导、电容各自合并,把次级电路元件 g_e、g_{ib} 和 C_{ib} 折合到回路两端,于是图 5.3-6 便可简化为图 5.3-7 所示的电路。

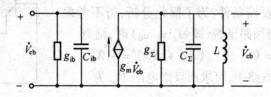

图 5.3-7 简化电路

图中
$$g_\Sigma = g_{ob} + g_c + g_p + p^2(g_e + g_{ib})$$

$$C_\Sigma = C_{ob} + \frac{C_1 C'_2}{C_1 + C'_2}$$

$$p = \frac{C_1}{C_1 + C'_2}$$

式中,p 为接入系数。

$$C'_2 = C_2 + C_{ib}$$

放大器的电压增益

$$\dot{A} = \frac{\dot{V}_{cb}}{\dot{V}_{eb}} = \frac{g_m}{g_\Sigma + j\omega C_\Sigma + \frac{1}{j\omega L}}$$

反馈系数由图 5.3-6 可以看出

$$\dot{F} = \frac{\dot{V}_f}{\dot{V}_{cb}} = \frac{C_1}{C_1 + C'_2} \approx \frac{C_1}{C_1 + C_2}$$

代入 $\dot{A}\dot{F} = 1$,经整理后可得复数方程 $a + jb = 0$ 的形式。
令 $b = 0$,解出

$$\omega_g = \sqrt{\frac{1}{LC} + \frac{g'_p g_i}{C_1 C'_2}} \tag{5.3-7}$$

其中
$$g'_p = g_{ob} + g_c + g_p$$

$$g_i = g_e + g_{ib}$$

$$C = \frac{C_1 C'_2}{C_1 + C'_2}$$

令 $a = 0$,解出
$$\bar{g} = \frac{1}{n}g'_p + n g_i$$

式中,$\bar{g}$ 为振荡晶体管正向传输平均跨导。

$$n = \frac{C_1}{C_1 + C'_2}$$

在共基组态电路中,n 恰好等于反馈系数 F。因而起振条件为

$$g_m > \bar{g} = \frac{1}{F}g'_p + F g_i \tag{5.3-8}$$

从式(5.3-7)看出,电容三点式电路振荡角频率 ω_g 不仅与回路电感 L、回路电容 C 有

关,还与晶体管参数、电路参数有关。其中任何参数变化,都将引起 ω_g 的不稳定性。一般情况下,$\omega_g \neq \omega_0 = \dfrac{1}{\sqrt{LC}}$。只有 $\dfrac{1}{LC} \gg \dfrac{g'_p g_i}{C_1 C'_2}$ 时,才有

$$\omega_g = \omega_0 = \frac{1}{\sqrt{LC}} \tag{5.3-9}$$

从式(5.3-8)看出,为了满足振幅的起振条件,除了增大 g_m 或减小 g'_p 和 g_i 外,还应选取适中的 F 值。因为 F 值过大,则 g_i 影响加大,导致放大倍数 A 下降;若 F 值过小,即反馈系数减小,也难满足 $AF > 1$ 的起振条件。F 取值,一般为 $1/8 \sim 1/2$。

3. 电感三点式振荡电路(哈脱莱电路,Hartley)

组成三点式振荡电路的反馈元件是电感时,称为电感三点式振荡电路,又称为哈脱莱电路。一种常见形式如图 5.3-8(a) 所示,(b) 是其高频等效电路。

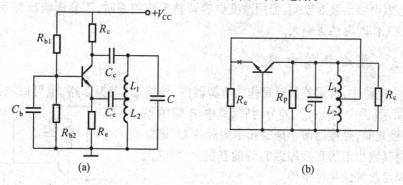

图 5.3-8　电感三点式振荡电路

图中,L_1、L_2 是回路电感,C 是回路电容,C_b、C_e 和 C_c 分别为高频旁路电容和耦合电容。可见,此电路是共基组态电路,其高频等效电路如图 5.3-8(b) 所示,图中 R_p 为回路谐振电阻。

利用类似于电容三点式振荡电路的分析方法,也可以求得电感三点式振荡电路的振荡频率和振幅起振条件[*],其区别在于这里以电感反馈代替了电容反馈。

振荡频率为

$$\omega_g = \frac{1}{\sqrt{C(L_1 + L_2 + 2M) + (L_1 L_2 - M^2) g_i g'_p}} \approx \frac{1}{\sqrt{LC}} \tag{5.3-10}$$

$$L = L_1 + L_2 + 2M$$

式中,L 为线圈总电感量;M 为 L_1,L_2 间的互感系数;g_i 为振荡管的输入电导;g'_p 为振荡管输出端总电导。

振幅起振条件为

$$g_m > g'_p \frac{L_1 + M}{L_2 + M} + g_i \frac{L_2 + M}{L_1 + M} = \frac{g'_p}{n} + g_i n \tag{5.3-11}$$

其中

$$n = \frac{L_2 + M}{L_1 + M}$$

---

[*] 推导过程见参考文献[4],附录 6.1

本电路的反馈系数为

$$F = \frac{L_2 + M}{L_1 + L_2 + 2M} \approx n \tag{5.3-12}$$

从式(5.3-11)、(5.3-12)中看出,为了满足振幅的起振条件,除了增大 g_m 或减小 g'_p 和 g_i 外,还应选取适中的 F 值,因为 F 值过大、则 g_i 影响加大,导致放大倍数 A 下降;若 F 值过小,也难满足 $AF > 1$ 的起振条件。F 一般取为 $1/8 \sim 1/3$。

上述两种三点式振荡电路比较。

电容三点式反馈电压取自 C_2,而电容对晶体管电流的高次谐波呈现低阻抗,因而输出波形好,近于正弦波。但用改变电容方法调整振荡频率时,必将影响反馈系数、影响起振条件。

电感三点式反馈电压取自 L_2,而电感对高次谐波呈现高阻抗,反馈电压中高次谐波分量较多,因而输出波形较差。但用改变电容调整振荡频率时,不会影响反馈系数和起振条件。高频工作时漏感影响大。

5.3.3 集成振荡电路

在集成电路中,常用差分对管作为有源器件,外接LC谐振回路,也可做成振荡器,如图 5.3-9 所示。图中,T_1、T_2 为差分对管,其中 T_2 管的集电极与基极之间,外接调谐于振荡频率附近的 LC 谐振回路,并将其输出电压直接加到 T_1 管的基极上,形成正反馈,以满足起振的相位条件。

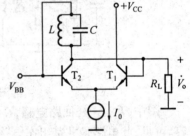

图 5.3-9　差分对管振荡电路

由图 5.3-9 中可见,T_1、T_2 两管基极直流电位相同(由 V_{BB} 决定)。T_2 管的集 – 基直流电位通过外接 LC 回路连接也相同。因此,为防止 T_2 管饱和导通,必须限制 LC 谐振回路两端的振荡电压振幅不超过 200 mV。

定量分析指出,差分对管振荡电路振荡角频率

$$\omega_g \approx \frac{1}{\sqrt{LC'}} = \frac{1}{\sqrt{L\left(C + \dfrac{1}{2}C_{b'e}\right)}} \tag{5.3-13}$$

式中,L、C 为外接谐振回路电感、电容;$C_{b'e}$ 为 T_2 输入电容。

作为举例,集成振荡电路 E1648 的内部电路和外部管脚如图 5.3-10 所示。

由图(a)可见,E1648 振荡器由三部分组成:T_7、T_8 和 T_9 构成差分对管振荡器;由 $T_{10} \sim T_{14}$ 组成偏置电路;$T_1 \sim T_5$ 组成两极放大器,第一级是由 T_4、T_5 组成的共射 – 共基放大器,第二级由 T_2、T_3 管组成的单端输入、单端输出的差分放大器,振荡电压最后经射随器 T_1 输出。

为了进一步提高稳幅性能,振荡器输出电压经 T_5 和放大器 T_6 加到二级管 D_1 上,以控制恒流管 T_9 中的电流 I_0,而外接电容 C_B 为滤波电容,滤除高频分量。当振荡电压幅度因某种原因增大时,T_6 管集电极上平均电位下降,使 I_0 减小,从而阻止振荡电压幅度增大。反之亦然。

E1648集成振荡器的振荡频率可达 200 MHz,可产生正弦波或方波振荡电压。图 5.3-10(b)所示是单电源供电、输出正弦波振荡电压情况。如需输出方波振荡,应在 ⑤ 脚上外加正电压,增加振荡电压幅度,以使差分对管工作在开关状态,输出方波。

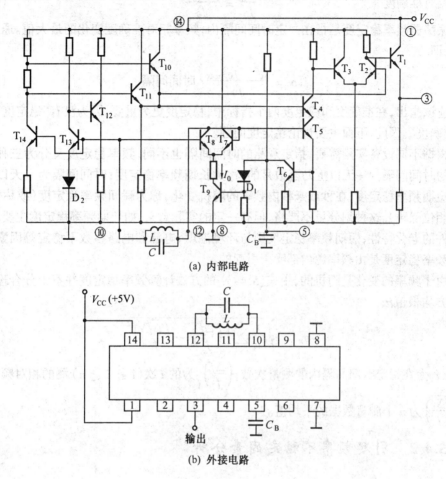

(a) 内部电路

(b) 外接电路

图 5.3-10　E1648集成振荡电路

5.4　振荡器的频率稳定度

5.4.1　频率稳定度的概念

振荡器的频率稳定度是极重要的技术指标。因为通信设备、电子测量仪器等工作频率是否稳定,取决于这些设备中主振器的频率稳定度。如果这些系统的频率不稳,就会影响它们工作的可靠性,或者引起较大的误差。特别是空间技术的发展,对振荡器频率稳定度的要求就更高。

振荡器频率稳定度这个技术指标有两种表示方法,即准确度和稳定度。

振荡器实际工作频率 f 与标称频率 f_0 之间的偏差,称为准确度。通常分为绝对准确度和相对准确度两种。

绝对准确度 $\qquad\qquad\qquad \Delta = f - f_0 \qquad\qquad\qquad\qquad$ (5.4-1)

相对准确度 $\qquad\qquad\qquad \dfrac{\Delta f}{f_0} = \dfrac{f - f_0}{f_0} \qquad\qquad\qquad\qquad$ (5.4-2)

振荡器频率稳定度是指在一定时间间隔内,频率相对准确度变化的最大值。通常用 σ 表示,即

$$\sigma = \frac{(f - f_0)_{\max}}{f_0} / 时间间隔 \qquad\qquad (5.4\text{-}3)$$

应该指出,在准确度和稳定度两个指标中,稳定度更为重要。因为没有"稳定度",便没有"准确度"。因此,下面主要讨论稳定度问题。

根据不同设备实用需要,指定观测的时间间隔也不同,频率稳定度又分为三种情况:观测的时间间隔为一天以上乃至数月的,称为长期频率稳定度;时间间隔为一天以内的,称为短期频率稳定度;在秒或毫秒内频率的随机变化,称为瞬间频率稳定度(或称相位抖动或相位噪声)。这种划分虽不严格,但有一定的实际意义。如长期频率稳定度主要取决于元器件的老化特性;短期频率稳定度则与环境温度、电源和电路参数不稳定等因素有关;瞬间频率稳定度是由频率源内部噪声引起的。

由于频率的变化是随机的,用式(5.4-3)的方法计算频率稳定度并不十分合理。通常采用方均根值法

$$\sigma_n = \sqrt{\frac{1}{n} \sum_{i=1}^{n} \left[\left(\frac{\Delta f}{f} \right)_i - \left(\overline{\frac{\Delta f}{f}} \right) \right]^2} \qquad\qquad (5.4\text{-}4)$$

式中,n 为在指定时间间隔内的测量次数;$\left(\dfrac{\Delta f}{f} \right)_i$ 为的 i 次($1 \leqslant i \leqslant n$)测的相对频率稳定度;$\left(\overline{\dfrac{\Delta f}{f}} \right)$ 为 n 个测量数据的平均值。

5.4.2　引起频率不稳定因素分析*

根据 $\omega = \dfrac{\partial \varphi}{\partial t}$ 可知,φ 变化必引起 ω 变化。

振荡器的相位平衡条件 $\varphi = \varphi_Y + \varphi_Z + \varphi_F = 0$,其中 φ_Y 为振荡管引起的相移,φ_Z 为选频回路的相移,φ_F 为反馈网络的相移。可写成

$$\varphi_Z = -(\varphi_Y + \varphi_F) = -\varphi_{YF} \qquad\qquad (5.4\text{-}6)$$

并联谐振回路的相移特性

$$\varphi_Z = -\arctan Q_L \frac{2(\omega - \omega_0)}{\omega_0} \qquad\qquad (5.4.7)$$

代入式(5.4-6)中,$\arctan Q_L \dfrac{2(\omega - \omega_0)}{\omega_0} = \varphi_{YF}$,解出

$$\omega = \omega_0 + \frac{\omega_0}{2Q_L} \tan \varphi_{YF} \qquad\qquad (5.4\text{-}8)$$

可见,ω 是 ω_0、Q_L、φ_{YF} 的函数。当 ω_0、Q_L、φ_{YF} 变化时,均会引起 ω 变化。当它们变化都不太

大时,其全微分方程为

$$\Delta \omega = \frac{\partial \omega}{\partial \omega_0} \Delta \omega_0 + \frac{\partial \omega}{\partial Q_L} \Delta Q_L + \frac{\partial \omega}{\partial \varphi_{YF}} \Delta \varphi_{YF} \tag{5.4-9}$$

由式(5.4-8)可得

$$\frac{\partial \omega}{\partial \omega_0} = 1 + \frac{1}{2Q_L} \tan \varphi_{YF}$$

$$\frac{\partial \omega}{\partial Q_L} = - \frac{\omega_0}{2Q_L^2} \tan \varphi_{YF}$$

$$\frac{\partial \omega}{\partial \varphi_{YF}} = \frac{\omega_0}{2Q_L} \frac{1}{\cos^2 \varphi_{YF}}$$

代入式(5.4-9),并考虑到 $\dfrac{\tan \varphi_{YF}}{2Q_L} \ll 1$, $\dfrac{\omega}{\omega_0} \approx 1$ 并设 $\Delta \omega = \omega - \omega_0$,则

$$\frac{\Delta \omega}{\omega_0} \approx \frac{\Delta \omega_0}{\omega_0} - \frac{\tan \varphi_{YF}}{2Q_L^2} \Delta Q_L + \frac{\Delta \varphi_{YF}}{2Q_L \cos^2 \varphi_{YF}} \tag{5.4-10}$$

可见,为了 $\dfrac{\Delta \omega}{\omega_0}$ 小,要求 $\Delta \omega_0$、ΔQ_L、$\Delta \varphi_{YF}$ 尽量小,还要使 φ_{YF} 小,Q_L 大。

5.4.3 稳频措施

1.减少外界因素的变化

影响振荡器频率的外界因素有温度、电源电压、大气压力、电磁场、机械振动以及振荡器的负载变化等,这些"外因"都是通过"内因"($\Delta \omega_0$、ΔQ_L、$\Delta \varphi_{YF}$)的变化而变化的。减少外界因素影响的措施各有不同,其中最主要的是温度影响,可将振荡器或其振荡回路元件置于恒温槽内;用单独的高稳定稳压电源供电,来减少电压的变化;用密封工艺来减少大气压力的变化;用屏蔽罩减少周围磁场的变化;用减震装置减少机械振动对振荡回路的影响;在负载与振荡器之间采用弱耦合以减少负载变化的影响,等等。

2.提高振荡回路的标准性

回路的标准性是指外界因素变化时,振荡回路保持其谐振频率不变的能力。回路标准性越高,外界因素变化引起的 $\Delta \omega_0$ 越小。由于 $\omega_0 = \dfrac{1}{\sqrt{LC}}$,当 L、C 变化不大时

$$\Delta \omega_0 = \frac{\partial \omega_0}{\partial L} \Delta L + \frac{\partial \omega_0}{\partial C} \Delta C = - \frac{1}{2} \left(\frac{\omega_0}{L} \Delta L + \frac{\omega_0}{C} \Delta C \right)$$

则

$$\frac{\Delta \omega_0}{\omega_0} = - \frac{1}{2} \left(\frac{\Delta L}{L} + \frac{\Delta C}{C} \right) \tag{5.4-11}$$

为使 $\dfrac{\Delta \omega_0}{\omega_0}$ 小,要求 ΔL、ΔC 尽量小。其措施是采用高稳定的集总电感和电容,还可采用温度系数相反变化的电容、电感元件互补。

3.减小 φ_{YF}

因为 $\varphi_{YF} = \varphi_y + \varphi_F$,其中 φ_y 为振荡管引起的相移,它总是负值。φ_F 为反馈网络相移,可正可负。可用 φ_F 为正的反馈网络与 φ_y 互补。不难用矢量法说明电容反馈相移 $\varphi_F > 0$。

而电感反馈相移 $\varphi_F < 0$。因此，电容反馈型振荡电路较常用，以使 φ_{YF} 最小。

4.改进型电容反馈振荡电路

(1) 克拉泼(Clapp)电路

克拉泼实用电路和高频等效电路如图 5.4-1 所示。

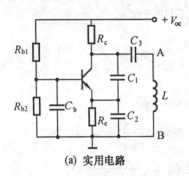 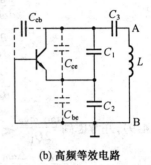

(a) 实用电路　　　　　　　　　　(b) 高频等效电路

图 5.4-1　克拉泼(Clapp)电路

它与前述考毕兹电路比较，仅在振荡回路中串接一个小电容 C_3。如果满足 $C_3 \ll C_1$、$C_3 \ll C_2$，暂不考虑图(b)中晶体管极间电容的影响，C_1、C_2、C_3 三个电容串联后的等效电容

$$C = \frac{C_1 C_2 C_3}{C_1 C_2 + C_2 C_3 + C_1 C_3} = \frac{C_3}{1 + \dfrac{C_3}{C_1} + \dfrac{C_3}{C_2}} \approx C_3$$

于是振荡频率

$$\omega_0 = \frac{1}{\sqrt{LC}} \approx \frac{1}{\sqrt{LC_3}} \tag{5.4-12}$$

由此可见，克拉泼振荡电路振荡频率几乎与 C_1、C_2 无关，亦即与不稳定的极间电容 C_{be}、C_{ce} 无关。从而提高了振荡频率的稳定性。

实践中，根据所需的振荡频率决定 L、C_3 的值，然后取 C_1、C_2 远大于 C_3 即可。但是 C_3 不能取得太小，否则不易满足起振条件。

因为晶体管 c、b 两极与回路 A、B 两端之间的接入系数

$$p = \frac{C}{C_1} \approx \frac{C_3}{C_1} \tag{5.4-13}$$

与 C_3 有关。为改变频率需调节 C_3，从而改变了振荡管的有效负载，易破坏起振条件。所以克拉泼电路只适用做固定频率振荡器或波段覆盖系数较小的可变频率振荡器。所谓波段覆盖系数，其定义是振荡器可连续正常工作的最高工作频率和最低工作频率之比。克拉泼电路的波段覆盖系数一般为 1.2 ~ 1.3。为增大此系数，引出另一种改进型电容反馈振荡电路——西勒振荡电路。

(2) 西勒(Seiler)电路

西勒电路及其高频等效电路如图 5.4-2 所示。它是在克拉泼电路的电感两端并联一个小电容 C_4 构成，且满足 $C_4 \ll C_1$、C_2，而 $C_3 \ll C_1$、C_2 的条件。

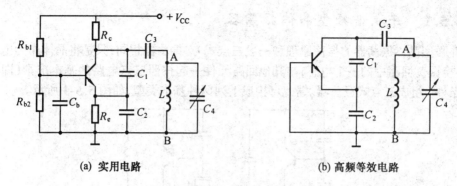

(a) 实用电路   (b) 高频等效电路

图 5.4-2　西勒(Seiler)电路

从高频等效电路上看出,振荡回路等效电容为

$$C = \frac{C_1 C_2 C_3}{C_1 C_2 + C_2 C_3 + C_1 C_3} + C_4 \approx C_3 + C_4$$

所以其振荡频率

$$\omega_0 = \frac{1}{\sqrt{LC}} \approx \frac{1}{\sqrt{L(C_3 + C_4)}} \tag{5.4-13}$$

在西勒电路中,由于 C_4 与 L 并联, C_4 的大小不会影响回路的接入系数。让 C_3 固定,通过改变 C_4 来改变振荡频率,这样一来,就不会影响起振条件了。西勒电路的波段覆盖系数可达 $1.6 \sim 1.8$ 。

上述几种振荡器都是采用 LC 元件作为选频网络。由于 LC 元件的标准性较差,谐振回路的 Q 值较低,空载 Q 值一般不超过 300,有载 Q_L 值更低。所以 LC 振荡器的频率稳定度一般为 10^{-3} 量级,即使是克拉泼电路和西勒电路也只能达到 $10^{-3} \sim 10^{-4}$ 量级。为进一步提高频率稳定度,如广播电台的日频率稳定度要求优于 1.5×10^{-5} ,电视台优于 5×10^{-7} 。在空间技术中要求更高,要求达到 $10^{-11} \sim 10^{-12}$ 数量级。显然,一般 LC 振荡器是无能为力的,只好采用石英晶体振荡器。

5.5　石英晶体振荡器

在 2.2.4 节中已经介绍了石英晶体的压电效应和高 Q 特性,将石英晶体作为振荡回路元件,构成石英晶体振荡器,可获得很高的频率稳定度。采用中精度晶体,可达 10^{-6} 数量级,若加恒温装置,频率稳定度可提高到 $10^{-7} \sim 10^{-8}$ 数量级;用高精度晶体加恒温措施,则频率稳定度可达 $10^{-9} \sim 10^{-11}$ 数量级。

根据石英晶体在振荡器线路中的作用原理,振荡电路分为两类:一是晶体作为电感元件使用,使它工作在 ω_q 与 ω_p 之间某个频率上,这类振荡器称为并联谐振型晶体振荡器;二是晶体作为开关元件使用,使它工作在串联谐振频率 ω_q 上,这类振荡器称为串联谐振型晶体振荡器(参阅图 2.2-10 所示的石英晶体谐振器的电抗曲线)。下面分别讨论这两种振荡电路,最后介绍泛音晶体振荡器。

5.5.1 并联谐振型晶体振荡器

并联型晶体振荡器的振荡原理和一般三点式LC振荡器相同,只是将晶体作为电感元件,置换振荡回路中的一个电感,与其他回路元件一起按照三点电路的基本准则(即相位起振条件)组成三点式振荡器。据此可构成下列两种基本类型,如图 5.5-1 所示。

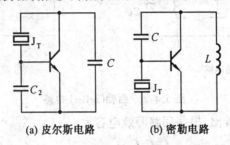

(a) 皮尔斯电路   (b) 密勒电路

图 5.5-1   并联型晶体振荡器的两种基本形式

图 5.5-1(a) 相当于电容反馈三点电路,称为皮尔斯电路;图 5.5-1(b) 相当于电感反馈三点式电路,称为密勒电路。

皮尔斯电路实例如图 5.5-2(a) 所示,图中 C_b 为基极旁路电容,ZL 为高频扼流圈。图 5.5-2(b) 是它的交流等效电路。由于 C_q 很小,它类似于图 5.4-1 所示的克拉泼电路。

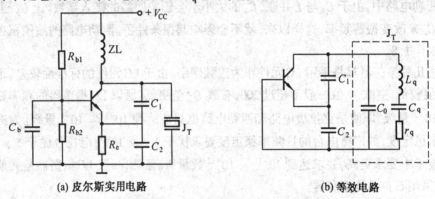

(a) 皮尔斯实用电路   (b) 等效电路

图 5.5-2   皮尔斯实用电路及其等效电路

在密勒电路中,因晶体接在输入阻抗很低的 b-e 之间,降低了晶体的标准性。不如皮尔斯电路晶体接在 c-b 之间,对晶体的标准性影响很小。因此,在频率稳定度要求较高的电路中,都不采用密勒电路。

5.5.2 串联谐振型晶体振荡器

串联谐振型晶体振荡器如图 5.5-3(a) 所示,图中 $R_\varphi C_\varphi$ 为电源滤波器,C_c 为耦合电容,C_b 为基极旁路电容。图 5.5-3(b) 是其交流等效电路。由图可见,该电路与电容反馈三点电路很相似,只是反馈信号要经过晶体后才能送到发射极和基极之间。石英晶体在串联谐振时,阻抗近于零,此时正反馈最强,满足振荡条件。离开串联谐振频率,阻抗变大,正反馈减弱,不满足振荡条件。因此,这个电路的振荡频率和频率稳定度都取决于石英晶体的串联谐振频率。由 L、C_1、C_2 和 C_3 组成的并回路联谐振频率 ω_0 应调整到石英晶体的串联

谐振频率 ω_q 的附近。

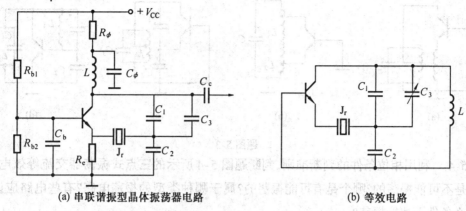

(a) 串联谐振型晶体振荡器电路　　　　　　　　　(b) 等效电路

图 5.5-3　串联谐振型晶体振荡器及其等效电路

5.5.3　泛音晶体振荡器

石英晶体的基频越高,晶片的厚度越薄。过薄加工困难,且易振碎。因此,当要求在更高频率工作时,可用两个办法解决。一是用倍频器,二是用晶体的泛音频率。

泛音是指石英晶片振动的机械谐波。它与电气谐波不同,电气谐波与基波是整数倍关系,且谐波与基波同时并存;泛音则与基波不成整数倍关系,只是在基波奇数倍附近,且两者不能同时存在。那么如何使晶体工作在所指定的泛音频率上呢?则需考虑抑制基波和低次泛音振荡的问题。为此,将皮尔斯电路中的 C_1 用 $L_1 C_1$ 回路代替,组成具有抑制非工作谐波的泛音晶体振荡器,其交流等效电路,如图 5.5-4 所示。

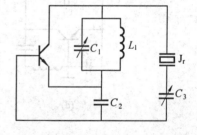

假设让晶体工作在五次泛音上,设标称频率为 5 MHz,为了抑制基波与三次泛音和七次以上的泛音的寄生振荡,$L_1 C_1$ 回路应调谐在三次和五次泛音频率之　图 5.5-4　泛音晶体振荡器等效电路 间,比如 3.5 MHz。这样在 5 MHz 频率上,$L_1 C_1$ 回路呈容抗,这时电路符合组成法则,可以振荡。而对基频和三次泛音频率来说,$L_1 C_1$ 回路呈感抗,这时电路不符合组成法则,不能振荡;对七次以上的泛音频率来说,$L_1 C_1$ 回路虽然也呈容抗,但容抗值较小,致使电容分压比过小,不满足振幅起振条件,因而也不能在这些频率上产生振荡。

习　题

5-1　为什么振荡电路必须满足起振条件、平衡条件和稳定条件?试从振荡的物理过程来说明这三个条件的含义。

5-2　图 5.3-5 所示的电容反馈振荡电路中 $C_1 = 100$ pF、$C_2 = 300$ pF、$L = 50\ \mu H$。试求该电路的振荡频率和维持振荡所必需的最小放大倍数 $A_{\min}$。

5-3　试将题图 5-3 所示的几种振荡器交流等效电路改画成实际电路,对于互感耦合振荡器电路须标注同名端,对双回路振荡器须注明回路固有谐振频率的范围。

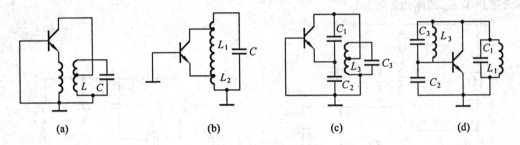

(a)　　　　　(b)　　　　　(c)　　　　　(d)

题图 5-3

5-4　利用相位条件的判断准则,判断题图 5-4 所示的三点式振荡器交流等效电路。哪个是不可能振荡的?哪个是有可能振荡的?属于哪种类型的振荡电路?有些电路应说明在什么条件下才能振荡?

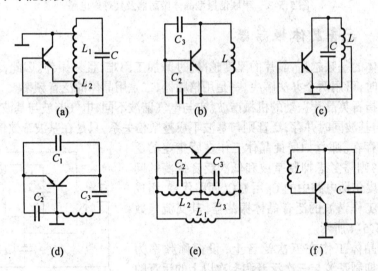

(a)　　　　　(b)　　　　　(c)

(d)　　　　　(e)　　　　　(f)

题图 5-4

5-5　某振荡电路如题图 5-5 所示。

(1) 试说明各元件的作用。

(2) 当回路电感 $L = 1.5\ \mu H$,要使振荡频率为 49.5 MHz,则 C_4 应调到何值?

5-6　试画出题图 5-6 所示各振荡器的交流等效电路,并指出电路类型。

5-7　试画出具有下列特点的晶体振荡器的实用电路。(1) 采用 NPN 型晶体三极管;(2) 晶体作为电感元件;(3) 正极接地的直流电源供电;(4) 晶体三极管 e – c 间为 LC 并联谐振回路;(5) 发射极交流接地。

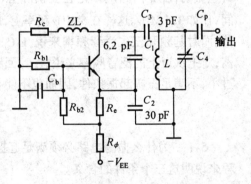

题图 5-5

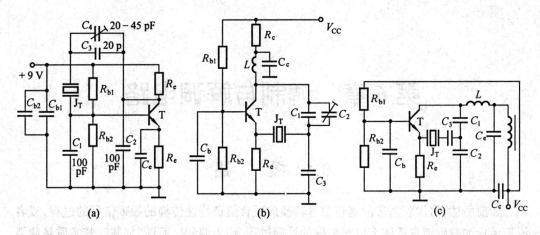

(a)   (b)   (c)

题图 5-6

5-8 晶体振荡电路如题图 5-8 所示,已知 $\omega_1 = \dfrac{1}{\sqrt{L_1 C_1}}$,$\omega_2 = \dfrac{1}{\sqrt{L_2 C_2}}$,试分析电路能否产生自激振荡,若能振荡,试指出振荡角频率 ω 与 ω_1、ω_2 之间的关系。

5-9 何谓泛音晶体振荡器?如何保证晶体工作在某次泛音频率上?

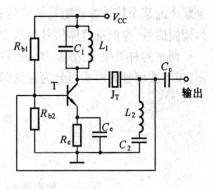

题图 5-8

第6章 调制与解调电路

6.1 概 述

如前所述,将代表消息的基带信号转换成适合信道特性传输的频带信号的过程,或者说把消息加载到消息载体上以便传输的处理过程,称为调制。所谓"加载",其实质是使消息载体的某个特性参数随基带信号的大小呈线性变化过程。通常称代表消息的基带信号为调制信号,称消息载体信号为载波信号,称调制后的频带信号为已调信号。

调制的种类很多,分类方法也各不相同,按调制信号的形式可分为模拟调制和数字调制;按载波信号的形式可分为正弦调制、脉冲调制和对光波强度调制等。通常的分类见表6.1。

表 6.1 调制方式的分类

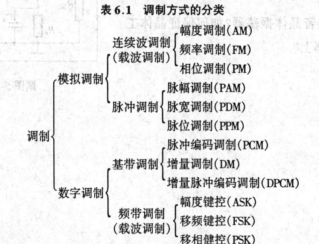

不同的调制方式,有不同的性能特点,本章讨论的内容仅限于模拟信号对正弦波的调制,其他调制方式由后续课程介绍。

众所周知,正弦波一般表示式为

$$a(t) = A\cos \varphi(t) = A\cos (\omega t + \varphi_0) \tag{6.1-1}$$

其中,A 是正弦波的幅度,$\varphi(t)$ 是瞬时相位角,ω 是瞬时角频率,φ_0 是初相位。任何一个正弦波都有三个参数:幅度、角频率和初相位。所谓调制,就是使这三个参数中的某一个,或幅度、或(角)频率、或相位调制,随调制信号大小而线性变化的过程,它们分别称为幅度调制、频率调制或相位调制,简称为调幅、调频和调相。

又由于正弦振荡的瞬时角频率和瞬时相位角之间有下述关系

$$\omega(t) = \frac{\mathrm{d}\varphi(t)}{\mathrm{d}t} \tag{6.1-2}$$

或者

$$\varphi(t) = \int_0^t \omega(t)\mathrm{d}t + \varphi_0 \tag{6.1-3}$$

由此式可见,无论是调频还是调相,相位角 $\varphi(t)$ 都要变化,故有时将调频与调相合称为角度调制,或者简称调角。

解调是调制的逆过程,即从已调信号中恢复原调制信号的过程。与幅度调制、频率调制和相位调制相对应,有幅度解调、频率解调和相位解调,并分别简称为检波、鉴频和鉴相。

调制与解调是无线电通信系统中必不可少的关键技术,此外还被广泛用于电子测量、雷达、导航、遥测遥控等各个领域。

6.2 幅度调制

6.2.1 调幅信号性质

任何信号都有时域和频域两种描述方法,前者反映信号随时间变化的规律,可表示为时间函数,即波形图;后者反映组成信号的各频率成分的幅度和相位,以及它们的能量分布,即频谱图。

1.调幅信号的时域和频域表示法

先讨论单音频调制情况,后推扩到一般情况。假设调制信号为

$$v_\Omega = V_{\Omega m}\cos\Omega t = V_{\Omega m}\cos 2\pi F t \tag{6.2-1}$$

载波信号为

$$v_c = V_{cm}\cos\omega_c t = V_{cm}\cos 2\pi f_c t \tag{6.2-2}$$

根据调幅定义,调幅信号(已调信号)表示式应为

$$v_{AM} = [V_{cm} + k_a v_\Omega]\cos\omega_c t$$
$$= V_{cm}[1 + m_a\cos\Omega t]\cos\omega_c t = g(t)\cos\omega_c t \tag{6.2-3a}$$

式中,k_a 为由调幅电路所决定的系数;

$$m_a = \frac{k_a V_{\Omega m}}{V_{cm}}$$ 为调幅系数或调幅度。

$g(t) = V_{cm}[1 + m_a\cos\Omega t]$ 是当载波 $\cos\omega_c t = 1$ 时的 v_{AM} 值,在 $g(t) \geqslant 1$ 的条件下称为"包络曲线"或"包络函数"。显然,$g(t)$ 反映了调制信号变化规律。

利用三角函数关系将式(6.2-3a)进行变换,可得其频率组成表示式

$$v_{AM} = V_{cm}\cos\omega_c t + \frac{m_a V_{cm}}{2}\cos(\omega_c + \Omega)t + \frac{m_a V_{cm}}{2}\cos(\omega_c - \Omega)t \tag{6.2-3b}$$

由式(6.2-1)、(6.2-2)和(6.2-3)可知,调制信号、载波信号和已调信号的波形图、频谱图分别如图6.2-1(a)、(b)所示。

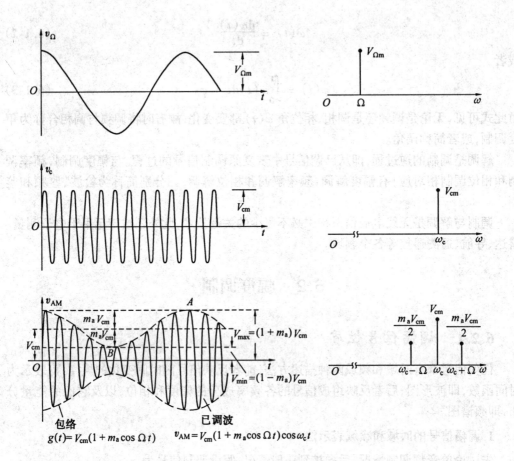

(a) 波形图　　　　　　　　　　(b) 频谱图

图 6.2-1　单音频调幅波形图与频谱图

当调制信号 v_Ω 为非正弦周期信号时,其付氏级数表示式为

$$v_\Omega = \sum_{n=1}^{\infty} V_{nm}\cos(\Omega_n t - \varphi_n) \tag{6.2-4}$$

式中, V_{nm}、Ω_n 和 φ_n 分别是调制信号 n 次谐波分量的幅度、角频率和初相位。

将式(6.2-4)代入式(6.2-3a)中,则得已调波表示式为

$$v_{AM} = \left[V_{cm} + k_a\sum_{n=1}^{\infty} V_{nm}\cos(\Omega_n t - \varphi_n) \right]\cos\omega_c t$$

$$= V_{cm}\left[1 + \sum_{n=1}^{\infty} m_{an}\cos(\Omega_n t - \varphi_n)\right]\cos\omega_c t = g(t)\cos\omega_c t \tag{6.2-5}$$

式中, $m_{an} = \dfrac{k_a V_{\Omega_n}}{V_{cm}}$ 称为 n 次谐波分量的部分调幅系数;

$g(t) = V_{cm}\left[1 + \sum_{n=1}^{\infty} m_{an}\cos(\Omega_n t - \varphi_n)\right]$ 为包络函数,

将式(6.2-5)用三角函数展开

$$v_{AM} = V_{cm}\cos \omega_c t + \sum_{n=1}^{\infty} \frac{m_{an}V_{cm}}{2}\cos[(\omega_c + \Omega_n)t - \varphi_n] + \sum_{n=1}^{\infty} \frac{m_{an}V_{cm}}{2}\cos[(\omega_c - \Omega_n)t + \varphi_n]$$

$$(6.2\text{-}6)$$

已调幅信号的波形图和频谱图,如图 6.2-2(a)、(b) 所示。

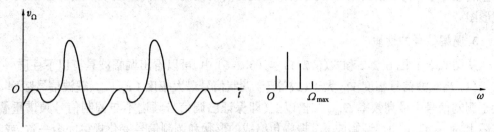

(a) 调制信号波形图及其频谱图

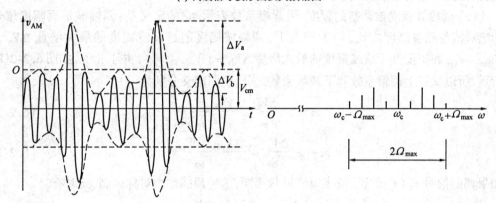

(b) 已调信号波形图及其频谱图

图 6.2-2 非正弦周期信号的调幅波形图与频谱图

2. 调幅波的矢量表示法

因为任何一个余弦振荡可用旋转矢量在横轴上的投影来表示,单音频调幅波的三个分量可分别用三个旋转矢量来代表,从而可以得到单音频调幅波的另一种表示方法:即矢量表示法,如图 6.2-3 所示。图中矢量 **OC** 代表载波分量,其长度是 V_{cm}。在 $t = 0$ 时,这矢量与投影轴的夹角为 φ_0。在投影轴以角速度 ω_c 顺时针方向旋转平面内,矢量 **OC** 不动。在时间为 t 的瞬间,矢量与投影轴的夹角为 $\omega_c t + \varphi_0$,因而它在投影轴上的投影为

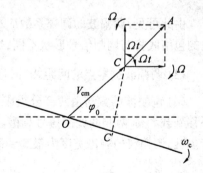

图 6.2-3 调幅的矢量图

$$OC' = V_{cm}\cos(\omega_c t + \varphi_0)$$

即为载频分量在时间为 t 时的瞬时值。图中表示上、下边频分量的两个矢量,它们的长度都是 $\frac{1}{2}m_a V_{cm}$。当投影轴以角速度 ω_c 顺时针方向旋转时,这两个矢量分别以角速度 Ω 反

时针及顺时针方向旋转。在时间为 t 的瞬时,它们与载波矢量的夹角分别为 Ωt 和 $-\Omega t$(为简化作图起见,假设其初相位等于零)。三个矢量之和在横轴上的投影构成调幅波。由于总的合成矢量 OA 永远和载波矢量的方向一致,大小随调制信号而变。所以合成矢量的旋转角速度也等于 ω_c。根据矢量 OA 长度随 Ωt 变化的情况就可画出如图 6.2-1(a) 所示的 v_{AM} 波形图。

3. 调幅信号的性质

从图 6.2-1、图 6.2-2 和式(6.2-1) ~ (6.2-6) 中,可以看出调幅波具有以下性质:

(1) 当载波信号幅度 V_{cm} 大于(或等于)调制信号最大幅度 $|v_\Omega|_{max}$、载波信号频率 ω_c 大于调制信号中最高频率 Ω_{max} 二倍以上(即保证已调信号频谱不与调制信号频谱重叠,实际上 $\omega_c \gg \Omega_{max}$)时,调幅波 v_{AM} 振幅包络线的形状和调制信号变化规律完全一致,或者说,调幅波的包络函数反映了调制信号的全部信息。

(2) 调幅波幅度被调制的程度,用调幅系数表示。它的定义是:调幅波最大幅度增量的绝对值与载波幅度之比。一般情况下,调幅波幅度超过载波幅度的最大增量 $\Delta V_a = V_{max} - V_{cm}$ 和幅度低于载波幅度的最大增量 $\Delta V_b = |V_{min} - V_{cm}|$ 并不相等,如图 6.2-2(b) 所示。所以又有上调幅系数和下调幅系数之分。它们定义分别为

$$m_{上} = \frac{\Delta V_a}{V_{cm}} = \frac{V_{max} - V_{cm}}{V_{cm}} \tag{6.2-7}$$

$$m_{下} = \frac{\Delta V_b}{V_{cm}} = \frac{|V_{min} - V_{cm}|}{V_{cm}} \tag{6.2-8}$$

如果调制信号 $v_\Omega(t)$ 的正、负半周期形状相同,这种调制称为对称调制,此时有

$$\Delta V_a = \Delta V_b = \Delta V$$

于是上、下调幅系数相等,都等于

$$m_a = \frac{\Delta V}{V_{mc}} = \frac{V_{max} - V_{min}}{V_{max} + V_{min}} \tag{6.2-9}$$

由此可见,调幅波的调幅系数应小于或等于 1。否则,V_{min} 将为负值,称为过调幅。调幅波的包络线将与调制信号形状不同,这是调幅信号所不允许的。

(3) 调幅波过零点的间距相等,且等于载波的周期 $T = \dfrac{2\pi}{\omega_c}$。

(4) 调幅波的频谱由两部分组成:一部分是原未调载波的频谱,另一部分是沿频率轴平移到载频 ω_c 两侧的调制信号频谱。高于 ω_c 的部分称为上边带,低于 ω_c 的部分称为下边带。故已调幅波的频谱宽度为最高调制频率的两倍,即

$$BW_{AM} = 2F_{max} = \frac{\Omega_{max}}{\pi} \tag{6.2-10}$$

实际工程上,为方便无线电信号的发射,总是取 $\omega_c \gg \Omega_{max}$,这样一来,已调信号便成为典型的频带信号了。或者说,载波调制的任务就是将一个基带信号变换成一个高频频带信号,这是调制技术的基本属性。

(5) 调幅波的功率分配:如果以 P_{AM} 表示调幅波在 1 Ω 负载上的总功率,它应为各频谱分量均方值之和,即

$$P_{\text{AM}} = \overline{v_{\text{AM}}^2} = \overline{[V_{\text{cm}} + k_a v_\Omega]^2 \cos^2\omega_c t} = \overline{V_{\text{cm}}^2\cos^2\omega_c t} + \overline{k_a^2 v_\Omega^2\cos^2\omega_c t} + \overline{2k_a V_{\text{cm}} v_\Omega\cos^2\omega_c t}$$

上式右边第一项是载波分量占有的功率

$$P_{\text{T}} = V_{\text{cm}}^2/2 \qquad (6.2\text{-}11)$$

第二项为两个边带分量所占的功率

$$P_{\text{DSB}} = \overline{k_a^2 v_\Omega^2/2} \qquad (6.2\text{-}12)$$

第三项因为 $v_\Omega(t)$ 的平均值通常为零,即 $\overline{v_\Omega} = 0$,于是调幅波的总功率为

$$P_{\text{AM}} = P_{\text{T}} + P_{\text{DSB}} = \frac{1}{2}\left[V_{\text{cm}}^2 + \overline{k_a^2 v_\Omega^2}\right] \qquad (6.2\text{-}13)$$

当调制信号为单频余弦波时,即 $v_\Omega = V_{\Omega m}\cos\Omega t$,调幅波的功率为

$$P_{\text{AM}} = P_{\text{T}} + P_{\text{DSB}} = \frac{1}{2}\left[V_{\text{cm}}^2 + \overline{k_a^2 V_{\Omega m}^2\cos^2\Omega t}\right]$$

$$= \frac{1}{2}V_{\text{cm}}^2\left[1 + \frac{m_a^2}{2}\right] = P_{\text{T}}\left(1 + \frac{m_a^2}{2}\right) \qquad (6.2\text{-}14)$$

因 $m_a \leqslant 1$,故由式(6.2-14)可见,调幅波总功率中 2/3 以上的功率为载波消耗。例如,无线电广播平均调幅系数 $m_a = 0.3$,此时载波占总功率的 95% 以上,而携带信息的边频功率占的分量很小,传输效率低,不能充分地利用发射机的功率。

6.2.2 调幅方式的演变及其实现模型

根据实用中调幅信号频谱结构的不同分为以下几种调幅方式。

1.标准调幅(或称普通调幅)

在已调幅信号频谱中,除含有上、下两个边带频谱外,还包含载波信号的频谱,并且满足 $m \leqslant 1$ 的条件,其包络曲线完全反映调制信号的变化规律。将这种调幅波称为标准调幅,或称普通调幅,记为 AM。上节讨论的情况,就是标准调幅方式。它是各种调幅方式中最基本的一种,其他方式都是由它演变而来的。

实现标准调幅的电路模型,可根据式(6.2-3)看出,它是由载波和载波与调制信号相乘两部分组成。有两种实现模型,如图 6.2-4 所示。

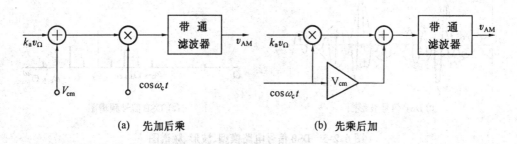

(a) 先加后乘   (b) 先乘后加

图 6.2-4 标准调幅波的两种实现模型

标准调幅方式的最大优点是解调电路简单,在无线电广播事业中,无一例外地都采用标准调幅方式,以降低千家万户接收机的成本。

标准调幅方式的缺点,是发射机的效率低,其关键在于不携带信息的载波功率占去总

功率的绝大部分,从信息传输角度看,发送载波无疑是一种极大的浪费! 如能在发射前将它抑制掉,既不会影响有用信号的传输,又能节省发射功率。同时还可减少载频对其他信号形成的干扰。于是引出只含两个边带而无载波频率分量的"抑载双边带"调幅方式。

2. 双边带调幅

抑制载波双边带调幅方式,简称为双边带调幅,记为 DSB。

双边带调幅信号时域表示式,可从标准调幅波表示式(6.2-3a)中去掉载波分量而得到

$$v_{DSB} = k_a v_\Omega \cos \omega_c t = k_a V_{\Omega m} \cos \Omega t \cos \omega_c t \qquad (6.2\text{-}15)$$

双边带调幅的实现模型、波形和频谱图示于图 6.2-5(a)、(b)、(c),从中可见双边带信号有以下特点。

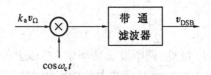

(a) 产生 DSB 信号实现模型

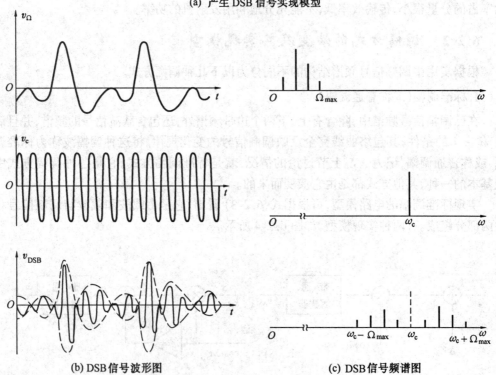

(b) DSB 信号波形图　　　　　　　(c) DSB 信号频谱图

图 6.2-5　DSB 信号电路模型、波形、频谱图

(1) v_{DSB} 信号幅度与调制信号大小成比例变化,但 v_{SSB} 信号包络线不再反映原调制信号的形状,因而不能再用包络检波器解调。

(2) v_{DSB} 过零点的间距与标准调幅波一样,但其高频相位却在 $v_\Omega = 0$ 瞬间有 $180°$ 突变。

(3) v_{DSB} 信号能量也是集中在载频 ω_c 附近的频带信号,所占据的频谱宽度与标准调幅波相同,即

$$BW_{DSB} = 2F_{max} = \frac{\Omega_{max}}{\pi} \qquad (6.2\text{-}16)$$

抑载双边带调制方式广泛用于彩色电视和调频-调幅制立体声广播等系统中。

3. 单边带调幅

观察图 6.2-5(c) 所示双边带调幅信号的频谱结构,发现上、下两个边带都反映了调制信号的频谱结构,其差别仅在下边带反映的是调制信号频谱的倒置。这种差别对传输信息息来说是无关紧要的。为进一步提高发射效率和节省频率资源,可将其中一个边带抑制掉。这种只传送一个边带的调幅方式称为抑制载波的单边带调幅,简称单边带调幅,记为SSB。显然,单边带调幅信号 v_{SSB} 所占带宽为 v_{DSB} 频谱宽度的一半

$$BW_{SSB} = F_{max} = \frac{\Omega_{max}}{2\pi} \qquad (6.2\text{-}17)$$

单边带调制已成为信道特别拥挤的短波无线电通信中应用最广泛的一种调制方式。

单边带信号的波形图不能像 AM 和 DSB 那样容易画出,因为它不再能表示成调制信号 v_Ω 与载波信号 v_c 简单相乘的关系了。为了求出单边带信号 v_{SSB} 的时域表示式,可对式(6.2-6)标准调幅信号中的两个边带信号之一进行变换。现以其上边带为例,即

$$v_{SSB(上)} = \sum_{n=1}^{\infty} \frac{m_{an}V_{cm}}{2}\cos[(\omega_c + \Omega_n)t - \varphi_n]$$

按三角函数公式展开

$$v_{SSB(上)} = \frac{1}{2}V_{cm}\sum_{n=1}^{\infty} m_{an}\cos(\Omega_n t - \varphi_n)\cos\omega_c t - \frac{1}{2}V_{cm}\sum_{n=1}^{\infty} m_{an}\sin(\Omega_n t - \varphi_n)\sin\omega_c t$$

因已知

$$v_\Omega = V_{cm}\sum_{n=1}^{\infty} m_{am}\cos(\Omega_n t - \varphi_n)$$

令

$$\hat{u}_\Omega = V_{cm}\sum_{n=1}^{\infty} m_{an}\sin(\Omega_n t - \varphi_n) \qquad (6.2\text{-}18)$$

则

$$v_{SSB(上)} = \frac{1}{2}v_\Omega\cos\omega_c t - \frac{1}{2}\hat{v}_\Omega\sin\omega_c t \qquad (6.2\text{-}19)$$

式中 $\hat{v}_\Omega$ 是 v_Ω 中各频率分量均移相 90° 后的合成信号,称 $\hat{v}_\Omega$ 为 v_Ω 的希尔伯特变换。

同样分析,可得式(6.2-6)中下边带信号表示为

$$v_{SSB(下)} = \frac{1}{2}v_\Omega\cos\omega_c t + \frac{1}{2}\hat{v}_w\sin\omega_c t \qquad (6.2\text{-}20)$$

由此可见,无论是上边带还是下边带信号的时域表达式,均可分解为两个双边带调制信号的差或和:一是载波信号与调制信号直接相乘,另一个是将载波信号与调制信号各频率分量均移相 90° 后再相乘,因为

$$\cos(\Omega_n t - \varphi_n)\cos\omega_c t = \frac{1}{2}\cos[(\omega_c - \Omega_n)t + \varphi_n] + \frac{1}{2}\cos[(\omega_c + \Omega_n)t - \varphi_n]$$

和

$$\sin(\Omega_n t - \varphi_n)\sin\omega_c t = \frac{1}{2}\cos[(\omega_c - \Omega_n)t + \varphi_n] - \frac{1}{2}\cos[(\omega_c + \Omega_n)t - \varphi_n]$$

比较,它们的下边带频谱相同,上边带差一负号(相位相差180°),如图6.2-6(a)、(b)所示。

显然,两者之差,下边带被抵消,上边带各频谱分量叠加;两者之和,上边带被抵消,下边带各频谱分量叠加,如图 6.2-6(c)、(d) 所示。

综上所述,单边带信号的产生方式可归结为以下两种方法:

(1) 滤波法

因为单边带信号实际上只是传送双边带信号的一个边带,所以先用相乘器产生抑制载波的双边带调幅波,再用带通滤波器取出其中一个边带信号并抑制另一个边带信号,如图 6.2-7 所示。

这种方法原理简单,但它的实现并非容易,特别是调制信号中含有较多的低频分量时,要求带通滤波器有理想的锐截止特性。如图 6.2-7(b) 所示。只有这样才能保证带内信号无失真地通过,对带外无用信号有足够地衰减。然而在高频波段设计这样一个锐截止频率特性的带通滤波器是困难的。因为任何一个滤波器从通

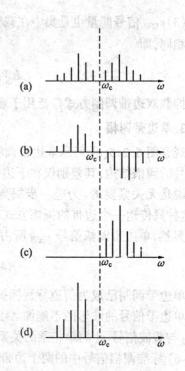

图 6.2-6 单边带信号频谱合成原理

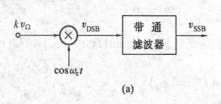

(a)

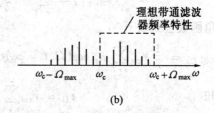

(b)

图 6.2-7 滤波法产生 SSB 信号原理

带到阻带总有一个过滤带,而过渡带宽相对中心频率的比值决定了制作该滤波器的难易程度,比值越小越难实现。

为了克服上述实际困难,通常先在较低的频率上实现 SSB 信号,然后通过多次双边带调制与滤波,将 SSB 信号最终搬移到所需的载频上,如图 6.2-8 所示。

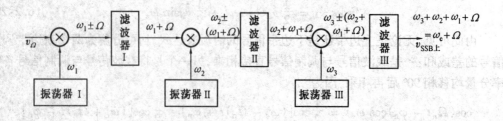

图 6.2-8 多次滤波法产生 SSB 信号方框图

由于 ω_1 较低,滤波器 I 容易实现,以后载频逐次提高(即 $\omega_1 < \omega_2 < \omega_3$),两个边带之间的距离逐次增大,滤出一个边带就容易实现。当然,如果调制信号中含有直流分量,而且要求准确地传送这个直流分量,那么滤波法就不适用了,因为这时必须用过滤带为零的理想滤波器才能将上、下边带分开,这是无法实现的。

(2) 相移法

相移法是根据式(6.2-19)或式(6.2-20)单边带信号时域表示式构成的,如图 6.2-9 所示。

构成这种方案的关键部件是对调制信号 $v_\Omega(t)$ 的相移网络,要求它对调制信号频带内的所有频率分量都准确地相移 $90°$,实现实样的相移网络是困难的。为了克服这一缺点,有人提出了产生单边带的第三种方法——修正的相移滤波法,即维夫(Weaver)法,其方框图如图 6.2-10 所示。

由图可知,该法所用的两个 $90°$ 移相网络

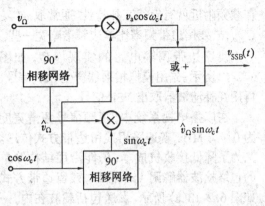

图 6.2-9　相移法产生 SSB 信号原理图

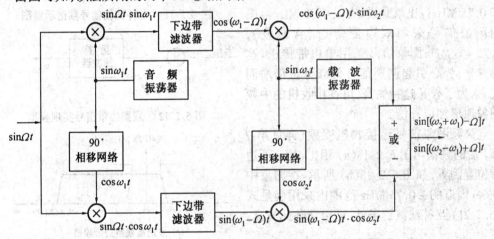

图 6.2-10　维夫(Weaver)法

都工作于固定频率。其载频为 $\omega_0 = \omega_2 + \omega_1$(或者 $\omega_2 - \omega_1$)。形成单边带信号过程,已在方框中标明,不再累述。该法特别适用于小型轻便电台使用。

4. 残留边带调幅

从有效传输信息角度看,单边带调幅是各种调幅方式中最理想的一种,但是产生与解调单边带信号电路都比较复杂,而且不适于传送带直流分量的调制信号。残留边带调幅(简记VSB)就是为了克服这个困难而提出的。在这种调幅方式中,不是将一个边带完全滤除,而是保留一部分,图 6.2-11 列出各种调幅信号频谱的示意图。其中(a) 为普通调幅(AM)信号频谱,(b) 为双边带(DSB)信号频谱,(c) 为单边带(SSB)信号频谱。(d) 为残留边带(VSB)信号频谱。可见它好像是将双边带信号频谱在载频分量附近斜切一刀而得。上边带被切去的部分,恰好由下边带剩余部分所补偿,即图 6.2-11(d) 中两个阴影三角形相

等,上述技术要求通常由滤波器来完成,可以证明,如果该滤波器的传输特性满足下述条件时

$$| H(\omega_c + \omega') | + | H(\omega_c - \omega') | = 常数$$

$$(6.2-21)$$

在载频附近就有上述互补特性。通常取 $\omega' \ll \Omega_{max}$,故残留边带频谱比单边频谱略宽一些。

残留边带调幅电路的实现模型,如图6.2-12所示。先用模拟相乘器产生 DSB 信号,再用互补滤波器取出 VSB 信号。

在广播电视系统中,视频信号频谱宽度为 0 ~ 6 MHz,普遍采用残留边带方式传送。又为了降低接收机成本,仍能沿用结构简单的包络检波器解调 VSB 信号,残留边带方式如图 6.2-13(a) 所示。发送包括载波在内,一个完整的上边带及保留一小部分下边带(例如 0.75 MHz)。也就是说,在 ± 0.75 MHz 范围内图象信号采用双边带传送(含载波),0.75 ~ 6 MHz 图象信号采用单边带传送。这样一来,势必引起调制信号低频分量倍增而失真,为了校正这种失真,可在接收机的中频图象通道加以补偿。

高频图象信号经接收机变频(详见第 7 章)后的频谱与图 6.2-13(a) 相比,其上下边带位置倒置,如图 6.2-13(b) 所示。在图象中频 ω_I 附近的 ± 0.75 MHz 范围内采用满足式 (6.2-21) 互补滤波器条件,即可消除此失真。

6.2.3 常用调幅电路

根据调制级电平的高低,将调幅电路分为两类:一是低电平调幅,二是高电平调幅。

低电平调幅电路,置于发射的前级,产生较小的已调波功率,用线性功率放大器将它放大到所需的发射功率。通常用于抑载双边带和单边带调制的发射机中。它的主要技术指标是要求有良好的调制特性,而功率和效率可不必考虑。此外,作为双边带和单边带调幅电路,还提出了对载波分量的抑制度指标。抑制程度用载漏表示,载漏定义是输出的载

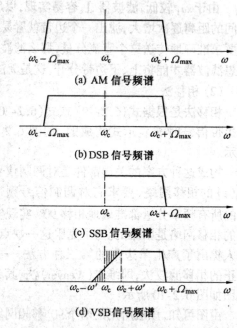

(a) AM 信号频谱

(b) DSB 信号频谱

(c) SSB 信号频谱

(d) VSB 信号频谱

图 6.2-11　各种调幅信号频谱示意图

图 6.2-12　残留边带信号实现模型

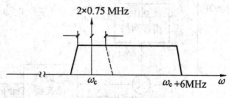

(a) 发送端残留边带频谱

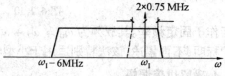

(b) 接收端经变频后图象中频信号频谱

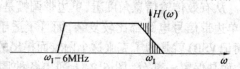

(c) 图象中频放大器应有的传输特性

图 6.2-13　广播电视系统发端与收端传输特性

波幅度分量低于输入载波幅度分量的分贝数。分贝数越大,载漏越小,一般要求在 40 dB 以上。

为了提高调制线性和减小载漏,必须设法减少或消除无用的频率分量,力求实现理想相乘。因此,现代的低电平调幅电路,通常采用由两个或多个非线性元件组成的平衡抵消电路,其中应用最广的是由晶体二极管构成的平衡调幅电路和桥式调幅电路。

1.晶体二极管平衡调幅电路

图 6.2-14 是晶体二极管组成的平衡振幅调制原理电路。假设 $v_c = V_{cm}\cos \omega_c t$,$v_\Omega = V_{\Omega m}\cos \Omega t$,电路结构和元件参数都是理想对称的,忽略变压器的损耗,初次级变比为 1。为了说明平衡调制电路可以抵消哪些分量,二极管伏安特性用幂级数近似,则对于图 6.2-14 中两个二极管 D_1D_2 分别有

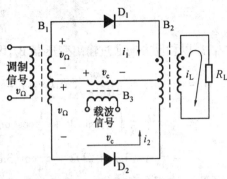

图 6.2-14　晶体二极管平衡调制原理电路

$$i_1 = a_0 + a_1(v_c + v_\Omega) + a_2(v_c + v_\Omega)^2 + a_3(v_c + v_\Omega)^3 + \cdots$$

$$i_2 = a_0 + a_1(v_c - v_\Omega) + a_2(v_c - v_\Omega)^2 + a_3(v_c - v_\Omega)^3 + \cdots$$

流过负载 R_L 中的电流

$$i_L \propto (i_1 - i_2) = 2a_1v_\Omega + 4a_2v_cv_\Omega + 6a_3v_c^2v_\Omega + 2a_3v_\Omega^3 + \cdots \qquad (6.2\text{-}22)$$

观察式(6.2-22),负载电流 i_L 中除了不包含载波及其各次谐波分量外,还不包含调制信号频率的偶次谐波分量以及它们和载频各次谐波所产生的和频及差频分量。即其组合频率 $\omega_{p,q} = |\pm p\omega_c \pm q\Omega|$ 中,因电路对称性,抵消了 q 为零和 q 为偶数时,p 为任何值的组合频率分量。

然而,为了提高调制线性,二极管平衡调制电路总是工作在 $V_{cm} \gg V_{\Omega m}$ 的开关状态。所以可根据式(1.4-48)或图 6.2-14 来计算 i_1 和 i_2,即

$$i_1 = (v_c + v_\Omega)g_dS_1(\omega_c t) \qquad i_2 = (v_c - v_\Omega)g_dS(\omega_c t)$$

式中,g_d 为二极管正向导通电导,它是二极管内阻 R_d 与负载 R_L 反映到 B_2 初级的反映电阻串联后的等效电导。R_L 对每管呈现的视在阻抗与 i_1 和 i_2 中各频率分量有关。其中 $v_cS_1(\omega_c t)$ 在 R_L 上产生的电流,两者是互相抵消的。因而,对每管呈现的视在阻抗等于零,如图 6.2-15(a) 所示;而 $v_\Omega S_1(\omega_c t)$ 在 R_L 上产生的电流,两者是相加的,因而,对每管呈现的视在阻抗为 $2R_L$,如图 6.2-15(b) 所示。

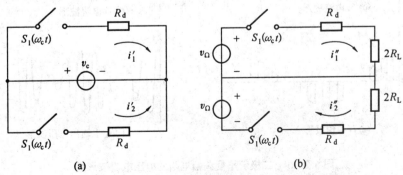

(a)   (b)

图 6.2-15　晶体二极管平衡调制电路开关等效电路

由此可得

$$i_1 = i'_1 + i''_1 = \frac{v_c}{R_d}S_1(\omega_c t) + \frac{v_\Omega}{2R_L + R_d}S_1(\omega_c t) \tag{6.2-23}$$

$$i_2 = i'_2 - i''_2 = \frac{v_c}{R_d}S_1(\omega_c t) - \frac{v_\Omega}{2R_L + R_d}S_1(\omega_c t) \tag{6.2-24}$$

i_1、i_2 以相反方向通过输出变压器 B_2，因此，输出负载电阻 R_L 中的电流 i_L 为

$$i_L = i_1 - i_2 = \frac{2v_\Omega}{2R_L + R_d}S_1(\omega_c t) = \frac{2V_{\Omega m}\cos\Omega t}{2R_L + R_d}\left[\frac{1}{2} + \frac{2}{\pi}\cos\omega_c t - \frac{2}{3\pi}\cos 3\omega_c t + \cdots\right]$$

$$= \frac{2V_{\Omega m}}{2R_L + R_d}\left[\frac{1}{2}\cos\Omega t + \frac{1}{\pi}\cos(\omega_c + \Omega)t + \frac{1}{\pi}\cos(\omega_c - \Omega)t\right.$$

$$\left. - \frac{1}{3\pi}\cos(3\omega_c + \Omega)t - \frac{1}{3\pi}\cos(3\omega_c - \Omega)t + \cdots\right] \tag{6.2-25}$$

可见 i_L 中仅含有 Ω、$\omega_c \pm \Omega$、$3\omega_c \pm \Omega$ … 等频率分量了，将式(6.2-25)与(6.2-22)比较可知，晶体二极管采用开关状态工作后，就可进一步消除 q 大于 1 的偶数、p 为任意值的众多频率分量。

图 6.2-16 是晶体二极管平衡调幅电路开关工作状态各点的电压和电流波形图。这里需要说明的是图(f)。它是负载电流 i_L 经中心频率为 ω_c、带宽为 2Ω 带通滤波器后，在 R_L 上的输出电压波形，即抑制载波的双边带信号 v_{DSB}。

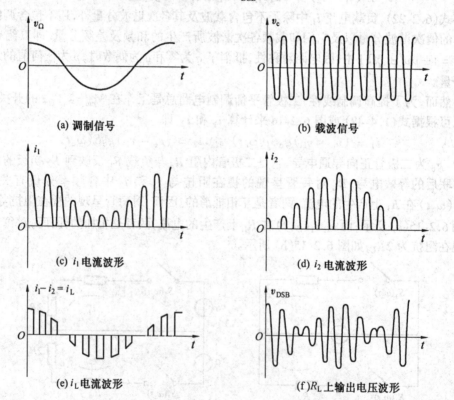

(a) 调制信号   (b) 载波信号

(c) i_1 电流波形   (d) i_2 电流波形

(e) i_L 电流波形   (f) R_L 上输出电压波形

图 6.2-16　二极管平衡调幅电路的电压电流波形图

2. 双平衡调幅电路

按照同一思路,采用双平衡调幅电路进一步抵消组合频率分量,如图 6.2-17(a) 所示。它与 DSB 平衡调幅电路的差别是多接两只晶体二极管 D_3 和 D_4。它们的极性如图所示。显然,当 v_c 为正半周时,D_1、D_2 导通,D_3、D_4 截止,反之亦然。因此 D_3、D_4 的接入不会影响 D_1、D_2 的工作。于是双平衡调制电路可看成由图 6.2-17(b)、(c) 所示两个单平衡调幅电路的组合。其中 D_1、D_2 仅在 v_c 为正半周导通,其开关函数为 $S_1(\omega_c t)$,流过负载 R_L 的电流 i'_L 为

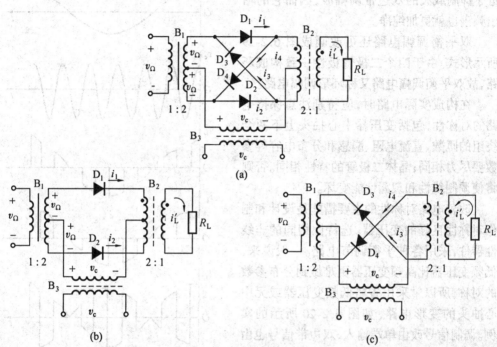

图 6.2-17 双平衡调幅电路

$$i'_L = i_1 - i_2 = \frac{2v_\Omega}{2R_L + R_d} S_1(\omega_c t) \tag{6.2-26}$$

而 D_3、D_4 则在 v_c 为负半周时导通,其开关函数为 $S_1(\omega_c - \pi)$,流过负载 R_L 的电流为

$$i''_L = i_4 - i_3 = \frac{2v_\Omega}{2R_L + R_d} S_1(\omega_c t - \pi) \tag{6.2-27}$$

因此,流过 R_L 的总电流 i_L 为

$$i_L = i'_L - i''_L = \frac{2v_\Omega}{2R_L + R_d} [S_1(\omega_c t) - S_1(\omega_c t - \pi)]$$

$$= \frac{2v_\Omega}{2R_L + R_d} S_2(\omega_c t) \tag{6.2-28}$$

式中
$$S_2(\omega_c t) = S_1(\omega_c t) - S_1(\omega_c t - \pi)$$
称双向开关函数,根据式(1.4-47) 可得

$$S_2(\omega_c t) = \frac{4}{\pi} \cos \omega_c t - \frac{4}{3\pi} \cos 3\omega_c t + \cdots$$

$$= \sum_{n=1}^{\infty}(-1)^{n-1}\frac{4}{(2n-1)\pi}\cos(2n-1)\omega_{c}t \tag{6.2-29}$$

则
$$i_{L} = \frac{2V_{\Omega m}\cos \Omega t}{2R_{L}+R_{d}}\left[\frac{4}{\pi}\cos \omega_{c}t - \frac{4}{3\pi}\cos 3\omega_{c}t + \cdots\right] \tag{6.2-30}$$

与式(6.2-25)比较,它消除了 Ω 的分量,且其余分量振幅加倍。

图 6.2-18 为双平衡调幅电路的电流波
形图,可以看到,通过负载 R_L 的电流 i_L 最接
近于抑制载波的双边带调幅波,因而它的输
出频谱也就更加纯净。

双平衡调幅电路还可改画成图 6.2-19
所示形式。由于四个二极管极性一致构成环
路,故双平衡调幅电路又称环形调幅电路。

在构成实际电路时,应特别注意保持电
路的对称性,包括变压器中心抽头上下两个
绕组的匝数、直流电阻、漏感和分布电容等参
数要尽力相同;晶体二极管的特性相同。否则
将使调制线性和载漏性能变坏。

改善电路对称性的主要措施是设计和制
作对称性良好的变压器。选特性相同的非线
性器件,采用各种平衡调节电路。一般说来,
低频变压器比高频变压器更难做到分布参数
的对称,所以常采用省略低频变压器或无中
心抽头的变形电路,如图 6.2-20 所示的实
例。调制信号改由单端输入,双边带信号也由
单端 R_L 输出。为适应这种变化,将一个二极
管反接。以保证载波信号同相、调制信号反相

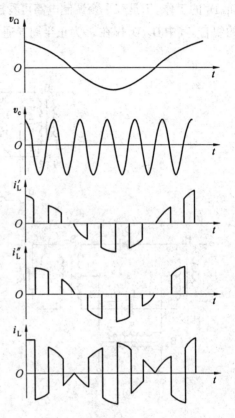

图 6.2-18 双平衡调幅电流波形

地加到二极管上,并使通过 R_L 的负载电流为两个二极管电流之差。图中,与二极管并联的
电容以及 2 kΩ 电位器都是平衡调节元件,用以平衡二极管反向工作时呈现的结电容和正
向工作时的导通电阻的不对称。

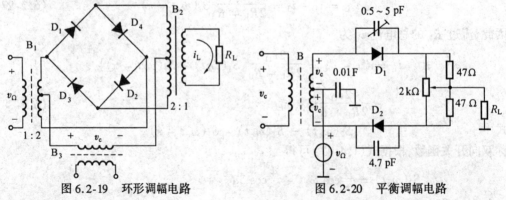

图 6.2-19 环形调幅电路   图 6.2-20 平衡调幅电路

3. 二极管桥式调幅电路

利用二极管桥式开关组成的调幅电路,称做二极管桥式调幅电路,其原理如图6.2-21(a)所示。

桥式开关是用四个二极管接成平衡桥路。它的对角线 AB 端接入载波信号 v_c,以载频率控制其 CD 端的通断。当 v_c 为正半周时,四个二极管全导通,CD 间导通,当 v_c 为负半周时,四个二极管全截止,CD 间断开,从而将连续的调制信号 v_Ω 转换成重复频率和载波频率相同的脉冲信号 v_a,然后将此信号通过中心频率等于载波频率的带通滤波器,就可获得抑制载波的双边调幅信号带,各点波形图,如图6.2-21(b)所示。

当桥路平衡时,两个输入信号源 v_c、v_Ω 之间是彼此隔离的。若忽略二极管导通内阻影响,由图可见,桥式开关电路输出电压 $v_a(t)$ 为

$$v_a = v_\Omega S_1(\omega_c t - \pi) =$$

$$v_\Omega \left[\frac{1}{2} - \frac{2}{\pi} \cos \omega_c t + \frac{2}{3\pi} \cos 3\omega_c t - \cdots \right]$$

$$(6.2\text{-}31)$$

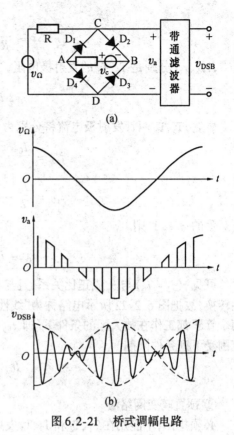

图 6.2-21 桥式调幅电路

与式(6.2-25)比较可知,桥式调幅电路与平衡调幅电路在消除组合频率分量方面具有相似性能,但桥式电路却省略了输入、输出两个变压器。

4. 模拟相乘器调幅电路

关于模拟相乘器的概念、特性和基本原理电路,已在1.4.3中作过介绍。曾指出为实现两个信号的理想相乘,其输入信号幅度不得超过 26 mV。由于这个条件限制,已失去实用意义。如何扩大其动态范围是我们最关心的问题。

(1) 扩大两输入信号动态范围的方法

通常采用两个方法:一是加负反馈法;二是预置畸变网络法。

① 负反馈方法

由 v_y 与 $(i_5 - i_6)$ 间的关系,参看图 1.4-16 和式(1.4-53),只要在 T_5、T_6 射极电路内加入反馈电阻 R_y,如图6.2-22所示,就可以扩展其间的线性范围。当每管的 $r_{bb'}$ 可忽略时,v_y 在 R_y 中产生的电流近似为

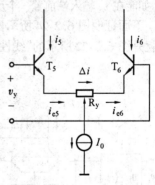

图 6.2-22 线性电压-电流
变换网络

$$\Delta i \approx \frac{v_y}{R_y + r_{e5} + r_{e6}}$$

式中，r_{e5}、r_{e6} 分别是 T_5、T_6 的发射极电阻，当取 $R_y \gg r_{e5} + r_{e6}$ 时

$$\Delta i \approx \frac{v_y}{R_y}$$

显然，T_5、T_6 两管发射极电流将分别为

$$\left. \begin{aligned} i_{e5} &= \frac{I_0}{2} + \Delta i = \frac{I_0}{2} + \frac{v_y}{R_y} \\ i_{e6} &= \frac{I_0}{2} - \Delta i = \frac{I_0}{2} - \frac{v_y}{R_y} \end{aligned} \right\} \tag{6.2-32}$$

若两管的 $\alpha \approx 1$，则

$$i_5 - i_6 \approx i_{E5} - i_{E6} = 2\frac{v_y}{R_y} \tag{6.2-33}$$

可见，$(i_5 - i_6)$ 与 v_y 成正比关系，且与 I_0 无关。即输入电压与输出电流之间，实现了线性转换，故把图 6.2-22 所示电路称为"线性电压 - 电流变换网络"。但是这个结论只有在两个管子都工作在放大区的条件下（即 $i_{E5} > 0$, $i_{E6} > 0$）才是正确的，因而 v_y 的最大动态范围受下列条件限制

$$-\frac{I_0}{2} < \frac{v_y}{R_y} < \frac{I_0}{2} \tag{6.2-34}$$

② 预置畸变网络法

必须指出，不能用在 T_1、T_2 和 T_3、T_4 发射极中加负反馈电阻的方法来扩大 v_x 的动态范围。因为接入负反馈电阻后，虽然双差分对管输出差值电流 $(i_I - i_{II})$ 与 v_x 间成正比变化了。但是 $(i_I - i_{II})$ 与 $(i_5 - i_6)$ 也无关了，或者说 $(i_I - i_{II})$ 与输入电压 v_y 的大小无关了，这显然不能完成 v_x、v_y 间的相乘作用。

为解决这个问题，由式 (1.4-53) 可知，一般情况下 $(i_I - i_{II})$ 与 v_x 呈双曲正切函数关系。如能在 v_x 输入端前置一个反双曲正切补偿网络，如图 6.2-23 所示，问题就迎刃而解了。

下面证明图 6.2-24 所示网络中 v'_x 与 v_x 之间具有反双曲正切关系。因为图中虚线框内就是图 6.2-22 所示的"线性电压-电流变换网络"，故有

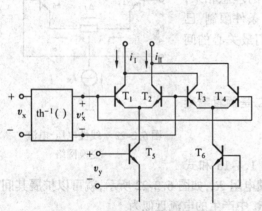

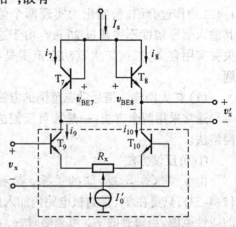

图 6.2-23　预置畸变网络法示意图　　　　图 6.2-24　反双曲正切传输网络

$$i_9 = \frac{I'_0}{2} + \frac{v_x}{R_x} \left.\right\}$$
$$i_{10} = \frac{I'_0}{2} - \frac{v_x}{R_x}$$
$$\tag{6.2-35}$$

$$-\frac{I'_0}{2} < \frac{v_x}{R_x} < \frac{I'_0}{2} \tag{6.2-36}$$

从晶体管电流方程 $i = I_S(e^{\frac{v_{BE}q}{kT}} - 1)$ 导出

$$v_{BE} = \frac{kT}{q}\ln(\frac{i}{I_S} + 1) \approx \frac{kT}{q}\ln\frac{i}{I_S}$$

又由图 6.2-24 看出，$i_7 \approx i_9$，$i_8 \approx i_{10}$

$$v'_x = v_{BE7} - v_{BE8} \approx \frac{kT}{q}\ln\frac{i_7}{I_S} - \frac{kT}{q}\ln\frac{i_8}{I_S} \approx \frac{kT}{q}\ln\frac{i_9}{i_{10}}$$

将式(6.2-35)代入上式中，则

$$v'_x = \frac{kT}{q}\ln\frac{\frac{I'_0}{2} + \frac{v_x}{R_x}}{\frac{I'_0}{2} - \frac{v_x}{R_x}} = 2\frac{kT}{q}\ln\left(\frac{1 + \frac{v_x}{R_x}\bigg/\frac{I'_0}{2}}{1 - \frac{v_x}{R_x}\bigg/\frac{I'_0}{2}}\right)^{\frac{1}{2}} = 2\frac{kT}{q}\text{th}^{-1}(\frac{2v_x}{R_xI'_0}) \quad (6.2-37)$$

由此可见，v_x 与 v'_x 间满足反双曲正切关系。现将式(1.4-55)改写为

$$i_{\mathrm{I}} - i_{\mathrm{II}} = \alpha(i_5 - i_6)\text{th}(\frac{qv'_x}{2kT})$$

再将式(6.2-33)和式(6.2-37)代入上式中，则

$$i_{\mathrm{I}} - i_{\mathrm{II}} = \alpha \cdot \frac{2v_y}{R_y}\text{th}\left[\frac{q}{2kT} \cdot \frac{2kT}{q}\text{th}^{-1}\left(\frac{2v_x}{R_xI'_0}\right)\right] = \frac{4\alpha}{R_xR_yI'_0}v_xv_y \quad (6.2-38)$$

若 $\alpha \approx 1$，输出的差值电压为

$$v_0 = (i_{\mathrm{I}} - i_{\mathrm{II}})R_c = \frac{4R_c}{R_xR_yI'_0}v_xv_y = K_M v_x v_y \tag{6.2-39}$$

式中，$K_M = \dfrac{4R_c}{R_xR_yI'_0}$ 为相乘器的电压增益系数。

采取扩大动态范围措施后，变跨导式相乘器可以在较大的输入电压变化范围内实现理想的相乘运算。输入电压的振幅的最大值，由式(6.2-34)和(6.2-36)决定。

综上所述，便可得到电压控制四象限模拟相乘器原理电路，如图 6.2-25 所示，它是大多数模拟相乘器的基础。图中的恒流源 $\dfrac{I_0}{2}$、$\dfrac{I'_0}{2}$ 通常由图 6.2-26 所示电路代替。如果 T_{11}、T_{12}、T_{13} 靠得很近，几何形状相同，同一工艺流程生产的，则 $I_{E11} = I_{E12} = I_{E13} = I_E$，因此流过偏置电阻 R_{B1} 的电流为

$$I_{B1} = I_E + 2(1 - \alpha)I_E = (3 - 2\alpha)I_E$$

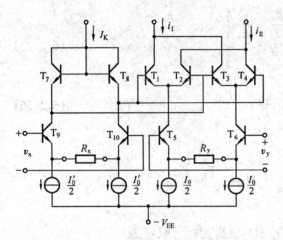

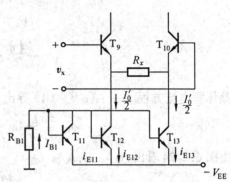

图 6.2-25　四象限模拟相乘器原理电路　　　　图 6.2-26　恒流源电路

于是有

$$\frac{I'_0}{2} = \alpha I_E = \alpha \frac{I_{B1}}{3 - 2\alpha} = \frac{\alpha}{3 - 2\alpha} \frac{V_{EE} - V_{BZ}}{R_{B1}}$$

其中, V_{BZ} 是 $T_{11} \sim T_{13}$ 管的截止偏压, α 是其共基极电流放大系数, 如 $\alpha \approx 1$, 则

$$\frac{I'_0}{2} \approx \frac{V_{EE} - V_{BZ}}{R_{B1}} \tag{6.2-40}$$

图 6.2-27 为完整的集成模拟相乘器的内部电路及其外接电路。

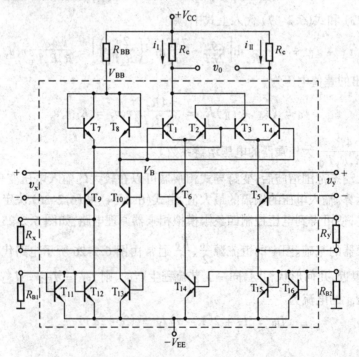

图 6.2-27　完整的集成模拟相乘图

(2) 外接电路元件参数的选择

要保证模拟相乘器输出电压表示式(6.2-39)的有效性,对输入电压振幅的最大值 $|v_x|_{max}$、$|v_y|_{max}$ 和恒流源偏置电流 I_0、I'_0 大小必须有以下限制。

为保持 T_9 工作于放大区

$$- V_{EE} + V_{BZ} < v_x < V_{BB} - V_{BZ} \tag{6.2-41}$$

为保持 T_5 正常工作

$$- V_{EE} + V_{BZ} < v_y < V_{BB} - V_{BZ} \tag{6.2-42}$$

为保持 T_9、T_{10} 不截止

$$- \frac{I'_0}{2} \leqslant \frac{v_x}{R_x} \leqslant \frac{I'_0}{2} \tag{6.2-43}$$

为保持 T_5、T_6 不截止

$$- \frac{I_0}{2} \leqslant \frac{v_y}{R_y} \leqslant \frac{I_0}{2} \tag{6.2-44}$$

为保持 $T_1 \sim T_4$ 任一管不饱和

$$a^2 I_0 R_c < V_{CC} - V_{BB} + 2V_{BZ} \tag{6.2-45}$$

式(6.2-41) ~ (6.2-45)是估算模拟相乘器外接元件参数的依据。

举例 若设输出电容为 20 pF,工作频率 20 MHz,$V_{CC} = 10$ V、$V_{EE} = -5$ V、$|v_x|_{max} = |v_y|_{max} = 4$ V。试估算 R_c、R_x、R_y、R_{BB}、R_{B1} 和 R_{B2} 各值应为多少?并写出输出电压表示式。

解 ① 为使输出电容(或杂散电容)对 R_c 的旁路作用足够小,要满足

$$R_c < \frac{1}{\omega C_0} = \frac{1}{2\pi \times 20 \times 10^6 \times 20 \times 10^{-12}} = 400 \ \Omega$$

另一方面,R_c 也不能太小,否则要达到合适的输出电压,需要较大的电流。

② 为不使 T_9 饱和,根据式(6.2-41)偏置电压

$$V_{BB} > |v_x|_{max} + V_{BZ} = 4 + 0.7 = 4.7 \ \text{V}$$

可选 $V_{BB} = 5$ V。

③ 偏置电流 I_0 按式(6.2-45)

$$I_0 \leqslant \frac{V_{CC} - V_{BB} + 2V_{BZ}}{a^2 R_c} \approx \frac{10 - 5 + 2 \times 0.7}{400} = 16 \ \text{mA}$$

④ 负反馈电阻 R_y 按式(6.2-44)

$$R_y \geqslant \frac{2|v_y|_{max}}{I_0} = 500 \ \Omega$$

取标准值 $R_y = 510 \ \Omega$。

⑤ 按式(6.2-43)

$$R_x I'_0 \geqslant 2|v_x|_{max} = 8 \ \text{V}$$

根据式(6.2-39)可知,为获得最大电压输出要求 $R_x I'_0$ 之积尽可能小,所以取 $R_x = 1$ kΩ,$I'_0 = 9$ mA 是合适的。

上述各式代入式(6.2-39)中,可得输出电压表达式为

$$V_0 = \frac{1}{2.87} v_x v_y$$

⑥ 偏置电阻 R_{BB}

$$R_{BB} = \frac{V_{CC} - V_{BB}}{I_K} \approx \frac{V_{CC} - V_{BB}}{I'_0} = \frac{(10 - 5)}{9} = 5.6 \ k\Omega$$

⑦ 恒流源偏置电阻,按式(6.2-40)

$$R_{B1} = \frac{2(V_{EE} - V_{BZ})}{I'_0} = \frac{2(5 - 0.7) \ V}{9 \ mA} = 960 \ \Omega$$

$$R_{B2} = \frac{2(V_{EE} - V_{BZ})}{I_0} = \frac{2(5 - 0.7) \ V}{16 \ mA} = 540 \ \Omega$$

(3) 模拟相乘器的调零技术

理想的模拟相乘器输出表示式,如式(6.2-39) 所示。即为

$$v_0 = K_M v_x v_y$$

当两个输入电压同时为零,或任一路为零时,其输出电压均应为零。但是,实际上由于电路不对称,模拟相乘器总是存在着固有的输入和输出失调电压,即当两个输入电压同时为零或任一路为零时,其输出电压并不等于零。因此,使用时一般都需要附加输入和输出的调零电路,如图 6.2-28 所示。

输出的调零电路是由接在模拟相乘器的输出端增益为 1 的反馈运算放大器构成。它可以是集成模拟相乘器的一部分,也可以是外接电路形式。输出零电压的调整是通过调零电位器 R_{wz} 进行的。

输入的调零电路是由接在模拟相乘器输入端的电阻分压器构成。两个输入端零电压的调整是分别通过调零电位器 R_{wx} 和 R_{wy} 进行的。

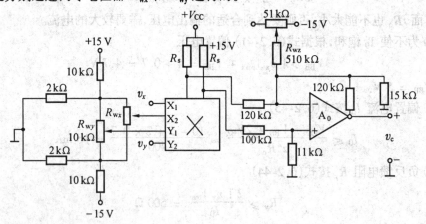

图 6.2-28　相乘器的调零电路

若设两个输入失调电压分别为 V_{xos} 和 V_{yos},输出失调电压为 V_{zos},则当两个输入端分别加上电压 v_x 和 v_y 时,输出电压可表示为

$$v_o = K_M(v_x \pm V_{xos})(v_y \pm V_{yos}) \pm V_{zos} \approx K_M v_x v_y \pm K_M(v_x V_{yos} \pm v_y V_{xos}) \pm V_{zos}$$

$$(6.2-46)$$

上式表明,正确的调整步骤应为:

第一步,令 $v_x = v_y = 0$,则 $v_0 = \pm V_{z\text{os}}$,调整输出调零电路中的 R_{wz},使 $v_0 = 0$。

第二步,令 $v_x = 0$,加入 $v_y(\neq 0)$ 时,则 $v_0 = \pm K_M v_y V_{x\text{os}}$,调整输入调零电路中的 R_{wx},使 $v_0 = 0$ 或最小。

第三步,令 $v_y = 0$,加入 $v_x(\neq 0)$ 时,则 $v_0 = \pm K_M v_x V_{y\text{os}}$,调整输入调零电路中的 R_{wy},使 $v_0 = 0$ 或最小。

上述调整过程必须反复进行几次,才能获得满意结果。

由于调零电路与输入信号源相串联,所以调零电路在两输入端呈现的等效电阻值不宜过大,以避免造成对输入信号的影响。

实际应用中,相乘器的差分输入端往往由单端信号源来激励。因而两个通道的输入差分放大器都应有一个输入端接地。考虑到输出转换调零电路在内的模拟相乘器的符号,常用图 6.2-29 所示。

图 6.2-29 带运放的相乘器符号

(4) 两种集成模拟相乘器简介

① MC1596

MC1596 是美国 Motorola 公司生产的单片集成模拟相乘器。其内部电路如图 6.2-30 所示。显然,它就是前面介绍的吉尔伯特相乘器。MC1596 的最高工作频率(载波信号或开关信号频率)为 300 MHz,被转换的信号(调制信号)频率可达 80 MHz。它具有良好的载波抑制能力,广泛用于频率变换电路。

MC1596 的主要技术参数如下:

载波馈通　　140 μV($f_c = 10$ MHz, $V_{cm} = 300$ mV 方波输入)

载波抑制　　65 dB($f = 500$ MHz, 60 mV　输入)

　　　　　　50 dB($f = 10$ MHz, 60 mV　输入)

互导带宽　　300 MHz($R_L = 50$ Ω, 60 mV　输入)

信号通道输入阻抗　　200 kΩ、2 pF

信号通道共模输入范围　　5 V

输入偏流　　12 μA

输入失调电流　　0.7 μA

输出阻抗　　40 kΩ、2 pF

正电源电流　　2 mA

负电源电流　　3 mA

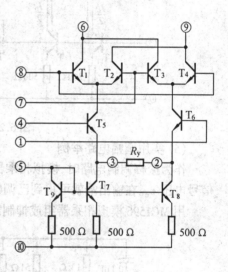

图 6.2-30 MC1596 电路

② MC1595

MC1595 的主要技术参数如下:

输入信号电压范围　　-10 V $\leqslant V_x, V_y \leqslant +10$ V

X 输入精度　　(1 ~ 2)%

Y 输入精度　　(1 ~ 2)%

输入电阻	35 MΩ
小信号 − 3 dB 带宽	3 MHz(不包括输出运放)

MC1595 内部电路图如图 6.2-31 所示。

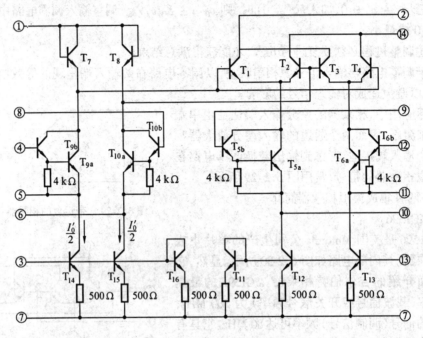

图 6.2-31　MC1595 内部电路

(5) 实用调幅电路举例

作为振幅调制电路时,模拟相乘器的两个输入端分别作用着调制信号电压 v_Ω 和载波信号电压 v_c。在输出端就可得到已调幅信号。

用 MC1596 模拟相乘器组成抑制载波双边带调幅实用电路,如图 6.2-32 所示。

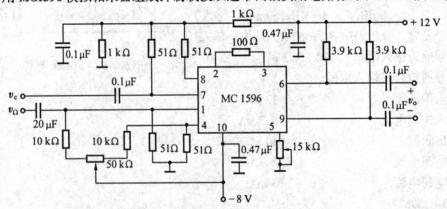

图 6.2-32　MC1596 产生双边带调幅电路

模拟相乘器的最大优点是,其中每个晶体管均工作在线性区的条件下就可实现频率变换功能,杂波干扰成分比前面介绍的各种非线性器件变换电路要小得多,有利于实现理想相乘功能。此外,集成相乘器具有一定的增益,其变换效率也比较高。然而,需要实现更高频段的频率变换时,只能采用肖特基二极管或场效应管平衡调制电路。

5.高电平调幅电路

高电平幅度调制电路的主要优点是不必采用效率很低的线性功率放大电路,从而有利于提高效率,通常用于较大功率的标准调幅发射机中。它的主要技术指标是输出功率和效率,同时兼顾调制线性的要求。

为了获得大功率和高效率,在高电平幅度调制电路中,都是用调制信号去控制末级谐振放大电路的输出功率来实现的。根据调制信号控制方式的不同,对晶体管而言,可分为基极调幅电路、集电极调幅电路。

(1) 基极调幅电路

基极调幅原理电路,如图6.2-33(a)所示。高频载波通过变压器B_1加到晶体管的基极上电压为v_b,调制信号v_Ω通过电感线圈L与高频载波信号串联。R_1R_2构成分压器提供基极直流偏置。C_2为高频旁路电容,C_4是音频旁路电容。显然,由载波信号、调制信号和直流偏压V_{BB}构成的晶体管基极-发射极间的等效电路,如图6.2-33(b)所示。

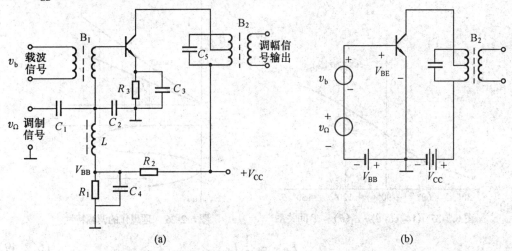

图 6.2-33　基极调幅电路

基极调幅是利用晶体管发射结的非线性特性进行相乘作用的。这里的关键问题是如何保证调幅波包络失真在不超过允许值的前提下,尽量提高输出功率和效率。为了提高效率,晶体管必须工作在丙类状态,为了使基极电压v_{BE}能有效地控制集电极电流的基波幅度I_{c1m},晶体管必须工作在欠压状态。$I_{c1m} \sim v_{BE}$实际关系曲线(又称调制特性)如图6.2-34所示。

为保证$I_{c1m} \sim v_{BE}$间的线性关系,必须适当地选择工作点Q位置和调制信号幅度$V_{\Omega m}$的大小,使动态范围不超过曲线的直线段范围,为了满足上述要求,可以通过选择适合的通角θ来保证。根据式(1.4-23)和(1.4-19)已知

$$I_{c1m} = i_{Cmax}\alpha_1(\theta) = g_c V_{bm}(1 - \cos\theta)\alpha_1(\theta) \tag{6.2-47}$$

又由于式(1.4-17)知

$$\cos\theta_c = \frac{V_{BZ} - V_B}{V_{bm}}, \quad V_B = V_{BB} + v_\Omega \tag{6.2-48}$$

其中 g_c、V_{BZ}、V_{bm}、V_{BB} 都是固定不变的常数,为使 $I_{clm} \sim v_{BE}$ 呈线性关系,即要求

$$I_{clm} \sim (1 - \cos \theta_c)\alpha_1(\theta_c)$$

间呈线性关系。由附录 2 可查出 θ_c 与 $(1 - \cos \theta_c)\alpha_1(\theta_c)$ 间的关系如图 6.2-35 所示,可见 θ_c 应在 $60° \sim 120°$ 范围内线性较好。为获得较大的输出功率,可取 $\theta_{cmax} = 90° \sim 110°$。

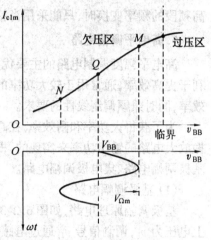

图 6.2-34 调制特性曲线

为简化基极调幅功率和效率的讨论,可将欠压区基极调制特性用直线近似,如图 6.2-36 所示。载波状态下,集电极电流平均分量 $I_{c0,T}$ 和集电极电流基波幅度 $I_{clm,T}$ 分别是其临界状态值 $I_{c0,cr}$ 和 $I_{clm,cr}$ 的一半,即

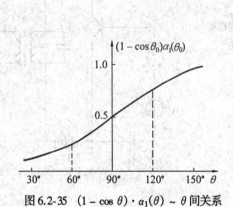

图 6.2-35 $(1 - \cos \theta) \cdot \alpha_1(\theta) \sim \theta$ 间关系

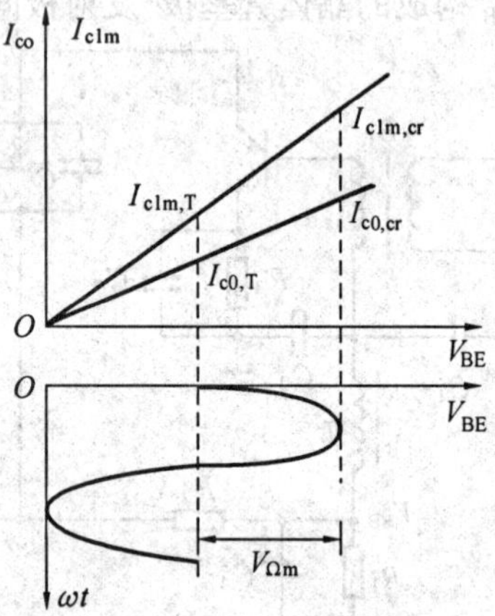

图 6.2-36 理想化的调幅特性

$$I_{c0,T} = \frac{1}{2} I_{c0,cr} \tag{6.2-49}$$

$$I_{clm,T} = \frac{1}{2} I_{clm,cr} \tag{6.2-50}$$

此时,直流电源供给的功率 $P_{dc,T}$,集电极输出功率 $P_{o,T}$ 和晶体管损耗功率 $P_{c,T}$ 分别为

$$P_{dc,T} = V_{cT} \cdot I_{c0,T} = \frac{1}{2} V_{cT} I_{c0,cr} = \frac{1}{2} P_{dc,cr} \tag{6.2-51}$$

$$P_{o,T} = \frac{1}{2} I_{clm,T}^2 R_P = \frac{1}{8} I_{clm,cr}^2 R_p = \frac{1}{4} P_{o,cr} \tag{6.2-52}$$

$$P_{c,T} = P_{dc,T} - P_{o,T} \tag{6.2-53}$$

相应的载波状态下的效率为

$$\eta_T = \frac{P_{o,T}}{P_{dc,T}} = \frac{\frac{1}{4} P_{o,cr}}{\frac{1}{2} P_{dc,cr}} = \frac{1}{2} \eta_{cr} \tag{6.2-54}$$

可见,载波状态输出功率和效率分别是临界状态(即调幅峰点处)的 1/4 和 1/2。

加入调制电压 $v_\Omega = V_{\Omega m}\cos \Omega t$ 后,I_{c1m} 与 I_{c0} 均随 Ω 周期变化,在一个 Ω 周期内,直流电流供给的平均功率 $P_{dc,av}$ 和已调波输出的平均功率 $P_{o,av}$ 分别为

$$P_{dc,av} = P_{dc,T} \tag{6.2-55}$$

$$P_{o,av} = \frac{1}{2\pi}\int_{-\pi}^{\pi}\frac{1}{2}I_{c1m}^2 R_p \mathrm{d}(\Omega t) = \frac{1}{2\pi}\int_{-\pi}^{\pi}\frac{1}{2}I_{c1m,T}^2(1 + m_a\cos \Omega t)^2 R_p \mathrm{d}(\Omega t)$$

$$= \frac{1}{2}I_{c1m,T}^2 R_p\left(1 + \frac{m_a^2}{2}\right) = P_{o,T}\left(1 + \frac{m_a^2}{2}\right) \tag{6.2-56}$$

而平均效率为

$$\eta_{av} = \frac{P_{o,av}}{P_{dc,av}} = \frac{P_{o,T}}{P_{dc,T}}\left(1 + \frac{m_a^2}{2}\right) = \eta_T\left(1 + \frac{m_a^2}{2}\right) \tag{6.2-57}$$

管损耗功率

$$P_{c,av} = P_{dc,av} - P_{o,av} < P_{de,T} - P_{o,T} = P_{c,T} \tag{6.2-58}$$

由此得出以下结论:

① 因 $P_{c,av} < P_{c,T}$,选管时必须保证允许的最大管耗 $P_{CM} \geqslant P_{c,T}$

② 调幅峰点 M 处的输出功率

$$P_{o,M} = \frac{1}{2}I_{c1m}^2 R_p = \frac{1}{2}\left[(1 + m_a)I_{c1m,T}\right]^2 \cdot R_p = P_{o,T}(1 + m_a)^2 \tag{6.2-59}$$

是载波状态输出功率 $P_{o,T}$ 的 $(1 + m_a)^2$ 倍,或者说载波状态的输出功率仅是调幅峰点 M 处输出功率的 $\dfrac{1}{(1 + m_a)^2}$。

③ 平均效率 η_{av} 是 m_a 的函数,随 m_a 增大而加大,但由于 η_T 较低,所以总的平均效率是不高的。但其极调幅所需调制功率小,有利于整机小型化。

(2) 集电极调幅电路

集电极调幅原理电路,如图 6.2-37 所示。

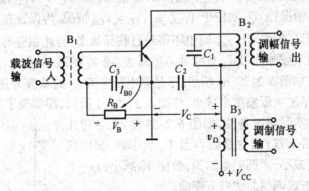

图 6.2-37　集电极调幅电路

调制信号 v_Ω 经低频变压器 B_3 加入,与直流电源 V_{CC} 串联后加到晶体管集电极上。高频载波信号仍从基极馈入。C_2 对高频旁路,对调制信号呈高阻抗。由图可见,集电极调幅电路与谐振功率放大电路惟一的区别是其集电极电源电压不再是恒定的,而等效为 $V_C = V_{CC} + v_\Omega$。为了使 V_C 能有效地控制集电极电流的基波分量幅度 I_{c1m},晶体管必须工作在过

压状态。

在集电极调幅电路中，基极激励和偏置是不变的（即 $v_{BEmax} = V_{BB} + V_{bm} = $ 常数），集电极负载 R_p 也是不变的。因此，当集电极有效电压 V_C 随调制信号 v_Ω 改变时，负载线将沿 v_{CE} 轴平行移动。设 $v_\Omega = V_{\Omega m}\cos\Omega t$，在理想滤波条件下图 6.2-38 画出了集电极调幅过程示意图。

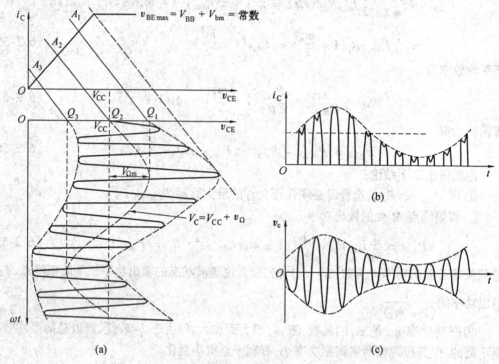

图 6.2-38 集极调幅及集电极电流电压波形示意图

在图（a）中，负载线 $A_2 Q_2$ 对应于载波工作状态，即 $V_C = V_{CC}$ 情况；$A_1 Q_1$ 对应于 $V_{Cmax} = V_{CC} + V_{\Omega m}$ 情况；$A_3 Q_3$ 对应于 $V_{Cmin} = V_{CC} - V_{\Omega m}$ 情况。为保证在调幅过程中，晶体管始终工作在过压区，则要求 V_{Cmax} 时也不得超过临界状态。与此相应的集电极电流，仅在临界状态时呈尖顶余弦脉冲形状，且脉冲幅度最大。随 V_C 的减小，集电极电流脉冲幅度下降，顶部出现凹陷，如图 6.2-38(b) 所示。于是集电极电流 i_C 的基波分量幅度 I_{c1m} 也随之减小，集电极回路基波电压幅度也减小，如图 6.2-38(c) 所示，即实现了调幅功能。

集电极调幅的实际调制特性，如图 6.2-39 所示。在过压区，调制特性曲线并非线性，这是因为当 V_C 减小时，集电极电流脉冲不仅高度减小，而凹陷也加深，致使 V_C 越小，I_{c1m} 下降得就越快，结果造成调制曲线向下变曲。

为了改善调制特性的线性，可采用补偿措施，其思路是当 V_C 减小时，使 V_{BEmax} 也相应减小；反之 V_C 增大时，使 v_{BEmax} 也相应增大。这样就可以控制放大电路始终保持在弱过压 - 临界状态。即改善了调制特性，又可有较高的效率。实践中可

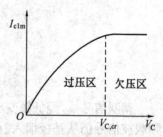

图 6.2-39 集电极调幅的调制特性

采取以下两种方法：

一是采用基极自给偏置电路。如图 6.2-37 所示，基极电流脉冲的平均分量 I_{B0} 在 R_B 上产生自给偏压 $V_B = -I_{B0}R_B$。当放大电路工作在过压区时，I_{B0} 将随 V_C 的减小而增加，从而使 $v_{BEmax} = V_B + V_{bm}$ 的值减小；反之，当 V_C 增加时，I_{B0} 减小，V_{BEmax} 增加。这样就满足了上述原则。其中旁路电容 C_3 值不宜过大，以防止 V_B 跟不上调制信号的变化。

二是采用双重调幅电路。例如采用集电极-基极或集电极-集电极双重调幅，前者是在调变集电极电压的同时，用一部分调制信号电压去调变基极偏置电压，使 V_C 减小时 V_B 也减小；V_C 增大时 V_B 也增大，其作用和自给偏置电路相似。后者是对发射机末级和末前级用同样相位的调制电压同时进行集电极调幅，使得末级的输入高频电压振幅 V_{bm} 按调制信号规律变化。实际电路参看 6-14 题。

下面简单分析集电极调幅的功率和效率，为简化起见，假设调制特性为理想的直线，如图 6.2-40 所示。若载波状态取在调制特性的中点，即

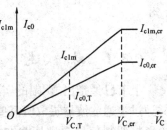

图 6.2-40　理想的集电极调制特性

$$V_{C,T} = \frac{1}{2}V_{C,er} \qquad I_{c1m,T} = \frac{1}{2}I_{c1m,cr}$$

$$I_{c0,T} = \frac{1}{2}I_{c0,cr}$$

因此，载波状态时直流输入功率 $P_{dc,T}$ 和基波输出功率 $P_{o,T}$ 分别为

$$P_{dc,T} = V_{C,T}I_{c0,T} = \frac{1}{4}V_{C,er}I_{c0,er} = \frac{1}{4}P_{dc,cr} \tag{6.2-61}$$

$$p_{o,T} = \frac{1}{2}I_{c1m,T}^2 R_p = \frac{1}{8}I_{c1m,cr}^2 R_p = \frac{1}{4}P_{o,cr} \tag{6.2-62}$$

所以集电极效率

$$\eta_T = \frac{P_{o,T}}{P_{dc,T}} = \frac{P_{o,cr}}{P_{dc,cr}} = \eta_{cr} \tag{6.2-63}$$

即集电极调幅载波状态和调幅峰点（临界）处的效率相等。

若加上调制电压 $v_\Omega = v_{\Omega m}\cos \Omega t$ 后

$$I_{c0} = I_{c0,T}(1 + m_a\cos \Omega t)$$
$$I_{c1m} = I_{c1m,T}(1 + m_a\cos \Omega t)$$
$$V_C = V_{C,T}(1 + m_a\cos \Omega t)$$

在一个调制信号周期内，平均输出功率 $P_{o,av}$，平均输入功率 $P_{dc,av}$，平均效率 η_{av} 和平均集电极损耗功率 $P_{C,av}$ 分别为

$$P_{o,av} = \frac{1}{2\pi}\int_{-\pi}^{\pi}\frac{1}{2}(I_{c1m})^2 R_p d(\Omega t) = P_{o,T}\left(1 + \frac{m_a^2}{2}\right) \tag{6.2-64}$$

$$P_{dc,av} = \frac{1}{2\pi}\int_{-\pi}^{\pi}I_{c0}V_{C,T}d(\Omega t) = P_{dc,T}\left(1 + \frac{m_a^2}{2}\right) \tag{6.2-65}$$

$$\eta_{av} = \frac{P_{o,av}}{P_{dc,av}} = \frac{P_{o,T}}{P_{dc,T}} = \eta_T \tag{6.2-66}$$

$$P_{\mathrm{C,av}} = P_{\mathrm{dc,av}} - P_{\mathrm{o,av}} = (P_{\mathrm{dc,T}} - P_{\mathrm{o,T}}) \cdot \left(1 + \frac{m_a^2}{2}\right) = P_{\mathrm{C,T}}\left(1 + \frac{m_a^2}{2}\right) \quad (6.2\text{-}67)$$

结论:① 因为 $P_{\mathrm{C,av}} > P_{\mathrm{C,T}}$ 选管时应保证 $P_{\mathrm{CM}} \geqslant P_{\mathrm{C,av}}$。

② 集电极调幅,效率恒定不变,可以在恒定的高效率状态下工作。这与基极调幅相比,是个突出的优点。

③ 平均输入功率 $P_{\mathrm{dc,av}}$ 由两部分组成:一是直流电源电压 V_{CT} 提供的 $P_{\mathrm{dc,T}}$;另一是调制信号源给出的 $\dfrac{m_a^2}{2}P_{\mathrm{dc,T}}$。如果 $m_a = 1$,则调制信号源输出功率为 $\dfrac{1}{2}P_{\mathrm{dc,T}}$,它比基极调幅大得多,这是集电极调制的主要缺点。

6.3 幅度解调

6.3.1 综　述

上节已经指出,调幅的实质是利用模拟相乘器将调制信号频谱线性搬移到载频附近,并通过带通滤波器提取所需要的频带信号。解调作为调制的逆过程,必然是再次利用相乘电路将调制信号频谱从载波频率附近搬回原来位置,并通过低通滤波器提取所需要的调制(基带)信号,滤除无用的高频分量。由此可见,幅度解调的组成如图 6.3-1 所示。

图 6.3-1　幅度解调器的组成

图中,K_{M} 是相乘电路的标尺因子,v_r 是参考信号,v_i 为输入的已调幅信号,无外乎是以下三种形式之一

$$\left. \begin{aligned} v_{\mathrm{AM}} &= g(t)\cos\omega_c t, & g(t) \geqslant 0\\ v_{\mathrm{DSB}} &= g(t)\cos\omega_c t, & \overline{g(t)} = 0\\ v_{\mathrm{SSB}} &= \frac{g(t)}{2}\cos\omega_c t \pm \frac{\hat{g}(t)}{2}\sin\omega_c t \end{aligned} \right\} \quad (6.3\text{-}1)$$

式中,$g(t)$ 代表调制信息;$\hat{g}(t)$ 是 $g(t)$ 的希尔伯特变换。为了从调幅波中不失真地恢复出调制信号,要求 v_r 是一个与载波信号同频同相(或称同步)的高频电压信号(又称载波恢复信号)。

设 $v_r = V_{\mathrm{rm}}\cos\omega_c t$,利用三角恒等式

$$\cos\alpha\cos\beta = \frac{1}{2}\left[\cos(\alpha + \beta) + \cos(\alpha - \beta)\right]$$

$$\sin\alpha\cos\beta = \frac{1}{2}\left[\sin(\alpha + \beta) + \sin(\alpha - \beta)\right]$$

不难求出相乘器输出电压 v_a 的表示式为

对 AM 或 DSB 信号

$$v_a = K_{\mathrm{M}}V_{\mathrm{rm}}\left[\frac{g(t)}{2} + \frac{g(t)}{2}\cos 2\omega_c t\right] \quad (6.3\text{-}2)$$

对 SSB 信号

$$v_a = K_M V_{rm} \left[\frac{g(t)}{4} + \frac{g(t)}{4} \cos 2\omega_c t \pm \frac{\hat{g}(t)}{4} \sin 2\omega_c t \right] \qquad (6.3\text{-}3)$$

假若低通滤波器能滤除 v_a 中集中在角频率 $2\omega_c$ 附近的高频分量,又具有足够的低通带宽就不会引起原调制信号 v_Ω 频率分量失真,于是滤波器的输出信号电压为

对 AM 或 DSB 信号

$$v_\Omega = \frac{1}{2} K_M V_{rm} k_L(0) g(t) \qquad (6.3\text{-}4)$$

对 SSB 信号

$$v_\Omega = \frac{1}{4} K_M V_{rm} k_L(0) g(t) \qquad (6.3\text{-}5)$$

式中,$k_L(0)$ 是低通滤波器的传输系数。

由于这种检波过程中,在接收端必须产生一个与载波信号同步的参考信号 v_r,故称为同步检波器。同步检波器可以对 AM、DSB、SSB 任何一种调幅波进行解调。

对于标准调幅波,因本身已含有载波分量,可直接进行自身相乘,这就省去了制做产生同步参考信号复杂电路的麻烦。将这种无需外加参考信号的检波器称为包络检波器。显然,包络检波器只能对包含载波分量且 $\omega_c \gg \Omega_{max}$ 的标准调幅信号进行解调。在残留边带调幅信号中若含有较大的载波分量,在允许有一定失真的情况下,也可用包络检波器进行解调。例如采用残留边带调幅的电视图象信号,就是利用峰值包络检波器进行解调的。

检波器的主要技术指标有以下几项:

(1) 检波器的电压传输系数

检波器的电压传输系数,又称检波器的效率,是说明检波器对输入高频信号的解调能力。当输入信号为高频等幅波时,检波效率的定义为输出平均电压 v_{av} 对输入高频电压振幅 V_{cm} 的比值,用 K_d 表示,即

$$K_d = \frac{v_{av}}{V_{cm}} \qquad (6.3\text{-}6)$$

当输入为高频调幅波时,用 $K_{d\Omega}$ 表示

$$K_{d\Omega} = \frac{V_{\Omega m}}{m_a V_{cm}} \qquad (6.3\text{-}7)$$

式中,$V_{\Omega m}$ 为检波器输出端低频信号幅度;$m_a V_{cm}$ 为检波器输入端高频调幅波包络变化的幅度;m_a 为调幅系数,后面将说明,当检波器满足一定条件时两种传输系数相等。

(2) 检波器输入电阻

检波器的输入电阻说明检波器对前级影响程度,其定义为输入高频电压幅度 V_{cm} 与输入高频脉冲电流 i 中基波电流幅度 I_{1m} 的比值

$$R_{id} = \frac{V_{cm}}{I_{1m}} \qquad (6.3\text{-}8)$$

其值越大,对前级影响越小。

(3) 检波器的失真

检波器的失真是指其输出电压波形和输入调幅波包络形状的符合程度。实际上,检波

器除了有和放大电路类似的线性失真和非线性失真外,还有两种特有的失真 —— 惰性失真和负峰切割失真 —— 将作重点分析。

（4）高频滤波系数

检波器的高频滤波系数表明其对高频信号的滤除能力,通常以 F 表示,其定义为

$$F = \frac{输入高频电压幅度}{输出高频电压幅度}$$

通常要求 $F = (20 \sim 40)$ dB,否则将产生干扰或影响放大器工作的稳定性。

6.3.2 包络检波电路

由于包络检波器不需要复杂的载波恢复电路,其电路简单,在标准调幅波的解调中得到普遍应用。

从频谱角度看,标准调幅波可视为载波信号与双边带信号之和。对标准调幅波的解调,正是这个"和信号"通过非线性器件进行相乘、实现频谱搬移的结果。由此可见,包络检波器的电路模型如图 6.3-2 所示。

图中的非线性器件可以是任何一种伏安特性含有平方项的非线性器件。根据输入信号幅度大小不同。对非线性器件的分析方法有所差别。下面以晶体二极管为例,按输入信号幅度的大小分两种情况讨论。

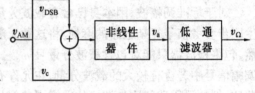

图 6.3-2　包络检波器电路模型

1. 小信号平方律检波

当检波器的输入信号幅度不超过几十毫伏数量级时,称为小信号检波状态。小信号检波非线性器件必须工作在其伏安特性曲线的弯曲部分,这可通过外加偏压方法控制工作点 Q 位置,使其处于特性曲线的适当部位。晶体二极管小信号检波电路及其波形图示于图 6.3-3 中。

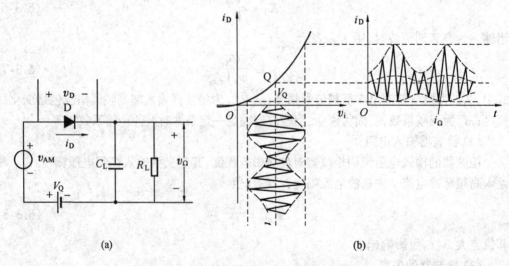

(a)　　　　　　　　　　　　(b)

图 6.3-3　二极管小信号检波电路及其工作过程

图中，$v_{AM} = V_{cm}(1 + m\cos \Omega t)\cos \omega_c t$ 为单音频调幅波，V_B 为外加偏置电压。

由图可见，小信号检波时，在整个高频周期内，二极管都是导通的，但由于二极管特性曲线的非线性，电流 i_D 波形是不对称的，或者说，调幅信号 v_{AM} 通过非线性器件相乘作用，产生了与其包络（即调制信号）成正比的低频分量 i_Ω，用低通滤波器取出这个低频分量，即完成了解调任务。

下面用幂级数法分析上述检波过程，将二极管特性用幂级数逼近，如式(1.4-4) 所示。考虑到小信号特点，略去高于二次方以上各项，改写为

$$i_D \approx a_0 + a_1(v_D - V_Q) + a_2(v_D - V_Q)^2 \tag{6.3-9}$$

式中，a_0 为二极管偏置工作点处的电流，a_1、a_2 为展开系数。如忽略输出电压的反作用，则二极管两端电压为

$$v_D = v_{AM} + V_Q = V_{cm}(1 + m_a\cos \Omega t)\cos \omega_c t + V_Q$$

代入式(6.3-9) 中，则

$$i_D = a_0 + a_1 V_{cm}(1 + m_a\cos \Omega t)\cos \omega_c t + a_2 V_{cm}^2(1 + m_2\cos \Omega t)^2\cos^2 \omega_c t$$

将上式用三角函数公式展开，可设 i_D 的各种频率分量，其中我们感兴趣的有：

低频基波分量

$$i_\Omega = a_2 m_a V_{cm}^2\cos \Omega t \tag{6.3-10}$$

低频二次谐波分量

$$i_{2\Omega} = \frac{1}{4} a_2 m_a^2 V_{cm}^2\cos 2\Omega t \tag{6.3-11}$$

高频基波分量

$$i_1 = a_1 V_{cm}\cos \omega_c t \tag{6.3-12}$$

i_Ω 是我们所需要的信号分量。如图 6.3-3 中检波负载 R_L 与 C_L 满足下列条件

$$\frac{1}{\omega_c C_L} \ll R_L \quad \text{及} \quad \frac{1}{\Omega C_L} \gg R_L \tag{6.3-13}$$

则输出端可得到低频电压为

$$v_\Omega = i_\Omega R_L = a_2 m_a R_L V_{cm}^2\cos \Omega t \tag{6.3-14}$$

该式表明，小信号检波输出信号电压幅度和输入信号电压幅度平方成正比，因此，二极管小信号检波称为"平方律检波"。

根据式(6.3-7) 与(6.3-14) 可得小信号检波电路的传输系数为

$$K_{d\Omega} = \frac{a_2 m_a R_L V_{cm}^2}{m_a V_{cm}} = a_2 R_L V_{cm} \tag{6.3-15}$$

根据式(6.3-8) 与(6.3-12) 可得小信号检波电路的输入电阻为

$$R_{id} = \frac{V_{cm}}{a_1 V_{cm}} = \frac{1}{a_1} = R_d \tag{6.3-16}$$

即小信号检波器的输入电阻约等于二极管正向导通电阻 R_{d0}。

根据式(6.3-10) 与(6.3-11) 可求得非线性失真系数为

$$K_f = \frac{\sqrt{V_{2\Omega}^2 + V_{3\Omega}^2 + \cdots}}{V_{1\Omega}} \approx \frac{V_{2\Omega}}{V_{1\Omega}} = \frac{m_a}{4} \tag{6.3-17}$$

可见二次谐波失真系数与 m_a 成正比。

综上所述,小信号检波的特点是输入阻抗低,非线性失真严重,除了要求不高的接收机外,多用于信号功率测量中。

2.大信号线性检波

当输入信号电压幅度大于 0.5 V 以上时,该时检波二极管处于大信号工作状态,可用折线法来分析检波过程。为简化讨论,假设晶体二极管的导通特性是由原点出发的折线,其斜率为 $g_d = \dfrac{1}{R_d}$。大信号检波电路如图 6.3-4 所示。

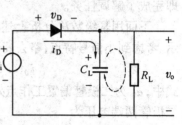

图 6.3-4　大信号检波电路

大信号检波与小信号检波的主要区别:一是二极管工作状态不同,小信号检波时二极管总是处于导通状态,而大信号检波时二极管是处于开关状态;二是小信号检波传输系数较小,输出电压的反馈作用尚可忽略的话,那么,大信号检波输出电压的反馈作用就不能再忽略了。也正是由于这个反馈电压的存在使大信号检波的工作过程较为复杂,但也给大信号检波带来一些小信号检波所没有的优点。

下面将具体讨论大信号检波的有关问题。

（1）大信号检波的物理过程

当检波器输入高频信号 v_i 为等幅载波时,其输出电压为 v_o。这种情况的输入输出电压波形和通过二极管电流波形,分别如图 6.3-5(a)、(b) 所示。电路接通后,载波正半周二极管导通,并对负载电容 C_L 充电,上正下负。充电时间常数为 $C_L R_d$ (R_d 为二极管导通内阻),C_L 上电压即 v_0 近似按指数规律上升。这个电压建立后通过信号源电路,又反向地加到二极管两端,这时二极管上的电压为 v_i 与 v_0 之差。当 v_i 由最大值下降到等于 v_0 时,二极管载止,电容 C_L 将通过 R_L 放电。由于放电时间常数 $C_L R_L$ 远大于高频电压的周期,故放电很慢。电容 C_L 上电荷尚未放完时,下一个正半周期的电压又超过 v_0,使二极管又导通,C_L 再次被充电。如此反复,直到在一个高频周期内电容充电电荷等于放电电荷,即达到动态平衡时,v_0 在平均值 v_{av} 上下按载波角频率 ω_0 作据齿状等幅波动。由此可见,在输出电压反馈作用下,二极管导通的时间是很短的,这与整流或小信号检波状态是截然不同的。

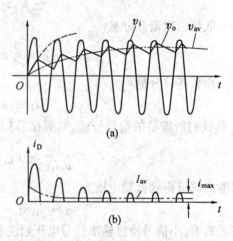

图 6.3-5　等幅波的检波波形

如果输入信号 v_i 是调幅波时,只要 $\omega_c \gg \Omega_{max}$,并且电容 C_L 放电速度能跟得上包络变化速度,那么检波器输出电压就能跟着调幅波的包络线变化,如图 6.3-6 所示。

由图中可见,二极管的通角越小,检波输出电压与包络线靠得越近,即 $K_{d\Omega} \approx 1$,故称这种检波电路为"峰值包络检波器"。

2.大信号检波电路的性能分析

在超外差接收机中,检波电路总是接在末级中频放大器输出谐振回路上的,如图6.3-7所示。图中,电流源 i_i 和RLC并联回路代表末级中放的输出等效电路。通常 RLC 有较高的 Q_L 值,以保证末级中放有足够的选择性,防止非线性二极管电流引起输入信号波形的失真。若低通滤波器 $R_L C_L$ 满足理想的滤波条件,即

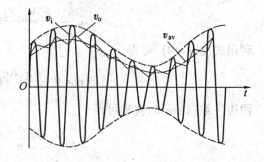

图 6.3-6　调幅波的检波波形

$$\left.\begin{array}{l} Z_L(j\omega_c) = R_L \mathbin{/\mkern-5mu/} \dfrac{1}{\omega_c C_L} = 0 \\[2mm] Z_L(j\Omega) = R_L \mathbin{/\mkern-5mu/} \dfrac{1}{\Omega C_L} = R_L \end{array}\right\} \quad (6.3\text{-}18)$$

检波电路输出电压 v_o 中,将不存在锯齿状的波动电压了,这时 $v_o = v_{av}$。

当输入载波信号时,通过理想二极管的电流波形如图 6.3-8 所示,参看图 1.4-8 和式(1.4-17)。

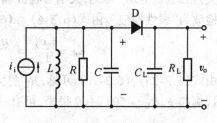

图 6.3-7　窄带峰值包络检波电路

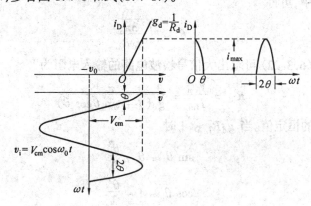

图 6.3-8　大信号检波二极管上的电压与电流

故有
$$\cos\theta = \frac{v_o}{V_{cm}} \quad\quad (6.3\text{-}19)$$

$$i_{max} = g_d V_{cm}(1 - \cos\theta) \quad\quad (6.3\text{-}20)$$

尖顶余弦脉冲的直流分量 I_0 和高频基波分量幅度 I_{1m} 分别为

$$I_0 = i_{max}\alpha_0(\theta) = \frac{g_d V_{cm}}{\pi}(\sin\theta - \theta\cos\theta) \quad\quad (6.3\text{-}21)$$

$$I_{1m} = i_{max}\alpha_1(\theta) = \frac{g_d V_{cm}}{\pi}(\theta - \sin\theta\cos\theta) \quad\quad (6.3\text{-}22)$$

检波电路输出电压

$$v_o = I_0 \cdot R_L \quad\quad (6.3\text{-}23)$$

将式(6.3-21)代入式(6.3-23)

$$v_{\text{o}} = \frac{g_{\text{d}} V_{\text{cm}} R_{\text{L}}}{\pi} (\sin\theta - \theta\cos\theta) \tag{6.3-24}$$

利用式(6.3-19),可得

$$\cos\theta = \frac{g_{\text{d}} R_{\text{L}}}{\pi} (\sin\theta - \theta\cos\theta)$$

两边各除以 $\cos\theta$,整理可得

$$\frac{\tan\theta - \theta}{\pi} = \frac{1}{g_{\text{d}} R_{\text{L}}} \tag{6.3-25}$$

该式表明,在理想二极管假设条件下,通角 θ 仅与 $g_{\text{d}} R_{\text{L}}$ 有关,与信号幅度 V_{cm} 大小无关。由式(6.3-24) 可见,大信号检波输出电压 v_{o} 与输入信号幅度 V_{cm} 成正比,故称大信号检波为"线性检波"。由式(6.3-6) 和(6.3-24) 可得大信号检波电路的传输系数为

$$K_{\text{d}} = \frac{v_{\text{o}}}{V_{\text{cm}}} = \frac{g_{\text{d}} R_{\text{L}}}{\pi} (\sin\theta - \theta\cos\theta) = \cos\theta \tag{6.3-26}$$

由式(6.3-25)、(6.3-26) 可见,R_{L} 越大,θ 越小,K_{d} 越接近于1。实际中,如满足 $g_{\text{d}} R_{\text{L}} \gg 1$(例如 $g_{\text{d}} R_{\text{L}} \geqslant 50$) 时,$\theta$ 很小,可有

$$\tan\theta \approx \theta + \frac{\theta^3}{3}$$

代入式(6.3-25) 中,可得

$$\theta \approx \sqrt[3]{\frac{3\pi}{g_{\text{d}} R_{\text{L}}}} \tag{6.3-27}$$

由式(6.3-16) 和(6.3-22) 可求出大信号检波电路的输入电阻为

$$R_{\text{id}} = \frac{V_{\text{cm}}}{I_{1\text{m}}} = \frac{\pi}{g_{\text{d}} (\theta - \sin\theta\cos\theta)} \tag{6.3-28}$$

也是与 V_{cm} 无关的恒定值。当 $g_{\text{d}} R_{\text{L}} \gg 1$ 时

$$\sin\theta \approx \theta - \frac{\theta^3}{6}$$

$$\cos\theta \approx 1 - \frac{\theta^2}{2}$$

代入式(6.3-28),并考虑到式(6.3-27) 可得

$$R_{\text{id}} \approx \frac{6\pi}{4 g_{\text{d}} \theta^3} \approx \frac{R_{\text{L}}}{2} \tag{6.3-29}$$

可见大信号检波输入电阻仅与负载电阻 R_{L} 有关。

当不满足 $g_{\text{d}} R_{\text{L}} \gg 1$ 条件时,θ、K_{d}、R_{id} 与 $g_{\text{d}} R_{\text{L}}$ 值间的关系,列于表 6.3-1 中。

表 6.3-1

$g_{\text{d}} R_{\text{L}}$	∞	1754	217	58.8	22.2	10	4.5	1.96	0.74	0
θ	0°	10°	20°	30°	40°	50°	60°	70°	80°	90°
K_{d}	1	0.99	0.97	0.87	0.77	0.64	0.50	0.34	0.17	0
$R_{\text{id}}/R_{\text{L}}$	0.5	0.51	0.54	0.59	0.69	0.84	1.11	1.69	3.5	∞

应该指出,式(6.3-25)所示通角 θ 仅仅决定 $g_{\mathrm{d}}R_{\mathrm{L}}$,而与输入信号幅度 V_{cm} 无关。这一结论,是大信号二极管检波的一个重要特性,它是由输出电压全反馈效应造成的。根据这个特性可把上述对等幅载波信号检波分析结论,推广到调幅波情况,即式(6.3-25) ~ (6.3-29) 对调幅波也是适用的。

但是,当调幅波包络最小值 $V_{\mathrm{cm}}(1-m_{\mathrm{a}})$ 不满足大信号检波条件或者不满足低通滤波器理想滤波条件时,上述结论就不能推广,这时需用其他方法分析。

3. 大信号检波电路的非线性失真

检波电路除了具有与放大器相同的线性和非线性失真外,还可能存在下述两种特有的非线性失真。

(1) 惰性失真

这种失真是由于检波负载 $R_{\mathrm{L}}C_{\mathrm{L}}$ 取值过大而造成的。如前所述,从提高检波电路电压传输系数和高频滤波能力来看。总是希望 $R_{\mathrm{L}}C_{\mathrm{L}}$ 取值大一些,但过大,二极管截止期间 C_{L} 通过 R_{L} 放电速度就慢,当它跟不上输入调幅波包络线下降速度时,检波输出电压就不能跟随包络线变化,于是就产生了如图6.3-9 所示的惰性失真。

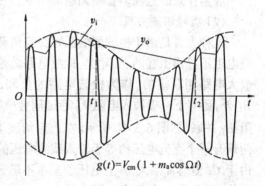

图 6.3-9　惰性失真

由图可见,在 $t_1 \sim t_2$ 时间内,因 $v_{\mathrm{i}} < v_{\mathrm{o}}$,二极管总是处于截止状态。为了不产生这种失真,必须保证在每一个高频周期内二极管导通一次,也就是使 C_{L} 通过 R_{L} 放电速度大于或等于包络线下降的速度,即

$$\left|\frac{\partial v_0}{\partial t}\right|_{t=t_1} \geqslant \left|\frac{\partial V_{\mathrm{cm}}(1+m_{\mathrm{a}}\cos \Omega t)}{\partial t}\right|_{t=t_1} \tag{6.3-30}$$

上式左端,C_{L} 自 t_1 时刻开始放电的规律为

$$v_0 = v_0(t_1)\mathrm{e}^{-\frac{t-t_1}{R_{\mathrm{L}}C_{\mathrm{L}}}}$$

式中 $v_0(t_1)$ 表示检波器在 t_1 时刻的输出电压,当 $g_{\mathrm{d}}R_{\mathrm{L}} \gg 1$ 时,$K_{\mathrm{d}} \approx 1$,则 $v_0(t_1) \approx V_{\mathrm{cm}}(1+m_{\mathrm{a}}\cos \Omega t_1)$,因此,式(6.3-30) 的左端为

$$\left|\frac{\partial v_0}{\partial t}\right|_{t=t_1} = \left|-v_0(t_1)\frac{1}{R_{\mathrm{L}}C_{\mathrm{L}}}\mathrm{e}^{-\frac{t-t_1}{R_{\mathrm{L}}C_{\mathrm{L}}}}\right|_{t=t_1} = \frac{V_{\mathrm{cm}}(1+m_{\mathrm{a}}\cos \Omega t_1)}{R_{\mathrm{L}}C_{\mathrm{L}}}$$

式(6.3-30) 的右端

$$\left|\frac{\partial V_{\mathrm{cm}}(1+m_{\mathrm{a}}\cos \Omega t)}{\partial t}\right|_{t=t_1} = m_{\mathrm{a}}V_{\mathrm{cm}}\Omega\sin \Omega t_1$$

两式均代入式(6.3-30) 中

$$\frac{1+m_{\mathrm{a}}\cos \Omega t_1}{R_{\mathrm{L}}C_{\mathrm{L}}} \geqslant m_{\mathrm{a}}\Omega\sin \Omega t_1$$

或者
$$1 + m_a(\cos \Omega t_1 - \Omega R_L C_L \sin \Omega t_1) \geq 0$$

$$1 + m_a \sqrt{1 + \Omega^2 R_L^2 C_L^2} \cos(\Omega t_1 + \varphi) \geq 0 \qquad (6.3\text{-}31)$$

式中
$$\varphi = \arctan(\Omega R_L C_L)$$

从式(6.3-31)可知,只要满足

$$m_a \sqrt{1 + \Omega^2 R_L^2 C_L^2} < 1 \qquad (6.3\text{-}32)$$

任何时刻 t_1 均能使式(6.3-31)成立,因此,式(6.3-32)就是避免产生惰性失真的条件,通常写成

$$\Omega_{max} R_L C_L < \frac{\sqrt{1 - m_a^2}}{m_a} \qquad (6.3\text{-}33)$$

应当注意的是在多音频调制情况下,上式中 Ω 应取最高频率分量值。

(2) 负峰切割失真

这种失真是由于检波器的低频交流负载与直流负载电阻不等而引起的。实际上,检波电路总是要和低频放大电路相联接的。作为检波电路的负载,除了电阻 R_L 外,还有下一级输入电阻 r_{i2} 通过耦合电容 C_c 与电阻 R_L 并联,如图 6.3-10 所示。在稳定情况下,电容 C_c 两端有一个直流电压约等于输入载波电压的振幅 V_{cm},由于 C_c 值通常很大,其上电压值基本不随音频信号而变化,好像是一个直流电源串接 R_L、r_{i2} 上。R_L 上分得的电压 V_R 对二极管形成反向偏置,当输入调幅信号最小振幅 $V_{cm}(1 - m_a)$ 小于 V_R 时,二极管将因反向偏置而截止。检波电路输出电压将不随包络线而变化,于是出现了解调信号负峰切割失真,如图 6.3-11 所示。

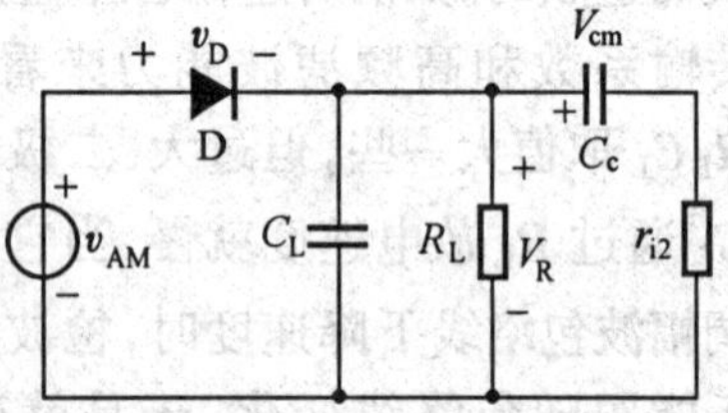

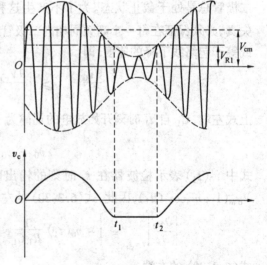

图 6.3-10 检波电路与低放的连接

图 6.3-11 负峰切割失真

为了避免产生负峰切割失真,必须满足以下条件

$$V_{cm}(1 - m_a) > \frac{R_L}{R_L + r_{i2}} V_{cm} \qquad (6.3\text{-}34)$$

即
$$m_a < \frac{r_{i2}}{R_L + r_{i2}} \qquad (6.3\text{-}35)$$

检波电路的直流负载是 R_L,低频交流负载为 R_L 与 r_{i2} 的并联,以符号 R_Ω 表示,即 $R_\Omega = \dfrac{R_L r_{i2}}{R_L + r_{i2}}$,这样式(6.3-35)可改写为

$$m_a < \frac{R_\Omega}{R_L} \qquad (6.3\text{-}36)$$

式(6.3-36) 表明,为不产生负峰切割失真,要求检波电路的交直流负载电阻之比不得小于调幅波的调制指数 m_a。当低放输入阻抗较低,对调制指数较大的信号难以满足式(6.3-36) 时,解决方法有两个:一是将 R_L 分成 R_{L1} 和 R_{L2},r_{i2} 通过 C_c 并接在 R_{L2} 上,如图 6.3-12 所示。

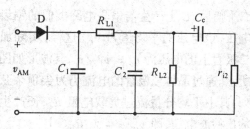

图 6.3-12　检波器改进电路之一

这样,因 $R_L = R_{L1} + R_{L2}$ 一定,R_{L1} 越大,交直流负载电阻相差越小,越不易产生负峰割切失真,但是音频输出电压也随 R_{L1} 增大而减小。通常取 $R_{L1}/P_{i2} = 0.1 \sim 0.2$。图中 C_2 是为进一步提高滤波能力而加的,常选 $C_2 = C_1$。

二是在检波电路与低放之间采用直接耦合方式。图 6.3-13 所示为国产黑白电视接收机中图象信号检波器的实际电路。

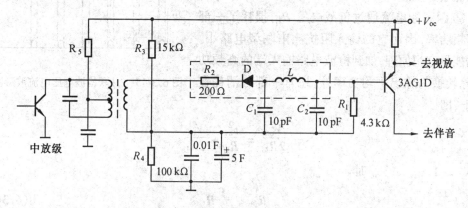

图 6.3-13　检波器改进电路之二

这是一个峰值包络检波电路,其调制信号是电视图象信号。它的最高频率为 6 MHz 左右,我国规定图象中频为 38 MHz。伴音中频为 6.5 MHz。晶体管 3AG1D 对视频图象信号而言构成射极跟随器,其输入阻抗很大,检波电路交直流负载电阻相等,从而避免了产生负峰割切失真。L、C_1、C_2 组成 π 型滤波网络,滤除图象中频。电阻 R_2 是为改善二极管检波特性而加入的,因为串联 R_2 之后信号增大时二极管内阻减小的倾向不明显,从而使传输系数在信号强弱变化时,改变较小,即提高了检波线性。

4. 并联型晶体二极管检波电路

除以上讨论的晶体二极管、信号源与负载三者组成的串联型检波电路外,还有一种二极管、信号源与负载三者组成并联型检波电路,如图 6.3-14 所示。

这种电路是为了隔断前级放大电路中的直流电压而提出的。它的工作原理与串联型电路具有相同的检波过程,当 D 导通时,v_i 向 C 充电,充电时间常数为 $R_d C$,当 D 截止时,C 通过 R_L 放电,放电时间常数为 $R_L C$。当达到动

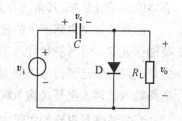

图 6.3-14　二极管并联检波电路

态平衡后，C 上产生与串联电路类似的锯齿状波动电压，该电压的平均值为 v_{av}。这样，实际加到晶体二极管上的电压为 $v_o = v_i - v_c$，其波形如图 6.3-15 所示。通过晶体二极管的电流仍为尖顶余弦脉冲序列。其中平均分量流过负载电阻 R_L，便产生所需的输出检波电压，即 $v_{av} = - I_{av}R_L$。

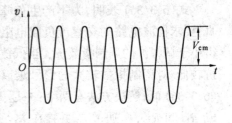

二极管并联检波电路与串联检波电路的差别是：

① 输出电压中不仅包含直流分量，低频分量，还有高频分量。因此，输出端除需要隔直电容外，还需要另加高频滤波网络滤除高频分量，以得到所需要的低频分量。

② 因高频电流通过负载电阻 R_L，损耗了一部分高频功率，因而它的输入阻抗比串联型电路小。根据能量守恒原理，加到检波电路输入端的高频功率，除转换为输出平均功率外，还有一部分消耗在 R_L 上，即

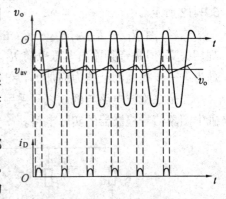

图 6.3-15　并联检波电压电流波形图

$$\frac{V_{cm}^2}{2R_{id}} = \frac{v_{av}^2}{R_L} + \frac{V_{cm}^2}{2R_L}$$

当 $K_d \approx 1, v_{av} \approx V_{cm}$ 时

$$R_{id} = \frac{1}{3}R_L \qquad\qquad (6.3\text{-}37)$$

6.3.3　同步检波电路

1. 同步检波器实用电路

相乘型同步检波电路组成与解调原理，已在 6.3.1 节说明并得出结论，参看式 (6.3-1)～(6.3-5)，用模拟相乘器 MC1596 构成同步检波实用电路，如图 6.3-16(a)、(b) 所示。该两电路只是供电方式不同，而工作原理是相同的。

模拟相乘器作同步检波时，不需要载波调零电路。因为在其输出电流中，除了解调所需要的低频分量外，其余所有分量都属高频范围，因而很容易在输出端给予滤除。

由载波恢复电路产生的载波(参考)信号通常加到 MC1596 的 x 输入端。其电平大小只要能保证双差分对管很好地工作于开关状态即可。通常在 100～500 mV 之间。待解调的单边带或双边带已调信号送到 MC1596 的 y 输入端，其电平应保持在线性工作的限度内。该电路输入已调波电平高达 100 mV 时，仍可获得很好的线性和无失真的输出。

2. 载波恢复电路的实现方法

载波恢复电路的任务是提供与载波信号同频同相的参考信号 v_r，它是实现各种同步

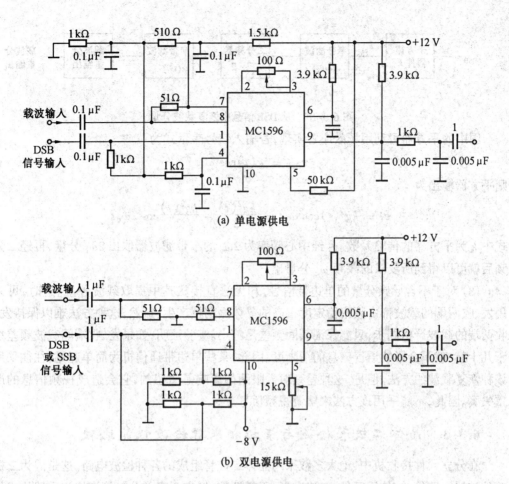

(a) 单电源供电

(b) 双电源供电

图 6.3-16　相乘型同步检波器电路

检波的关键所在。

　　载波恢复电路可根据待解调的调幅信号中是否含有载波分量而采用不同的实现方法。

　　(1) 对普通调幅信号,或者发送导频的双边带信号或单边带信号,可以采用窄带滤波器将载波信号提取出来,如图 6.3-17 所示。所谓导频,是指在发送 DSB 或 SSB 信号中,不是将载波分量全部抑制掉,而有意保留一部分,这个小载波分量就称为导频。利用导频恢复载波的方法,称为导频法。由于这个方法简单易行,因而得到普遍应用。

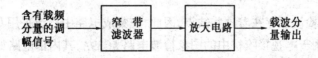

图 6.3-17　导频法产生同步信号

　　(2) 对于不含载波分量的双边带信号,采用非线性变换方法恢复载波分量,如图 6.3-18 所示。

图 6.3-18　从 DSB 信号中恢复载波分量

图中的平方器可利用场效应管实现,若输入信号表示式为

$$v_{DSB} = g(t)\cos \omega_c t$$

则平方器输出为

$$v_1 = kg^2(t)\cos^2 \omega_c t = \frac{kg^2(t)}{2} + \frac{kg^2(t)}{2}\cos 2\omega_c t$$

式中 k 为平方器的传输系数。v_1 经中心频率为 $2\omega_c$ 的窄带滤波器取出 $2\omega_c$ 分量,再经二分频后就可以得到所要求的载频 ω_c 分量了。

（3）对于不含导频分量的单边带信号,却无法直接从其中提取载波分量。这时,可采用发、收两端的载波都由频率稳定度很高的晶体振荡器产生。显然,这种方法难以保持发、收两端的载波严格同步,只能保证其间频差足够小。实验证明,如果发、收端间载波频差小于几十赫,就不会影响语言信息的清晰度。因此,某些单边带通信机为简单起见,往往采用该种恢复载波的方法。但是,这种差频对人眼睛的影响是敏感的,它会造成视频信息的严重失真。因此,不能采用该方法来解调视频信息。

6.3.4　晶体二极管检波与模拟相乘器检波性能比较

在分立元件接收机中,绝大多数采用晶体二极管组成的各种检波电路。这是因为二极管检波器电路简单、使用元件少、成本低、无需调整,但它与双差分对管模拟相乘器构成的检波电路比较,有以下一些缺点。

① 二极管检波器约有 6 dB 的衰减,检波效率低;

② 二极管检波负载电阻 R_L 因受某些条件限制不可过大,因而二极管检波器的输入电阻较低;

③ 二极管小信号检波失真大,若大信号检波,必要求末级中放有足够大的功率输出,这给末级中放的退耦和屏蔽提出了严格要求。否则将影响整机的稳定性。

④ 二极管检波(特别是不平衡检波电路)将产生众多谐波分量。通过地线或辐射,可能造成干扰。

正因二极管检波器存在着这些缺点,因此,在集成电路中广泛采用双差分模拟相乘器进行检波。例如用于电视接收机中的图象检波电路 5G39A,其内部电路如图 6.3-19 所示。

图象中频信号自 ⑫、⑬ 脚引入,一路送到由 T_1、T_2 组成的限幅器,取出 38 MHz(L_2C_1 回路谐振频率)图象中频信号,经 T_5、T_6 射随器平衡加到由 $T_7 \sim T_{13}$ 组成的模拟相乘器 x 输入端;另一路未限幅的图象中频信号经 T_3、T_4 射随器平衡加到模拟相乘器 y 输入端,相乘检波后视频信号从 ⑦ 脚单端输出,再经 ⑤ 脚到 $T_{15} \sim T_{18}$ 组成的视放放大输出。

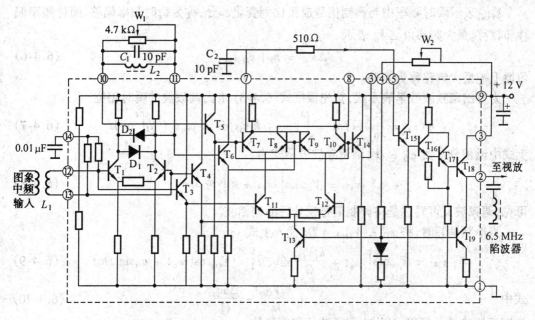

图 6.3-19 6.3-22 5G39A 内部电路及其外接电路

6.4 角度调制

角度调制是相位调制与频率调制的合称,前面已给出它们的定义。与幅度调制比较,角度调制的主要优点是抗干扰能力强,但以增加传输信号的频谱宽度为代价。下面首先分析调角波性质,进而讨论调频方法和常用电路。

6.4.1 调角波性质

1.调相波和调频波数学表示式

(1)调相波。根据相位调制定义,不难写出调相波的数学表示式为

$$v_{pM} = V_{cm}\cos[\omega_c t + k_p v_\Omega] \tag{6.4-1}$$

式中,k_p 为与调相电路有关的常数,单位是 rad/V。

$k_p v_\Omega$ 表示瞬时相位中与调制信号成正比例变化的部分,称为瞬时相位偏移,简称相移,其最大相移称为调相指数,以 m_p 表示,即

$$m_p = k_p \mid v_\Omega \mid_{max} \tag{6.4-2}$$

当单频调相时,将 $v_\Omega = V_{\Omega m}\cos \Omega t$ 代入式(6.4-1)中

$$v_{PM} = V_{cm}\cos[\omega_c t + k_p V_{\Omega m}\cos \Omega t] = V_{cm}\cos[\omega_c t + m_p\cos \Omega t] \tag{6.4-3}$$

式中

$$m_p = k_p V_{\Omega m} \tag{6.4-4}$$

(2)调频波。根据频率调制定义

$$\omega(t) = \omega_c + k_f v_\Omega \tag{6.4-5}$$

式中,k_f 为与调频电路有关的常数,单位是 rad/s·V。

$k_f v_\Omega$ 表示瞬时频率中与调制信号成正比例变化部分,称为瞬时频率偏移,简称频率偏移和频移。最大频移以 $\Delta\omega_m$ 表示

$$\Delta\omega_m = k_f \mid v_\Omega \mid_{\max} \tag{6.4-6}$$

习惯上把最大频移称为频偏。

为写出调频波数学表示式,首先根据式(6.4-5)求出调频波的瞬时相位

$$\varphi(t) = \int_0^t \omega(t)\mathrm{d}t = \int_0^t [\omega_c + k_f v_\Omega]\mathrm{d}t = \omega_c t + k_f \int_0^t v_\Omega \mathrm{d}t \tag{6.4-7}$$

上式中设积分常数 $\varphi_0 = 0$,则调频波表示式为

$$v_{FM} = V_{cm}\cos\left[\omega_c t + k_f \int_0^t v_\Omega \mathrm{d}t\right] \tag{6.4-8}$$

可见,调频波又可看成是将调制信号积分后的调相波。

当单频调频时,将 $v_\Omega = V_{\Omega m}\cos\Omega t$ 代入上式

$$v_{FM} = V_{cm}\cos\left[\omega_c t + \frac{k_f V_{\Omega m}}{\Omega}\sin\Omega t\right] = V_{cm}\cos[\omega_c t + m_f\sin\Omega t] \tag{6.4-9}$$

式中

$$m_f = \frac{k_f V_{\Omega m}}{\Omega} = \frac{\Delta\omega_m}{\Omega} \tag{6.4-10}$$

为调频波的最大相移,又称为调频波的调频指数。

2. 调角波的频谱与有效频谱宽度

由于调相波与调频波表示式有相似形式,根据欧拉公式写成指数函数形式,暂隐去调频调相脚标,合在一起分析其频谱性质,最后再加以区分。

现研究式(6.4-9)。为书写方便,令 $V_{cm} = 1$,并写成指数函数形式

$$v = \mathrm{Re}[e^{j(\omega_c t + m\sin\Omega t)}] = \mathrm{Re}[e^{j\omega_c t}e^{jm\sin\Omega t}] \tag{6.4-11}$$

式中,$\mathrm{Re}[x(t)]$ 表示函数 $x(t)$ 的实部。$e^{jm\sin\Omega t}$ 是 Ω 的周期函数,展开为傅氏级数

$$e^{jm\sin\Omega t} = \sum_{n=-\infty}^{\infty} J_n(m)e^{jn\Omega t} \tag{6.4-12}$$

式中

$$J_n(m) = \frac{1}{2\pi}\int_{-\pi}^{\pi} e^{jm\sin\Omega t}e^{-jn\Omega t}\mathrm{d}\Omega t \tag{6.4-13}$$

$J_n(m)$ 是参数为 m 的 n 阶第一类贝塞尔函数,它具有下列性质:

① $J_n(m) = \begin{cases} J_{-n}(m), & \text{当 } n \text{ 为偶数时} \\ -J_{-n}(m), & \text{当 } n \text{ 为奇数时} \end{cases}$

② $\sum\limits_{n=-\infty}^{\infty} J_n^2(m) = 1$,即总功率恒定不变

将式(6.4-12)代入式(6.4-11),得

$$v = \mathrm{Re}\left[\sum_{n=-\infty}^{\infty} J_n(m)e^{jn\Omega t}e^{j\omega_c t}\right] = \mathrm{Re}\left[\sum_{n=-\infty}^{\infty} J_n(m)e^{j(\omega_c t + n\Omega t)}\right]$$

$$= \sum_{n=-\infty}^{\infty} J_n(m)\cos(\omega_c t + n\Omega t) \tag{6.4-14}$$

可见,单音频 Ω 的调角波频谱具有无限多根谱线,其相邻两根谱线的间矩为 Ω,各谱线的幅度由相应的贝塞尔函数值决定。贝塞尔函数值有曲线和函数表可查,如图 6.4-1 和表 6.4-1 所示。

表 6.4-1　第一类贝塞尔函数表

$J_n(m)$ \ n / m	0	1	2	3	4	5	6	7	8	9	10	11	12	13	14	15
0.0	1.0															
0.5	0.94	0.24	0.03													
1.0	0.77	0.44	0.11	0.02												
2.0	0.22	0.58	0.35	0.13	0.03											
3.0	-0.26	0.34	0.49	0.31	0.13	0.04										
4.0	-0.40	-0.07	0.36	0.43	0.28	0.13	0.05									
5.0	-0.18	-0.33	0.05	0.30	0.39	0.26	0.13	0.05								
6.0	0.15	-0.20	-0.24	0.11	0.36	0.36	0.25	0.13	0.06							
7.0	0.30	0.05	-0.30	-0.17	0.16	0.35	0.34	0.23	0.13	0.06						
8.0	0.17	0.23	-0.11	-0.29	-0.10	0.19	0.34	0.32	0.22	0.13	0.06					
9.0	-0.09	0.24	0.14	-0.18	-0.27	-0.06	0.20	0.33	0.30	0.21	0.12	0.06				
10.0	-0.25	0.04	0.25	0.06	-0.22	-0.23	-0.01	0.22	0.31	0.29	0.20	0.12	0.06			
11.0	-0.17	-0.18	0.14	0.23	-0.02	-0.24	-0.20	0.02	0.23	0.31	0.28	0.20	0.12	0.06		
12.0	0.05	-0.22	-0.08	0.20	0.18	-0.07	-0.24	-0.17	0.05	0.23	0.30	0.27	0.20	0.12	0.07	
13.0	0.21	-0.07	-0.22	0.003	0.22	-0.12	-0.24	-0.14	0.07	0.23	0.29	0.26	0.19	0.12	0.07	
14.0	0.17	0.13	-0.15	-0.18	0.08	0.22	0.08	-0.015	-0.23	-0.11	0.09	0.24	0.29	0.25	0.19	0.12
15.0	0.01	0.21	0.01	-0.19	-0.12	0.13	0.21	0.03	-0.17	-0.22	-0.09	0.10	0.24	0.28	0.25	0.18

由此看出,单频调角波的频谱具有下述特点:

(1) 调角波的频谱不再是调制信号频谱的线性搬移。在载波分量上下除 Ω 基波外,还产生了间隔为 Ω 无限多新的旁频分量,奇数次上下边频分量幅度相等、相位相反,偶数次上下边频分量幅度相等、相位相同。

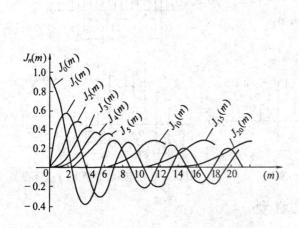

图 6.4-1　$J_n(m)$ 与 m 的关系曲线

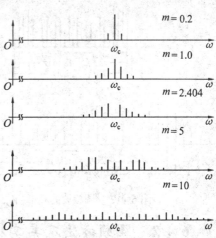

图 6.4-2　单音频信号调频波的频谱图

(2) 调制指数 m 越大,具有较大幅度的边频分量数目就越多,且各边频分量幅度相对比例也发生变化,对应几种不同调制指数的频谱如图 6.4-2 所示。这种变化的实质,是载波能量向边频分量能量的转移,或者说是重新分配,但根据贝塞尔函数性质知道,其总功率是恒定不变的,因而对于某些 m 值,载波或某边频分量幅度可能为零。

(3) 由于贝塞尔函数的各次分量幅度有随 m 增加而减小的衰减特性,调角波有效频谱宽度是有限的。如果允许忽略幅度小于未调载波幅度的 10%(根据要求而定)边频分量的话,保留下来的部分就确定了调角波的有效频谱宽度。观察表 6.4-1 发现:当 $n > m + 1$ 时,$J_n(m) < 0.1$。故调角波允许忽略小于未调载波幅度 10% 的边频分量时,其有效带宽为

$$2\pi BW = 2(m_f + 1)\Omega = 2(\Delta\omega_m + \Omega)$$

或者
$$BW = 2(m_f + 1)F = 2(\Delta f_m + F) \tag{6.4-15}$$

(4) 调相波与调频波的差别。由式(6.4-4)可见,调相指数 m_p 与调制频率 Ω 无关。Ω 增加,m_p 不变,较大幅度边频分量数目没变,然而相邻两根谱线间的距离增大了,所以调相波有效带宽随 Ω 增加而增宽,如图 6.4-3 所示。

由式(6.4-10)可见,调频指数 m_f 与调制频率 Ω 成反比。Ω 增加,m_f 减小,尽管相邻谱线间的距离增加了,但因 m_f 减小,较大幅度边频分量数目也减少了。调频波有效带宽几乎不变,故频率调制又称为"恒定带宽调制",如图 6.4-4 所示。这是模拟通信系统中调频制要比调相制应用得广泛的主要原因。调相波常用于数字通信(相位键控)。

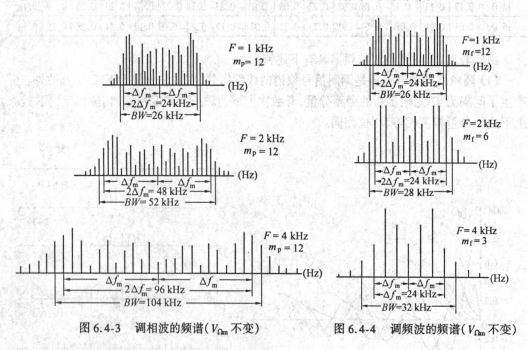

图 6.4-3 调相波的频谱($V_{\Omega m}$ 不变)　　　　图 6.4-4 调频波的频谱($V_{\Omega m}$ 不变)

6.4.2　调频方法及其实现模型

由于调频波的频谱不再是调制信号频谱的线性搬移,因而也就不能用模拟相乘器和滤波器组成电路模型,必须根据调频波的特点完成其频谱的非线性变换过程,通常用两种

方法:直接调频法和间接调频法。

1.直接调频法

直接调频原理是用调制信号直接控制决定振荡器振荡频率的某个元件参数,使振荡器瞬时频率跟随调制信号大小呈线性变化。

在 LC 正弦波振荡中其振荡频率主要取决于振荡回路的电感量和电容量,所以,在振荡回路中接入可控电抗元件,就可完成直接调频任务,如图 6.4-5 所示。

2.间接调频法

间接调频原理是根据式(6.4-8)表明的关系,先将调制信号进行积分后调相,即可得到调频波,如图 6.4-6 所示。

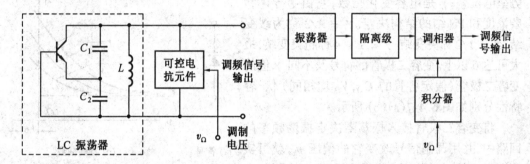

图 6.4-5　直接调频电路模型　　　　　图 6.4-6　间接调频电路模型

直接调频的特点是频偏较大,但中心频率稳定度不高,间接调频恰与其反,中心频率稳定度较高,但频偏较小。

调频电路的主要技术指标。

① 调制特性　被调振荡器的相对频率偏移与调制电压间的关系曲线,即

$$\frac{\Delta f}{f_e} \propto v_\Omega$$

称为调制特性,要求它呈线性关系。

② 调制灵敏度　单位调制电压所产生的频率偏移大小,称为调制灵敏度,以 S_F 表示

$$S_F = \frac{\Delta f}{\Delta V_\Omega}$$

显然,S_F 越大,调制信号控制作用越强。

③ 最大频偏　指在正常调制电压作用下,所能产生的最大频率偏移 Δf_m。它是根据对调频指数 m_f 的要求来确定的,并要求其数值在整个调制信号所占有的频带内保持不变。

④ 中心频率稳定度　虽然调频信号瞬时频率是随调制信号而变化,但它是以稳定的中心频率为基准的。为保证接收机能正常接收调频信号,要求该中心频率具有足够的稳定度。

6.4.3　常用调频电路

常用的直接调频电路有变容二极管、电抗管调频器等;间接调频电路主要是调相器的

问题,模拟信号的调相可利用载波通过失谐回路的方法或载波通过延时电路的方法来实现,现分别介绍如下。

1.变容二极管直接调频电路

变容二极管是利用半导体 PN 结电容随加在其两端的反向电压 v_r 变化而改变的特性制成的。它是一种压控可变电抗元件,结电容 C_j 与反向电压 v_r 之间的关系为

$$C_j = \frac{C_{j0}}{\left(1 + \frac{|v_r|}{V_D}\right)^\gamma} \qquad (6.4\text{-}16)$$

式中,C_{j0} 为 $v_r = 0$ 时的结电容值;V_D 为 PN 结的势垒电位差;γ 是电容变化指数,它由半导体参杂浓度和 PN 结的结构决定。$\gamma = 1/3$ 称为缓变结,$\gamma = 1/2$ 称突变结,$\gamma = 1 \sim 4$ 称超突变结,最大可达 6 以上。变容二极管的符号及不同 γ 值的变容二极管(假定各管的 C_{j0},V_D 均相同)伏-容特性分别如图 6.4-7(a)(b) 所示。

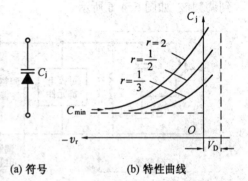

(a) 符号   (b) 特性曲线

图 6.4-7　变容二极管符号与 $C_j \sim v_r$ 关系曲线

将变容二极管接入振荡器决定振荡频率的回路中,并用调制信号改变它的偏压 v_r,就可实现调频功能。但须注意,为减小振荡回路损耗,变容二极管必须工作在反向偏压范围内。

下面定量分析变容二极管的调频特性。

假设振荡回路由变容二极管电容 C_j 与电感 L 组成,如图 6.4-8 所示,其振荡频率为

$$f = \frac{1}{2\pi\sqrt{LC_j}} \qquad (6.4\text{-}17)$$

选定 $v_r = -(V_Q + v_\Omega)$,$v_\Omega = V_{\Omega m}\cos\Omega t$,代入式(6.4-16)

$$C_j = \frac{C_{j0}}{\left(1 + \frac{V_Q + V_{\Omega m}\cos\Omega t}{V_D}\right)^\gamma}$$

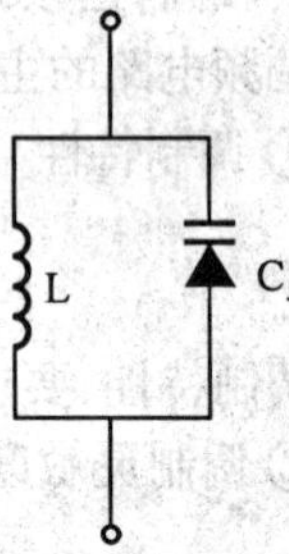

经整理,可得

$$C_j = \frac{C_{jQ}}{(1 + m\cos\Omega t)^\gamma} \qquad (6.4\text{-}18)$$

图 6.4-8　变容管与回路
电感 L 并联电路

式中,C_{jQ} 为 $\dfrac{C_{j0}}{(1 + \frac{V_Q}{V_D})^\gamma}$ 静态工作点处结电容;m 为 $\dfrac{V_{\Omega m}}{V_D + V_Q}$ 称电容调制指数。

将式(6.4-18) 代入式(6.4-17) 中

$$f = \frac{1}{2\pi\sqrt{LC_{jQ}}}(1 + m\cos\Omega t)^{\gamma/2} = f_0(1 + m\cos\Omega t)^{\gamma/2} \qquad (6.4\text{-}19)$$

式中 $f_0 = 1/(2\pi\sqrt{LC_{jQ}})$ 为 $v_\Omega = 0$ 时振荡器的振荡频率(即中心频率),由上式可见,只有

$\gamma = 2$时,才具有线性调制特性,这时

$$\frac{f - f_0}{f_0} = \frac{\Delta f}{f_0} = m\cos \Omega t \tag{6.4-20}$$

如果 $\gamma \neq 2$,式(6.4-19)可用二项式公式

$$(1 + x)^n = 1 + nx + \frac{n(n - 1)}{2!}x^2 + \frac{n(n - 1)(n - 2)}{3!}x^3 + \cdots, \quad \text{当} \mid x \mid < 1$$

展开

$$f = f_0\Big[1 + \frac{\gamma}{2}m\cos \Omega t + \frac{\gamma}{2}\Big(\frac{\gamma}{2} - 1\Big)\frac{1}{2!}m^2\cos^2\Omega t + \cdots\Big]$$

$$= f_0\Big[1 + \frac{\gamma}{2}m\cos \Omega t + \frac{\gamma}{8}\Big(\frac{\gamma}{2} - 1\Big)m^2 + \frac{\gamma}{8}\Big(\frac{\gamma}{2} - 1\Big)m^2\cos 2\Omega t + \cdots\Big]$$

或 $$\frac{\Delta f}{f_0} = \frac{\gamma}{2}m\cos \Omega t + \frac{\gamma}{8}\Big(\frac{\gamma}{2} - 1\Big)m^2 + \frac{\gamma}{8}\Big(\frac{\gamma}{2} - 1\Big)m^2\cos 2\Omega t + \cdots \tag{6.4-21}$$

可见,除第一项为有用项外,还存在第二项(表示中心频率相对偏移量),第三项(表示二次谐波失真分量的相对频偏量),只有 m 很小时,才能近似认为调制特性是线性的。但 m 过小,频偏

$$\Delta f_{\mathrm{m}} = \frac{1}{2}\gamma m f_0 \tag{6.4-22}$$

和调制灵敏度

$$S = \frac{\Delta f_{\mathrm{m}}}{\Delta V_{\Omega m}} = \frac{\frac{1}{2}\gamma m f_0}{V_{\Omega m}} \tag{6.4-23}$$

也都要减小,因此,这种变容二极管直接与振荡回路电感并接的调频电路只适用于小频偏情况。在实际电路中,总是设法使变容二极管工作在 $\gamma = 2$ 的区域。

图 6.4-9(a)是中心频率为70 MHz ± 100 kHz,频偏 $\Delta f_{\mathrm{m}} = 6$ MHz 的变容二极管直接调频实用电路,用于微波通信设备中,图(b) 为其高频等效电路。

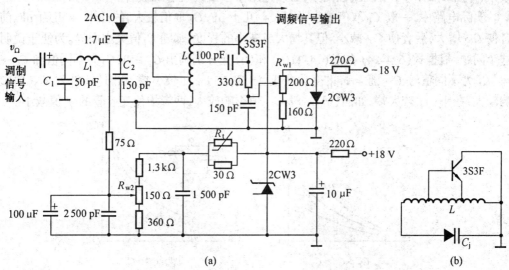

图 6.4-9 频偏较大的变容管调频电路

振荡器是电感反馈式三点电路,晶体管基极和振荡回路采用部分接入方式,C_1、L_1 和 C_2 组成低通 π 形滤波器,使调制信号可以加到变容器上,而高频电压却不能进入调制信号源,C_2 对高频是近似短路对调制信号开路。为了减小调频信号中心频率的变化,变容管的偏压电路采用了稳压措施,并用热敏电阻 R_t 进行温度补偿。用 R_{w2} 调节变容管的工作点电压,使中心频率符合所要求的数值,改变 R_{w1} 调节晶体管电流,以改变振荡电压的大小和得到最好的线性。

变容二极管的结电容作为总电容的调频电路,其中心频率稳定度较差。为减小变容二极管结电容因受温度或反向偏压不稳而带来中心频率不稳定的影响,通常变容二极管采用部分接入法,如图 6.4-10 所示。

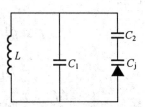

图 6.4-10　部分接入法

回路总电容 C_Σ

$$C_\Sigma = C_1 + \frac{C_2 C_j}{C_2 + C_j} \qquad (6.4-24)$$

将式(6.4-18) 代入上式

$$C_\Sigma = C_1 + \frac{C_2 C_{jQ}}{C_2(1 + m\cos \Omega t)^\gamma + C_{jQ}} \qquad (6.4-25)$$

相应的调频特性方程为

$$f = \frac{1}{2\pi\sqrt{LC_\Sigma}} = \frac{1}{2\pi\sqrt{L\left(C_1 + \dfrac{C_2 C_{jQ}}{C_2(1 + m\cos \Omega t)^\gamma + C_{jQ}}\right)}} \qquad (6.4-26)$$

现在定性讨论接入 C_1、C_2 后,变容二极管及 C_1、C_2 对上述调频特性的影响。

必须指出,在部分接入法电路中,变容二极管的结电容仅是振荡回路总电容的一部分,在相同调制信号作用下,它对振荡频率的调变能力减弱,这相当于等效电容的变化指数 γ 减小。因此,为了实现线性调频,必须选用 $\gamma > 2$ 的变容二极管。

实际电路中,一般 C_1 取值较小,约几 ～ 几十 pF,C_2 取值较大,约几十 ～ 几百 pF。前者使 C_Σ 增大,后者使 C_Σ 减小。但其增大或减小的程度,却随 C_j 值大小而异。为便于说明这个问题,根据式(6.4-24)在图6.4-11(a) 和(b)上分别画出 $C_1 = 0$、C_2 为不同值和 $C_2 \to \infty$、C_1 为不同值时 C_Σ 随 $-v_r$ 的变化曲线。显然,在 $|v_r|$ 较小端,如图(a)C_2 对 C_Σ 值影响较大;在 $|v_r|$ 较大端,如图(b)C_1 对 C_Σ 值影响较大,两者均使变容管的 γ 值减小。

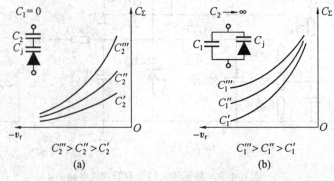

图 6.4-11　C_1、C_2 分别对 C_Σ 的影响

综上所述,采用变容二极管部分接入振荡回路的直接调频电路中,选用 $\gamma > 2$ 的变容二极管,反复调整 C_1、C_2 和 V_Q 值,就能获得 $\gamma = 2$,从而获得线性调频特性。

根据式(6.4-26)可推导出变容二极管部分接入时调频电路提供的最大频偏为

$$\Delta f_{\mathrm{m}} = \frac{\gamma}{2} \frac{m f_0}{P} \tag{6.4-27}$$

式中

$$\left. \begin{array}{l} P = (1 + P_1)(1 + P_1 P_2 + P_2) \\ P_1 = C_{jQ}/C_2, \quad P_2 = C_1/C_{jQ} \end{array} \right\} \tag{6.4-28}$$

和调制灵敏度

$$S = \frac{\Delta f_{\mathrm{m}}}{\Delta V_{\Omega m}} = \frac{\gamma}{2P} \cdot \frac{f_0}{V_Q + V_D} \tag{6.4-29}$$

将式(6.4-27)、(6.4-29) 和式(6.4-22)、(6.4-23) 比较可见,在相同调制电压条件下,部分接入电路提供的最大频偏和调制灵敏度都减小 $1/P$ 倍,但载波频率稳定度提高了 P 倍。

图 6.4-12(a) 给出了变容管部分接入振荡回路直接调频电路的实例,图(b) 是其高频等效电路,该电路的中心频率为 90 MHz,采用电容反馈式三点电路,变容管先与 C_5 串联,再与其他回路电容并联。由于变容管与回路是弱耦合。故在没有附加稳压电路和温度补偿的情况下,中心频率的相对稳定性也能达到 10^{-4} 数量级。

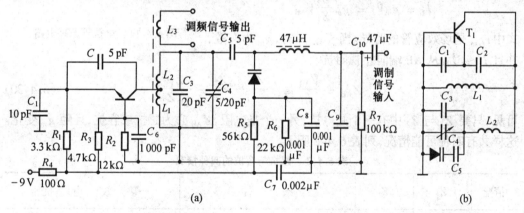

图 6.4-12 变容管部分接入回路的直接调频电路

图 6.4-13 是中心频率为 100 MHz 晶体振荡器的变容管直接调频电路,用于无线话筒中发射机,图中,T_2 管接成皮尔斯晶体振荡电路,由变容管实现直接调频,它所能提供的相对频偏值受晶体 ω_q 和 ω_p 限制,一般在 $\dfrac{1}{1\,000}$ 以下。集电极谐振回路调谐在晶体振荡频率的三次谐波上,完成三倍频功能。T_1 是音频放大器,将话筒提供的语音信号进行放大后送到变容管上。

2.电抗管调频

电抗管实质也是一种可控电抗电路,它可由任何放大器件所构成,其工作原理都是相同的。与变容管比较,电抗管除了电路稍复杂一点外,其突出优点是便于集成化,可用电抗

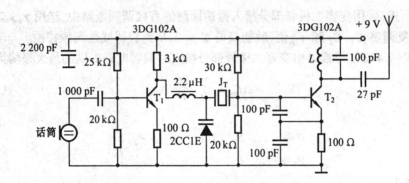

图 6.4-13　晶体振荡器变容管直接调频电路

管代替不易实现的电感元件。

图 6.4-14 表示用场效应管组成电抗管的原理电路。为了简化,图中略去了直流偏置电路。

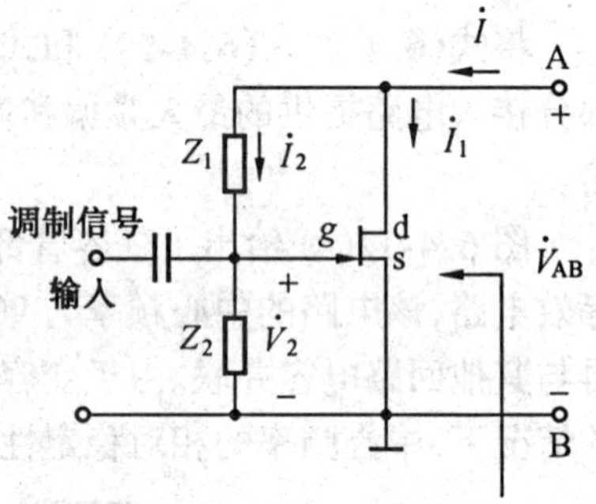

如果 AB 端作用一高频电压 $\dot{V}_{AB}$,则

$$\dot{V}_2 = \frac{\dot{V}_{AB}}{Z_1 + Z_2} \cdot Z_2$$

假设　　$Z_1 \gg Z_2$, $\dot{V}_2 \approx \frac{Z_2}{Z_1}\dot{V}_{AB}$

$$\dot{I}_1 = g_m \dot{V}_2 = g_m \frac{Z_2}{Z_1}\dot{V}_{AB}$$

图 6.4-14　电抗管原理电路

式中,g_m 是场效应管的跨导。当 $f \ll f_T$ 时,g_m 为实数,并且 $\dot{I}_1 \gg \dot{I}_2$。从 AB 端向左视阻抗

$$Z_{AB} = \frac{\dot{V}_{AB}}{\dot{I}} \approx \frac{\dot{I}_1 Z_1 / g_m Z_2}{\dot{I}_1} = \frac{Z_1}{g_m Z_2} \tag{6.4-30}$$

可见,只要 Z_1 与 Z_2 中有一个是电抗,另一个是电阻,Z_{AB} 必为感抗或容抗,且随 g_m 变化。这样共有四种可能情况,列表 6.4-2 所示。

表 6.4-2　感抗与容抗的四种情况

情况	Z_1	Z_2	条　件	等　效　电　抗
1	$\frac{1}{j\omega C}$	R	$\frac{1}{\omega C} \gg R$	容抗, $C_e = g_m RC$
2	R	$j\omega L$	$R \gg \omega L$	容抗, $C_e = \frac{g_m L}{R}$
3	$j\omega L$	R	$\omega L \gg R$	感抗, $L_e = \frac{L}{g_m R}$
4	R	$\frac{1}{j\omega C}$	$R \gg \frac{1}{\omega C}$	感抗, $L_e = \frac{RC}{g_m}$

这里需要说明的一点是,上述四种情况都满足可以忽略 Z_1 和 Z_2 对放大器件的旁路作用。

图 6.4-15 由晶体管组成的电抗管直接调频电路实例,图中 $R_1 \sim R_7$ 分别是电抗管与振荡管的直流偏置电阻,C_2、C_4、C_5 和 C_6 对高频均为短路,C_3 是耦合电容,C_7、C_8、C_9 和 L_3 组成谐振回路,ZL_1 与 ZL_2 为高频振流圈。

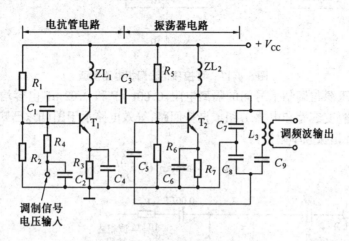

图 6.4-15 晶体管电抗管调频电路

3.间接调频电路

由图 6.4-6 可见,实现间接调频的关键是如何实现调相。调相电路有多种,从原理上讲可归纳为三种方法,分述如下。

(1) 矢量合成法调相电路

将调相波表达式(6.4-3) 展开

$$v_{\text{PM}} = V_{\text{c m}}\cos \omega_c t\cos(m_p\cos \Omega t) - V_{\text{c m}}\sin \omega_c t\sin(m_p\cos \Omega t)$$

当 $m_p < \dfrac{\pi}{12}\text{rad}$(或 15°) 时

$$\cos(m_p\cos \Omega t) \approx 1, \quad \sin(m_p\cos \Omega t) \approx m_p\cos \Omega t$$

代入上式,则

$$v_{\text{PM}} \approx V_{\text{c m}}\cos \omega_c t - V_{\text{c m}}m_p\cos \Omega t\sin \omega_c t \tag{6.4-31}$$

该式说明,调相波可用载波信号 $V_{\text{c m}}\cos \omega_c t$ 和双边带信号 $V_{\text{c m}}m_p\cos \Omega t \sin \omega_c t$ 叠加而成,相应地实现电路模型如图 6.4-16 所示。

这种方法只能用于 $m_p < 15°$ 的窄带调相波。

图 6.4-16 矢量合成法调相电路模型

(2) 可控移相法调相电路

根据调相波的定义,就是在载波相位上附加一个变化的相位,该变化相位受调制信号线性控制,其实现电路模型如图 6.4-17 所示。

可控移相网络形式很多,用可控电抗或可控电阻元件都能够实现调相功能。最常用的是变容二极管作可控电抗元件,如图 6.4-18 所示。图中 R_1 与 R_2 是输入和输出端上的隔离

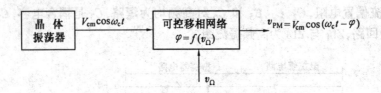

图 6.4-17　可控移相法调相电路模型

电阻, R_4 是偏压源与调制信号间的隔离电阻。0.001 μF 和 0.02 μF 电容均为隔直耦合电容,对高频短路。变容管和电感 L 组成谐振回路,等效电路示于图(b)。已知并联谐振回路的相频特性,在谐振频率附近为

$$\varphi = -\arctan Q_L \frac{2\Delta f}{f_0} \tag{6.4-32}$$

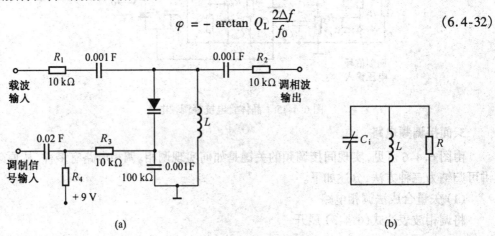

图 6.4-18　变容管调相电路

又从式(6.4-21)可知,当 m 很小时,有

$$\frac{\Delta f}{f_0} \approx \frac{\gamma}{2} m \cos \Omega t$$

代入式(6.4-32)中

$$\varphi = -\arctan Q_L \gamma m \cos \Omega t$$

当 $|\varphi| < \dfrac{\pi}{6}$(或30°)时

$$\varphi \approx Q_L \gamma m \cos \Omega t = m_p \cos \Omega t \tag{6.4-33}$$

式中 $m_p = Q_L \gamma m$ 称调相指数。该调相波的最大不失真相移 m_p 受到谐振回路相频特性非线性限制,m_p 值不应超过30°。

(3) 可控延时法调相电路

高频振荡相位除了通过上述可控移相网络调变外,还可通过延时网络来改变。因为

$$\cos[\omega_c(t - \tau)] = \cos(\omega_c t - \omega_c \tau)$$

如果让延迟时间 τ 跟随调制信号线性变化,就可获得不失真的调相波,其实现模型如图6.4-19所示。但是模拟信号的可控延时电路实现比较困难,所以当采用这种方法时,总是首先将载波信号变成脉冲序列,然后用数字电路实现可控延时,再将延时后的脉冲序列变

成模型载波信号。图6.4-20给出这种方法的电路模型。

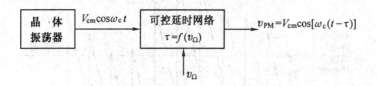

图 6.4-19　可控延时法调相电路模型

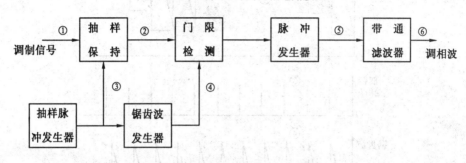

图 6.4-20　利用数字电路实现脉冲调位

抽样脉冲发生器提供稳定时钟脉冲,在抽样保持电路中,对调制信号进行抽样并保持到下一次抽样时为止。锯齿波发生器在抽样脉冲控制下,产生一系列重复周期等于抽样脉冲周期的锯齿波,并在每个抽样脉冲到来时,据齿波回归到零电平。在门限检测电路中,抽样保持电平与锯齿波叠加,并与预先设置的某一门限值进行比较。当超过此门限值时,就产生一窄脉冲,这样可得一串脉冲序列。每个脉冲的位置受到调制信号的控制,最后经带通滤波器滤波后即得到调相波。各部分波形图如图6.4-21所示,图中波形标号①、②、③、④、⑤、⑥ 分别与图6.4-20相对应。调相波经过零点的时刻与窄脉冲的位置是对应的。

为了得到正与负最大延时范围,门限电压电平应选在恰好等于锯齿波的中点处(当调制信号等于零时)。这样,最大延时不能超过锯齿波周期 T_c 的一半。如需考虑到回扫时间,最大延时 τ_{max} 只能取

$$\tau_{max} \leqslant 0.4 T_c$$

由滤波器取出基波频率即正弦调相信号所能产生的最大线性相移为

$$m_p = \omega_c \tau_{max} \leqslant \frac{2\pi}{T_c}(0.4 T_c) = 0.8 \pi \tag{6.4-34}$$

即最大相移为144°。可见脉冲调位电路具有较大线性相移的优点,广泛用于调频广播发射机中。

综上所述,无论哪种调相电路,其最大线性相移 m_p 均受到调相特性非线性的限制。将它们作为间接调频电路时,调频波的最大相移(即最大调频指数 m_f)同样要受到调相特性非线性的限制,即 m_f 值不应超过相应的 m_p 值的限定值。根据式(6.4-10),$m_f = \dfrac{\Delta\omega_m}{\Omega}$,当调相电路选定后,$m_f$ 就被限定。对调频波而言,$\Delta\omega_m$ 与 Ω 无关,当 $V_{\Omega max}$ 一定,$\Delta\omega_m$ 就是一常数,这时对应调制信号中最低调制频率分量 Ω_{min},m_f 有最大值。只要这个最大值不超过调

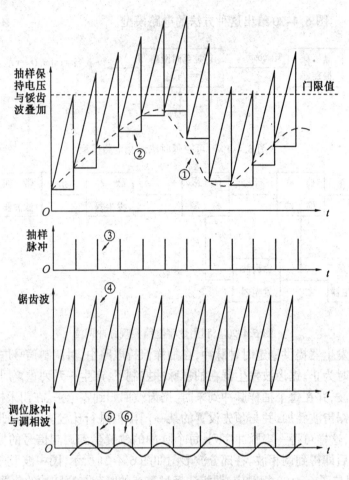

图 6.4-21　脉冲调位各部分波形图

相器提供的最大线性相移,则其他调制频率相应的 m_f 也就不会超过最大线性相移。故间接调频电路可能提供的最大角频偏应在最低调制频率上求得,即

$$\Delta\omega_m = m_f\Omega_{min}$$

或者
$$\Delta f_m = m_f F_{min} \qquad (6.4\text{-}35)$$

若已知最低调制频率 $F_{min} = 100 \text{ Hz}$,当采用矢量合成法调相电路时,$m_f = \dfrac{\pi}{12} = 0.26$ rad,$\Delta f_m = 0.26 \times 100 = 26 \text{ Hz}$;当采用一级单回路变容管可控移相法调相电路时,$m_f = \dfrac{\pi}{6} = 0.52 \text{ rad}$,$\Delta f_m = 0.52 \times 100 = 52 \text{ Hz}$;当采用脉冲可控延时法调相电路时,$m_f = 0.8\pi = 2.51 \text{ rad}$,$\Delta f_m = 2.51 \times 100 = 251 \text{ Hz}$。可见,间接调频电路所能提供的最大频偏都是很小的,这样小的频偏是不能满足实用要求的。

6.4.4　扩展频偏方法

如前所述,直接调频电路提供的最大相对频偏 $\Delta f_m/f_c$ 受到调频特性非线性的限制。当最大相对频偏限定时,对于特定的 f_c,Δf_m 也就被限定了,其值与调制频率的大小无关;

而间接调频电路提供的最大调频指数 m_f 受到调相特性非线性的限制。当 m_f 被限定时,对于特定的调制频率,Δf_m 也就被限定了,其值与 f_c 的大小无关。因此,可利用倍频器将调频信号的载波频率和其最大线性频偏同时增大 n 倍(但其相对频偏保持不变),这样就可扩展直接调频电路的最大线性频偏。利用混频器降低载波频率(但其调制规律不变,详见第7章),绝对频偏保持不变,这样就可扩展间接调频电路的相对频偏。

这就是说,倍频器可以扩展调频波的绝对频偏,混频器可以扩展调频波的相对频偏。利用倍频器、混频器的上述特性,就可以在要求的载波频率上,随意扩展调频波的线性频偏。

举例 试画出间接调频广播发射机的组成方框图。要求其载波频率为 100 MHz,最大频偏为 75 kHz,调制频率范围为 100 ~ 15 000 Hz,采用一级单回路变容管调相电路。

解 采用单回路变容管调相电路时,根据式(6.4-35),在最低调制频率 100 Hz 上,能产生的最大线性频偏为 52 Hz。为产生所要求的调频波,可采用图 6.4-22 所示方案。图中晶体荡振器频率为 100 kHz,设单回路变容管调相电路产生最大线性频偏为 48.83 Hz,经两级四倍频、一级三倍频和一级二倍频之后可得载频为 9.6 MHz,最大线性频偏为 4.688 kHz 的调频波,再经混频器将其载波频率降低到 6.25 MHz,而其最大线性频偏未变。又经两级四倍频器,就可获得所要求的调频波,最后经功率放大器送到天线发射。

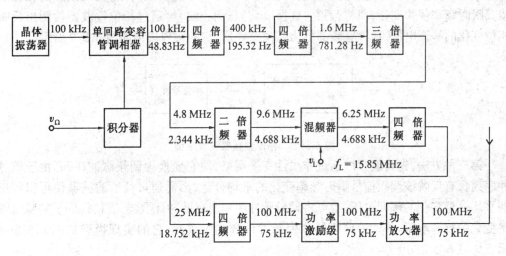

图 6.4-22 间接调频广播发射机的组成

6.5 角度解调

在调角信号中,调制信息寓于已调信号瞬时频率或瞬时相位的变化中,所以解调的任务就是把已调信号瞬时频率或瞬时相位变化不失真地转变成电压变化,即实现"频率 – 电压"转换或"相位-电压"转换,将完成此功能的电路称为频率解调器或相位解调器,简称鉴频器或鉴相器。

在模拟通信中,广泛应用具有"恒定带宽调制"的调频制,下面仅对鉴频方法及其实现模型简介如下。

6.5.1 鉴频方法及其实现模型

调频波的解调方法基本有两类:第一类是利用本书第 8 章介绍的锁相环路实现频率解调,第二类是将调频波进行特定的波形变换,使变换后的波形中包含有反映调频波瞬时频率变化规律的某种参数(电压、相位或平均分量),然后设法检测出这个参量即得到原始调制信号。根据波形变换特点不同可归纳以下几种实现方法:

第一种方法,将调频波通过幅-频特性斜率不等于零的线性网络,使调频波的振幅能按其瞬时频率规律变化,即将调频波变换成调频-调幅波,再通过包络检波器检测出反映幅度的变化的解调电压。把这种鉴频器称为斜率鉴频器,或称幅度鉴频器。它的电路模型如图 6.5-1 所示。

图 6.5-1　斜率鉴频器的实现模型

第二种方法,将调频波通过相-频特性斜率不等于零的线性网络,使调频波的相位能按其瞬时频率规律变化,即将调频波变换成调频-调相波,再通过相位检波器检测出反映相位变化的解调电压。这种鉴频器称为相位鉴频器,它的实现模型如图 6.5-2 所示。

图 6.5-2　相位鉴频器实现模型

第三种方法,先将调频波通过非线性变换网络,使它变换为调频脉冲序列。由于该脉冲序列含有反映该调频信号瞬时频率变化的平均分量,因而通过低通滤波器便可得到反映平均分量变化的解调电压。也可将调频脉冲序列通过脉冲计数器,直接得到反映瞬时频率变化的解调电压。将这种鉴频器称为脉冲计数式鉴频器,它的实现模型如图 6.5-3 所示。(详见 6.5.2 节)

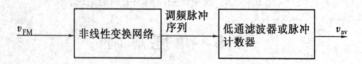

图 6.5-3　脉冲计数式鉴频器实现模型

鉴频器的主要特性是鉴频特性,也就是它的输出电压 v_{av} 与其输入信号瞬时频率 f 之间的关系,如图6.5-4 所示。对应调频信号中心频率 f_c,输出电压为零,当信号频率向左右偏离时,分别得到负正输出电压。要求这一关系是线性的,但实际上它只能在某一范围内保持线性。

衡量鉴频器性能的主要技术指标有：

①鉴频灵敏度　在中心频率附近，单位频偏所引起输出电压的大小，即

$$S_d = \left.\frac{\Delta v_{av}}{\Delta f}\right|_{f=f_c}$$

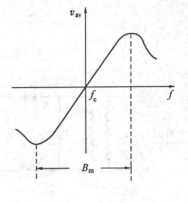

称为鉴频灵敏度。显然，鉴频灵敏度越高，意味着鉴频特性曲线越陡峭，鉴频能力越强。

②线性范围　在鉴频特性曲线近似于直线段的频率范围内，如图 6.5-4 中 B_m 所示。此范围应大于调频信号最大频偏的两倍以上。

③非线性失真　在 B_m 范围内，因鉴频特性仍不

图 6.5-4　鉴频特性

是理想的线性而引起的失真，称为鉴频器的非线性失真，希望小到允许程度。

6.5.2　常用鉴频电路

1.斜率鉴频器

如前所述，实现斜率鉴频的关键在于找到一个能实现"频率-幅度线性变换网络"，可以证明，只有线性网络具有理想的线性幅-频特性和恒值相-频特性，即

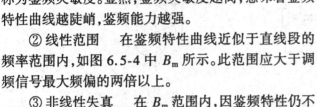

$$\left.\begin{array}{l}|\dot A(\omega)| = A(\omega) = A_0\omega > 0 \\ \varphi_A(\omega) = \varphi_0 \qquad\qquad > 0\end{array}\right\} \tag{6.5-1}$$

式中，A_0、φ_0 为常数才能实现上述变换作用。

实际的线性网络是难以满足上述理想条件的，这时需要对调频波通过具有一般频率特性的系统进行分析，很复杂。但是，当它满足准静态条件（网络输出响应足够快，能及时跟上输入调频信号瞬时频率的变化）时，可近似认为网络在任一瞬间对输入调频信号的响应，就是对该瞬时频率的正弦稳态响应。因此，对于输入调频波 v_i 来说，可以方便地写出它在网络输出端的响应为

$$v_0 \approx \dot A(\omega)v_i = A(\omega)e^{j\varphi_A(\omega)}v_i \tag{6.5-2}$$

若　　　　　　$v_i = V_{im}\cos(\omega_c t + m_f\sin\Omega t)$

则　　　　　　$v_0 = A(\omega)V_{im}\cos[\omega_c t + m_f\sin\Omega t + \varphi_A(\omega)] \tag{6.5-3}$

这时只须对网络的幅-频特性提出线性要求，而其相位特性毋需提出恒值要求，因其后采用包络检波器，相位对输出无影响。

图 6.5-5(a) 表示由单个失谐回路和二极管包络检波器组成的斜率鉴频电路。

这里所谓失谐是指单调谐回路对输入调频波的载波频率是失谐的。为了获得线性鉴频特性，总是使输入调频波的载频处在谐振特性曲线倾斜部分接近直线段的中点处（如图 6.5-5(b) 中的 Q 点）。这样，单谐振回路就可将输入等幅调频波变换为幅度反映瞬时频率变化的调频-调幅波，而后通过包络检波器完成鉴频作用。

为了扩大鉴频特性的线性范围，实用的斜率鉴频器常采用两个失谐回路构成的平衡电路，如图 6.5-6 所示。图(a)是由两个单失谐回路和二极管包络检波器组成，上下两个回

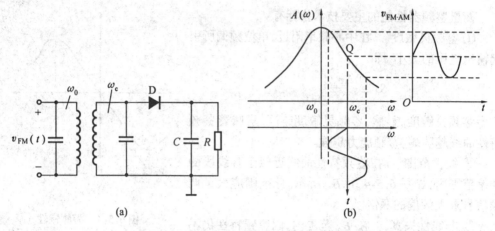

图 6.5-5　单失谐回路斜率鉴频的工作原理

路分别调谐于 ω_{01} 和 ω_{02} 上,它们各自失谐于输入调频波载波波载频率 ω_c 的两侧,并且与 ω_c 之间的失谐量相等,即 $\delta\omega_1 = \delta\omega_2 = \delta\omega$。若上下两个回路的幅频特性分别为 $A_1(\omega)$ 和 $A_2(\omega)$,包络检波器传输系数 K_d 相等,则双失谐回路鉴频器的解调输出电压为

$$v_{av} = v_{av1} - v_{av2} = V_{im}K_d[A_1(\omega) - A_2(\omega)] \tag{6.5-4}$$

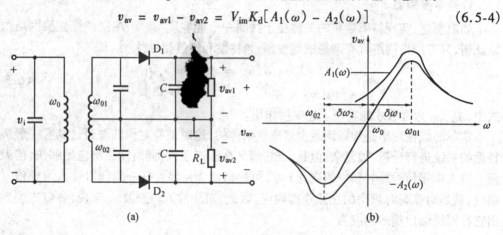

图 6.5-6　双失谐回路鉴频器

该式就是双失谐回路鉴频器鉴频特性方程式。它表明,当 V_{mi}、K_d 一定时,v_{av} 随 ω 变化特性就是将两回路的幅频特性相减后的合成特性,如图 6.5-6(b) 所示。由图可见,合成的鉴频特性曲线的形状,与两回路幅频特性曲线形状(即回路的品质因数 Q 值,或通频带 BW)有关,还与失谐量的大小有关。当取不同 BW 和 $\delta\omega$ 对合成鉴频特性的影响如图 6.5-7 所示。

可以证明*,当取

$$\left. \begin{aligned} \delta\omega &= \pm\sqrt{\frac{3}{2}} \cdot 2\pi\frac{BW}{2} \\ 2\pi BW &= 4\Delta\omega_m \end{aligned} \right\} \tag{6.5-5}$$

---

* 见参考文献[5]

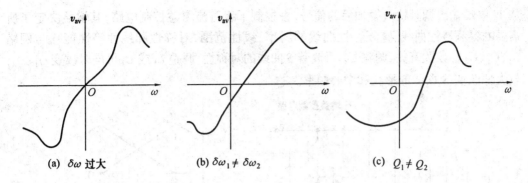

(a) $\delta\omega$ 过大   (b) $\delta\omega_1 \neq \delta\omega_2$ (c) $Q_1 \neq Q_2$

图 6.5-7 $\delta\omega$、Q(或 BW) 对合成鉴频特性的影响

时,可获得较好的鉴频特性(误差小于 1%)。

图 6.5-8 为一双失谐回路斜率鉴频器的实际回路。三个回路 Ⅰ、Ⅱ 和 Ⅲ 分别调谐于 30 MHz、40 MHz 和 35 MHz。为减小它们之间的影响,这里不采取互感耦合方法,而用两个共基放大器将其隔开。

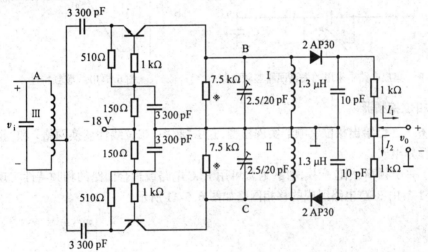

图 6.5-8   实用电路

在集成电路中,广泛采用斜率鉴频电路,例如 TA7176AP 中差分峰值鉴频电路如图 6.5-9 所示。

调频信号 v_{FM} 经 R_s 加到由 L_1、C_1、C_2 组成的外接线性网络,转换成⑨脚上 v_1 和⑩脚上的 v_2 两个幅 - 频特性相反的调频 - 调幅波,如图 6.5-10 所示。设 ω_1 为 L_1C_1 回路并联谐振角频率,当 $\omega = \omega_1$ 时,L_1C_1 回路阻抗最大,V_{1m} 接近最大值,而 V_{2m} 接近最小值;ω_2 为 L_1C_1 回路呈感性与 C_2 发生串联谐振的频率,当 $\omega = \omega_2$ 时,V_{2m} 接近最大值,而 V_{1m} 接近最小值。当 L_1C_1 回路 Q 值很大时,则

$$\omega_2 \approx \frac{1}{\sqrt{L_1(C_1 + C_2)}}$$

将 v_1、v_2 分别经 T_1、T_2 跟随后送到 T_3、T_4 两个射极峰值检波器,检出它们随频率变化相应的振幅值 V_{1m} 和 V_{2m},馈入由 T_5、T_6 组成的差分放大器进行叠加(如图6.5-10所示),并

从 T_6 单端输出调频检波叠加后的信号,去控制下级直流增益控制电路,其增益决定了所需要的鉴频特性曲线。鉴频特性曲线的斜率、线性范围、对称性和线性等性能均与网络 L_1、C_1、C_2 各参数有关。调整 C_2,可改善 S 曲线的对称性,调整 L_1 或 C_1 可同时改变 ω_1、ω_2,较大地改变 S 曲线的形状和中心频率。

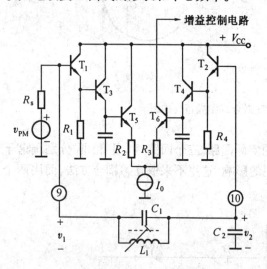

图 6.5-9　集成电路中采用的失谐回路鉴频电路

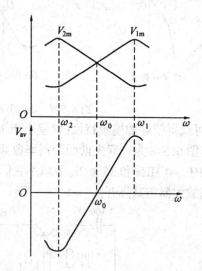

图 6.5-10　鉴频特性

2.相位鉴频器

图 6.5-2 已给出相位鉴频器实现模型,它由"频率-相位线性变换网络"和"相位检波器"两部分组成。

(1)关于频率-相位变换网络,通常可用 RLC 电路或耦合回路的相频特性实现。

例 1　由 RLC 电路组成的移相网络如图 6.5-11 所示。

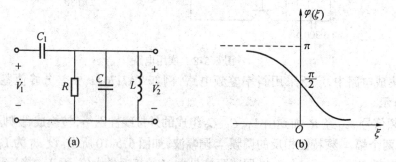

$$(a) \qquad\qquad (b)$$

图 6.5-11　移相网络及其相频特性

由图可见

$$\frac{\dot{V}_2}{\dot{V}_1} = \frac{\dfrac{1}{\dfrac{1}{R} + j\omega C + \dfrac{1}{j\omega L}}}{\dfrac{1}{j\omega C_1} + \dfrac{1}{\dfrac{1}{R} j\omega C + j\omega L}} = \frac{j\omega C_1}{\dfrac{1}{R} + j\omega (C + C_1) + \dfrac{1}{j\omega L}}$$

$$= \frac{j\omega C_1 R}{1 + j\frac{R}{\omega L}\left(\frac{\omega^2}{\omega_0^2} - 1\right)} = \frac{j\omega C_1 R}{1 + j\frac{R}{\omega_0 L}\left(\frac{\omega}{\omega_0} - \frac{\omega_0}{\omega}\right)}$$

$$= \frac{j\omega C_1 R}{1 + j\xi} = \frac{\omega C_1 R}{\sqrt{1 + \xi^2}}e^{j(\frac{\pi}{2} - \arctan \xi)} \tag{6.5-6}$$

式中
$$\omega_0 = \frac{1}{\sqrt{L(C + C_1)}}, \quad \xi = Q\gamma = Q\left(\frac{\omega}{\omega_0} - \frac{\omega_0}{\omega}\right)$$

广义失谐,该网络的相频特性

$$\varphi(\xi) = \frac{\pi}{2} - \arctan \xi \tag{6.5-7}$$

如图 6.5-11(b) 所示。

例 2 由耦合回路构成的移相网络,如图 6.5-12 所示。假设初、次回路参数相同条件下,可直接引用 1.2 节结论得到

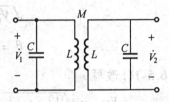

$$\frac{\dot{V}_2}{\dot{V}_1} = \frac{-j\eta}{1 + j\xi} = \frac{\eta}{\sqrt{1 + \xi^2}}e^{j(-\frac{\pi}{2} - \arctan \xi)}$$

$$\tag{6.5-8}$$

图 6.5-12 耦合回路的移相作用

其相频特性为

$$\varphi(\xi) = -\frac{\pi}{2} - \arctan \xi \tag{6.5-9}$$

式中,$\eta = kQ$ 为耦合因数;$k = \frac{M}{L}$ 为耦合系数;

$$\xi = Q\gamma = Q\left(\frac{\omega}{\omega_0} - \frac{\omega_0}{\omega}\right)$$为广义失谐。

由此可见,耦合回路与图 6.5-11 电路有相似的移相功能,得到广泛应用。

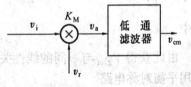

图 6.5-13 相乘型模拟相乘器鉴相

(2) 关于相位检波器

相位检波器又称相位解调器或鉴相器。它的任务就是把已调信号瞬时相位变化不失真地转变成电压变化,即实现"相位-电压转换",其实现方法主要有两种模型。

第一,采用相乘型模拟相乘器鉴相,实现模型如图 6.5-13 所示。

若 $v_i = V_{cm}\sin(\omega_c t + \varphi)$,$v_r = V_{rm}\cos \omega_c t$,则相乘器输出信号

$$v_a = K_M v_i v_r = \frac{K_M V_{cm} V_{rm}}{2}\sin \varphi + \frac{K_M V_{cm} V_{rm}}{2}\sin(2\omega_c t + \varphi)$$

经低通滤波器滤除 $2\omega_c$ 高频分量而保留低频部分,这时的输出信号为

$$v_{av} = \frac{1}{2}K_M V_{cm} V_{rm}\sin \varphi \tag{6.5-10}$$

显然,v_{av} 并非与相位 φ 成线性关系,只有当 $\varphi \leqslant \frac{\pi}{12}$ 时,$\sin \varphi \approx \varphi$,才与 φ 成正比。

第二,采用相加型模拟相乘器鉴相,电路模型如图 6.5-14 所示。为求出 v_i、v_r 之和电压 v_Σ,现用矢量迭加原理,如图 6.5-15 所示。$\dot{V}_{im}$、$\dot{V}_{rm}$ 合成矢量 $\dot{V}_{\Sigma m}$ 电压幅度和相角分别为

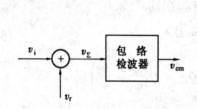
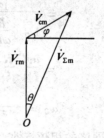

图 6.5-14　相加型模拟相乘器鉴相　　　　图 6.5-15　$\dot V_{rm}$ 与 $\dot V_{im}$ 矢量和

$$V_{\Sigma m} = \sqrt{(V_{rm} + V_{cm}\sin\varphi)^2 + (V_{cm}\cos\varphi)^2}$$

$$= \sqrt{V_{rm}^2 + V_{cm}^2 + 2V_{rm}V_{cm}\sin\varphi} \qquad (6.5\text{-}11)$$

$$\theta = \arctan\frac{V_{cm}\cos\varphi}{V_{rm} + V_{cm}\sin\varphi} \qquad (6.5\text{-}12)$$

将式(6.5-11)改写

$$V_{\Sigma m} = \sqrt{V_{rm}^2 + V_{cm}^2}(1 + K\sin\varphi)^{1/2}$$

$$\approx \sqrt{V_{rm}^2 + V_{cm}^2}\left(1 + \frac{1}{2}K\sin\varphi - \frac{1}{8}K^2\sin^2\varphi + \frac{1}{16}K^3\sin^3\varphi + \cdots\right)$$

$$(6.5\text{-}13)$$

当 $\varphi < \dfrac{\pi}{12}$ 时　　　　$$V_{\Sigma m} \approx \sqrt{V_{rm}^2 + V_{cm}^2}(1 + \frac{1}{2}K\varphi)$$

式中　　　　　　　　　　$$K = \frac{2V_{rm}V_{cm}}{2V_{rm}^2 V_{cm}^2}$$

　　由此获得 $V_{\Sigma m}$ 与 φ 间的线性关系。同时,为了消除 φ 的二次以上偶次谐波失真,通常采用平衡对称电路。

　　(3) 几种常用鉴频电路

　　i.相乘型相位鉴频器

　　该种电路的突出优点是便于集成。组成框图如图6.5-16所示。限幅器(详见6.6节)的作用是保证加到相乘器两输入端信号幅度恒定。实际电路如图 6.5-17 所示,该图为国产5G32型集成电路内部鉴频电路,它可完成电视伴音中频信号的限幅放大和鉴频任务。信号由①脚输入,经 $T_1 \sim T_9$ 组成的三级宽带放大限幅后分两路:一路由 T_9 射极直接送到模拟相乘器输入端之一 T_{16} 基极,另一路经 ⑫ 脚外接图 6.5-11(a) 所示移相网络,送到相乘器另一输入端⑨脚上。该移相网络的相频特性见图6.5-11(b) 。$T_{11} \sim T_{19}$ 组成的相乘器由⑦脚输出。显然,该相乘器两个输入端均属大信号工作状态,它具有三角形鉴相特性。

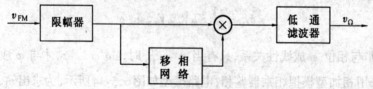

图 6.5-16　相乘型鉴相的相位鉴频器框图

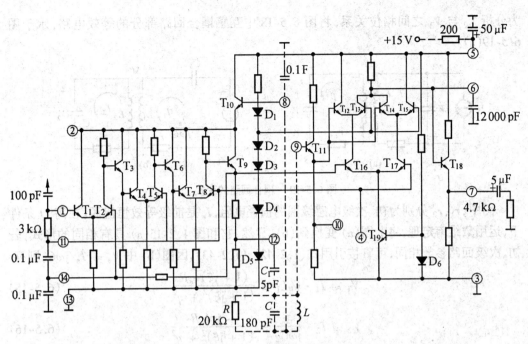

图 6.5-17 5G32 集成块内部电路

ii.相加型相位鉴频器

这种形式多用于分立元件电路中,根据移相网络不同又分为多种。

(i) 互感耦合相位鉴频器

原理电路如图 6.5-18(a) 所示,由 L_1C_1 和 L_2C_2 互感耦合回路作为鉴相器频 – 相转换网络,两个二极管包络检波器接成平衡对称电路形式,C_c 对高频信号呈短路,将初级电压 $\dot{V}_1$ 经 L_2 中心抽头分别加到上下两个二极管上,高频扼流圈 ZL 对高频信号呈开路,为包络检波器平均电流提供通路。

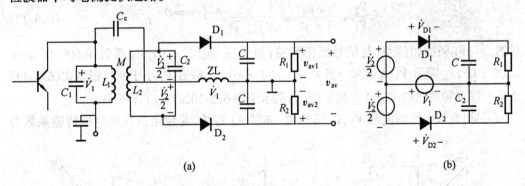

(a)   (b)

图 6.5-18 互感耦合回路相位鉴频器

由图 6.5-18(b) 等效电路可见,实际加到上、下两二极管上的输入信号电压分别为

$$\left.\begin{array}{l} \dot{V}_{D1} = \dot{V}_1 + \dfrac{\dot{V}_2}{2} \\[2mm] \dot{V}_{D2} = \dot{V}_1 - \dfrac{\dot{V}_2}{2} \end{array}\right\}$$
(6.5-14)

为分析 $\dot{V}_2$ 与 $\dot{V}_1$ 之间相位关系,将图 6.5-18 中互感耦合回路部分的等效电路,示于图 6.5-19(a)。

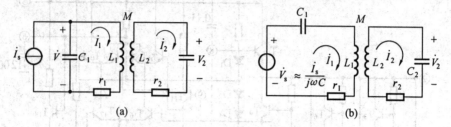

图 6.5-19 耦合回路的变换

图中,r_1,r_2 分别为初、次级电感级圈的损耗电阻,$\dot{I}_s$ 是前级等效恒流源。在高 Q 条件下,运用戴维南定理,将上图(a)变换到(b)。显然,它和图 1.2-15(a) 具有相同的形式,若初、次级回路参数相同,可直接引用式(1.2-42)、(1.2-43),因图(b) 中 $\dot{V}_s \approx \dot{I}_s / j\omega C$,则有

$$\dot{V}_1 \approx \dot{I}_1 \cdot j\omega L_1 = \frac{(1 + j\xi)\dot{I}_s R}{(1 + j\xi)^2 + \eta^2} \qquad (6.5\text{-}15)$$

$$\dot{V}_2 \approx \dot{I}_2 \cdot \frac{1}{j\omega C_2} = \frac{-j\eta \dot{I}_s R}{(1 + j\xi)^2 + \eta^2} \qquad (6.5\text{-}16)$$

式中,$R = \dfrac{L}{Cr} = \dfrac{1}{(\omega C)^2 r}$ 为回路谐振电阻;

$\xi = Q\left(\dfrac{\omega}{\omega_0} - \dfrac{\omega_0}{\omega}\right) \approx Q \dfrac{2\Delta\omega}{\omega_0}$ 为广义失谐;

$\eta = kQ$ 为耦合因数;

$k = \dfrac{M}{L}$ 为耦合系数。

由此可得 $\dot{V}_2$ 与 $\dot{V}_1$ 间的关系为

$$\frac{\dot{V}_2}{\dot{V}_1} = \frac{-j\eta}{1 + j\xi} = \frac{\eta}{\sqrt{1 + \xi^2}} e^{j\left(-\frac{\pi}{2} - \arctan\xi\right)} \qquad (6.5\text{-}17)$$

显然,$\dot{V}_2$、$\dot{V}_1$ 间的相位差,与信号频率有关:当 $\omega = \omega_0(\xi = 0)$,$\dot{V}_2$ 滞后 $\dot{V}_1 90^\circ$,当 $\omega > \omega_0(\xi > 0)$,$\dot{V}_2$ 滞后 $\dot{V}_1$ 大于 90°;当 $\omega < \omega_0(\xi < 0)$,$\dot{V}_2$ 滞后 $\dot{V}_1$ 小于 90°,根据式(6.5-14)画出上述三种情况的 $\dot{V}_{D1}$、$\dot{V}_{D2}$ 矢量图,分别示于图 6.5-20(a)、(b)、(c) 中。

可见,合成电压幅度与 $\dot{V}_2$、$\dot{V}_1$ 间相位(亦即 ξ)有关,若包络检波器电压传输系数为

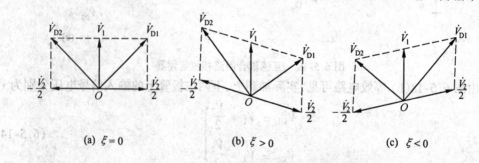

图 6.5-20 两个二极管上合成电压矢量图

K_d，则鉴相器的输出解调电压为

$$v_{av} = v_{av1} - v_{av2} = K_d[\,|\dot{V}_{D1}| - |\dot{V}_{D2}|\,] \tag{6.5-18}$$

为求出鉴频特性的一般表示式，将式(6.5-15)和(6.5-16)代入式(6.5-14)中，并取其模

$$|\dot{V}_{D1}| = \left|\dot{V}_1 + \frac{\dot{V}_2}{2}\right| = I_s R \frac{\sqrt{1 + (\xi - \eta/2)^2}}{\sqrt{(1 + \eta^2 - \xi^2)^2 + 4\xi^2}}$$

$$|\dot{V}_{D2}| = \left|\dot{V}_1 - \frac{\dot{V}_2}{2}\right| = I_s R \frac{\sqrt{1 + (\xi + \eta/2)^2}}{\sqrt{(1 + \eta^2 - \xi^2)^2 + 4\xi^2}}$$

将它们代入式(6.5-18)，可得

$$v_{av} = K_d I_s R \frac{\sqrt{1 + (\xi - \eta/2)^2} - \sqrt{1 + (\xi + \eta/2)^2}}{\sqrt{(1 + \eta^2 - \xi^2)^2 + 4\xi^2}} = K_d I_s R \psi(\xi, \eta) \tag{6.5-19}$$

式中

$$\psi(\xi, \eta) = \frac{\sqrt{1 + (\xi - \eta/2)^2} - \sqrt{1 + (\xi + \eta/2)^2}}{\sqrt{(1 + \eta^2 - \xi^2)^2 + 4\xi^2}}$$

由式(6.5-19)看出，在给定 K_d、I_s、R 情况下，v_{av} 与 $\psi(\xi, \eta)$ 函数是一致的。$\psi(\xi, \eta)$ 与 ξ, η 关系曲线如图6.5-21所示。由图可见，参变量 η 增大，曲线两峰值间距加大，但当 $\eta > 3$ 时，其间线性变坏，一般取 $\eta = 1 \sim 3$ 之间。同时还可看到，当 $\eta > 1$ 时，特性曲线峰值点对应的 $\xi_m \approx \eta$。这给鉴频器参数设计提供依据，因为 $\xi \approx Q_L 2\Delta f/f_0$ 和 $\eta = k Q_L$，所以

$$k = \frac{2\Delta f}{f_0} \tag{6.5-20}$$

$$B_m \geqslant 2\Delta f = k f_0 \tag{6.5-21}$$

如果给定调频波中心频率 f_0，最大频偏 Δf_m 就可依据式(6.5-21)求出 k，再选定 η，便可求出 $Q_L = \eta/k$。

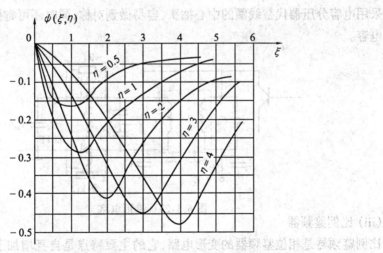

图 6.5-21　相位鉴频器鉴频特性通用曲线

(ii) 电容耦合相位鉴频器

为了方便初、次级回路之间耦合量的调整，常用电容耦合代替上述电路中的互感耦

合,其原理电路如图 6.5-22 所示。初、次级回路线圈是各自屏蔽的,互相间无电感耦合,通过电容 C_5 耦合到次级回路电压 $\dot{V}_2$ 以相反极性加到两个二极管上,而通过 C_4 将初级回路电压 $\dot{V}_1$ 经 L_2 中心抽头以相同极性加到两个二极管上,所以两管上的电压分别为

$$\left.\begin{array}{l} \dot{V}_{D1} = \dot{V}_1 + \dfrac{\dot{V}_2}{2} \\[2mm] \dot{V}_{D2} = \dot{V}_1 - \dfrac{\dot{V}_2}{2} \end{array}\right\} \tag{6.5-22}$$

式(6.5-22)与(6.5-14)比较,显然与互感耦合相位鉴频器情况相同,结论相同。

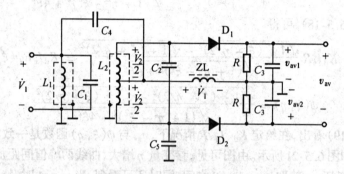

图 6.5-22 电容耦合相位鉴频器

图 6.5-23 所示是电容耦合相位鉴频器的一种变形电路,其特点是两个二极管包络检波器采用并联型检波电路,检波负载电阻是 R_L,电容 C_4 对高频起旁路作用。这种电路二极管电流中的平均分量由 R_L 构成通路,因此可省掉高频振流圈 ZL。根据平均电流在 R_L 产生的电压极性,因 L_2 对平均分量呈短路状态,故 C_4 两端输出的解调电压仍为两包络检波器输出电压之差。

采用电容分压器代替线圈的中心抽头,容易做到对称,同时还可省掉初次级回路间的隔直电容。

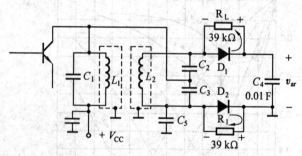

图 6.5-23 变形电路

(iii) 比例鉴频器

比例鉴频器是相位鉴频器的变形电路,它的主要特点是自身增加了抑制寄生调幅的功能,其前无需加入限幅器。

比例鉴频器电路如图 6.5-24(a) 所示,它与互感耦合回路相位鉴频器电路比较,有以下三点不同:第一,原检波负载 R 上并接一个大容量电容 C_0 以维持 AB 两端间电压 V_0 不

变;第二,将原检波电容和检波电阻中点连线断开,接入电阻 R_L 作为上下两个检波器的公共负载,并从 R_L 上输出;第三,将两个二极管之一反接,其等效电路如图 6.5-24(b) 所示。由图可见,加在两个二极管上的高频电压分别为

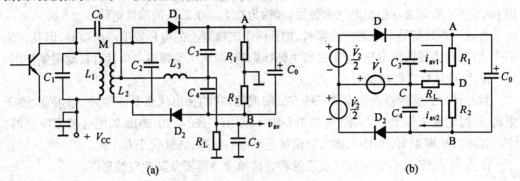

图 6.5-24 比例鉴频器及其等效电路

$$\left.\begin{array}{l} \dot{V}_{D1} = \dfrac{\dot{V}_2}{2} + \dot{V}_1 \\[3mm] \dot{V}_{D2} = \dfrac{\dot{V}_2}{2} - \dot{V}_1 \end{array}\right\} \tag{6.5-23}$$

与式(6.5-22)比较 $\dot{V}_{D2}$ 相位差 180°,但这不影响 $\dot{V}_1$、$\dot{V}_2$ 合成信号的实质,仍有前述相似结论。

二极管方向反接的目的,是让两个检波二极管平均电流 i_{av1} 与 i_{av2} 以相反方向流过公共负载电阻 R_L,这样从 R_L 上取出的解调电压是两平均电流相减的形式

$$v_{av} = - (i_{av1} - i_{av2}) R_L \tag{6.5-24}$$

由图 6.5-24 可知,C_3、C_4 上电压 v_{c3}、v_{c4} 分别为

$$v_{c3} = i_{av1} R_1 + (i_{av1} - i_{av2}) R_L$$
$$v_{c4} = i_{av2} R_2 + (i_{av2} - i_{av1}) R_L$$

因为 $R_1 = R_2 = R$ 可得

$$v_{av} = - (i_{av1} - i_{av2}) R_L = - \frac{R_L}{2R_L + R}(v_{c3} - v_{c4}) \tag{6.5-25}$$

设 $v_{c3} + v_{c4} = V_0$,改写式(6.5-25)

$$v_{av} = - \frac{R_L}{2R_L + R}(v_{c3} - v_{c4}) = - \frac{R_L V_0}{2R_L + R} \cdot \frac{v_{c3} - v_{c4}}{v_{c3} + v_{c4}}$$

当 $R_L \gg R$ 时

$$v_{av} = - \frac{V_0}{2} \frac{1 - \dfrac{v_{c4}}{v_{c3}}}{1 + \dfrac{v_{c4}}{v_{c3}}} \tag{6.5-26}$$

又因 $v_{c3} = K_d |\dot{V}_{D1}|$,$v_{c4} = K_d |\dot{V}_{D2}|$ 代入上式

$$v_{av} = - \frac{V_0}{2} \frac{1 - |\dot{V}_{D2}| / |\dot{V}_{D1}|}{1 + |\dot{V}_{D2}| / |\dot{V}_{D1}|} \tag{6.5-27}$$

由式(6.5-27)可见,在V_0恒定条件下,鉴频器输出解调电压v_{av}的大小取决于$|\dot{V}_{D2}|$与$|\dot{V}_{D1}|$的比值,这就是比例鉴频器名字的由来。

在R_1、R_2两端并接大容量电容C_0的目的,就是要保持V_0恒定不变。通常其容量约为$10~\mu F$,它与$(R_1 + R_2)$组成时间常数很大(约为$0.1 \sim 0.2~s$)的惰性电路。

当输入调频信号出现寄生调幅时,加到两个二极管上的电压幅度同向增减,但其比值不变,所以鉴频器输出电压v_{av}不受寄生调幅影响,即比例鉴频器本身具有自动限幅作用。

iii. 脉冲计数式鉴频器

脉冲计数式鉴频器是根据第三种方法制成的。它的突出优点是线性好、频带宽、便于集成,同时它能工作于一个相当宽的中心频率范围($1~Hz \sim 10~MHz$,如配合使用混频器,中心频率可扩展到$100~MHz$),最大频偏接近于中心频率,线性优于0.1%。

作为例子,图6.5-25示出了实现这种方法原理方框图及其相应波形图。

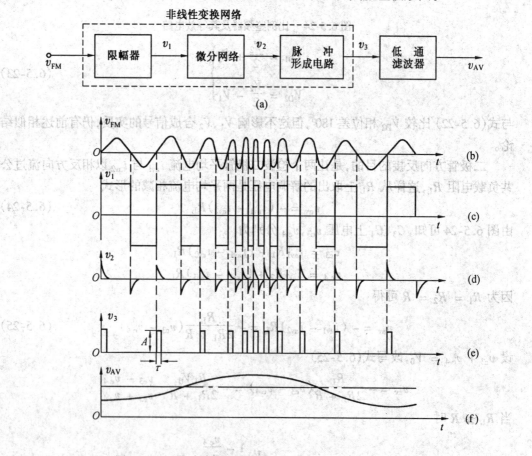

图 6.5-25　脉冲计数式鉴频器方框图及其各部分波形图

首先将输入调频波v_{FM}如图6.25(b)所示,通过限幅器变为调频方波如图(c),而后通过微分网络,变换为微分脉冲序列如图(d),用其中正脉冲去触发脉冲形成电路,产生等幅等宽调频脉冲序列,如图(e)。

若设输入调频波的瞬时频率为$f(t) = f_c + \Delta f(t)$,其周期为$T(t) = 1/f(t)$,则调频

脉冲序列中的平均分量为

$$v_{\text{av}} = \frac{A\tau}{T(t)} = A\tau[f_{\text{c}} + \Delta f(t)] \tag{6.5-28}$$

式中,A 为脉冲幅度;τ 为脉冲宽度。

式(6.5-28)表明,v_{av} 能无失真地反映了输入调频波瞬时频率变化,因此通过低通滤波器就能输出所需的解调电压,如图(f)所示。

为从调频脉冲序列中不失真地检测出反映瞬时频率变化的平均分量,应保证脉冲序列中两个相邻脉冲不互相重叠。为此,τ 值不宜过大,应将它限制在输入调频信号最高瞬时频率的一个周期内,即

$$\tau < T_{\min} = \frac{1}{f_{\text{c}} + \Delta f_{\text{m}}} \tag{6.5-29}$$

6.6 限幅电路

由上节分析可知,鉴频器的输出电压 v_{av} 能线性地跟随输入调频波瞬时频率变化的充要条件是输入信号的幅度是恒定的。实际上,由于发射机调制器的不完善,或者接收机谐振曲线不理想,或者干扰和噪声的影响,加到鉴频器输入端的调频信号总是存在寄生调幅的,从而影响鉴频器的输出,产生失真,因此,一般都必须在鉴频器前加入限幅电路。

限幅电路的功能是当输入高频信号电压的振幅发生变化时,维持输出高频信号电压的振幅不变,并且保持输出信号的频率变化规律与输入信号的频率变化规律相同。为了同时实现上述两项要求,通常限幅器是由非线性器件与选频回路两部分组成。如图 6.6-1 所示。当含有寄生调幅的调频信号通过限幅器时,利用非线性器件的非线性特性(导通与截止、饱和与截止等),将调频波的寄生调幅部份"削平",再利用选频电路的选频特性,还原出调频波的原貌。

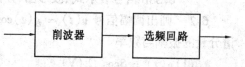

图 6.6-1　幅度限幅器的组成框图

晶体三极管、二极管、差分对管等都可组成限幅电路,其原理电路分别如图 6.6-2(a)、(b)、(c)所示。

三极管限幅电路形式上与单回路谐振放大器相似,但这里的晶体管工作在非线性状态。利用饱和与截止效应进行限幅。为使晶体管能在输入信号较小时进入饱和和截止区,将其静态工作点的电流与电压偏置在较小的区域内工作。

二极管限幅器是利用其导通电压 V_{D} 实现的,由图可见,当回路上电压绝对值小于二极管导通电压 V_{D} 时,两二极管截止不起限幅作用;而当电路上电压绝对值超过 V_{D} 时,二极管将交替导通。这样,输出电压幅度基本保持不变,起到了限幅作用。

差分对管具有图 1.4-11 所示差模特性,当其输入信号幅度是足够大时,集电极电流波形的上、下顶部就被削平,再通过带通滤波器就可获得性能良好的幅度限幅器特性(详见 1.4.2 节双曲函数分析法)。

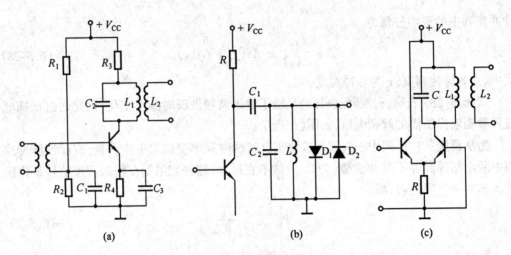

图 6.6-2 三种实际限幅电路

习 题

6-1 给定两个信号表示式分别为 $v_1 = \cos 2\pi t$, $v_2 = 2\cos 16\pi t$

(1) 画出它们的迭加波形;

(2) 若 v_1 对 v_2 进行调幅, 试写出:

    a. AM 信号表示式、波形图、频谱图;

    b. DSB 信号表示式、波形图、频谱图;

    c. SSB 信号表示式、波形图、频谱图。

6-2 画出调幅信号 $v(t) = g(t)\cos \omega_c t$, $g(t)$ 为下列情况时的频谱图, 并注明各频谱分量的振幅与频率

(1) $g(t) = 5\cos \Omega t (\text{V})$

(2) $g(t) = 5 + 3\cos \Omega t (\text{V})$

(3) $g(t)$ 是周期 $T = 2\pi/\Omega \gg 2\pi/\omega_c$, 在 $0 \sim 5$ V 之间变化的方波。

6-3 有一调幅波表示式为

$$v_{\text{AM}} = 25(1 + 0.7\cos 2\pi\, 5\,000\, t - 0.3\cos 2\pi\, 10^4 t)\cos 2\pi\, 10^6 t (\text{V})$$

试求:

(1) 画出该信号的频谱图, 注明各频谱分量的振幅和频率;

(2) 画出一个重复周期内的包络图形, 并求上、下调幅系数;

(3) 该信号供给 100 Ω 负载的总功率和峰值功率各是多少(峰值功率是指信号呈振幅最大值时的功率)?

6-4 题图 6-4 示出一振幅调制波的频谱, 试写出这个已调波的表示式, 并画出其实现调幅的方框图。

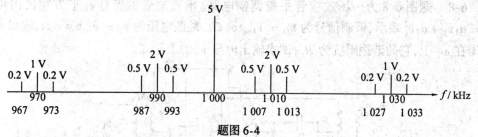

题图 6-4

6-5 题图 6-5 所示为一调幅电路模型,若 v_c 为对称方波信号,$g(t)$ 为正弦波信号,试画出

(1) $v'_c > v_c \cdot g(t)$

(2) $v'_c < v_c \cdot g(t)$

(3) $v'_c = 0$

时 v_0 波形。

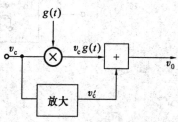

题图 6-5

6-6 题图 6-6 所示二极管平衡调幅电路中,单频调制信号为 $v_\Omega = V_{\Omega m}\cos \Omega t$,载波信号为 $v_c = V_{cm}\cos \omega_c t$,且 $V_{cm} \gg V_{\Omega m}$ 即满足线性时变条件,两个二极管 D_1、D_2 的特性相同,均为

$$i = \begin{cases} g_d v = \dfrac{v}{R_d}, & \text{当 } v > 0 \text{ 时} \\[2mm] g_r v = \dfrac{v}{R_r}, & \text{当 } v < 0 \text{ 时} \end{cases}$$

式中 R_d 和 R_r 分别为二极管的正、反向电阻,且 $R_r \gg R_d$。试求,输出双边带调幅波电流的表示式。

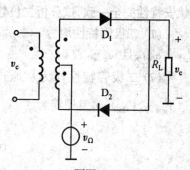

题图 6-6

6-7 判断题图 6-7 中,哪些电路能实现双边带调幅作用?并分析其输出电流的频谱。

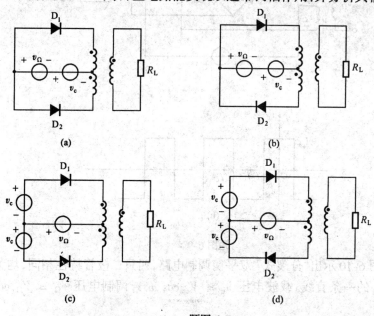

题图 6-7

6-8 题图6-8为一场效应管平衡调幅电路。场效应管的特性在平方律区内可用 $i = a_1v_g + a_2v_g^2$ 表示,调制信号为 $v_\Omega = V_{\Omega m}\cos\Omega t$,载波电压为 $v_c = v_{cm}\cos\omega_c t$,输出回路调谐在 ω_c 上,它的谐振阻抗为 R_p,试求输出电压 v_o 的表示式。

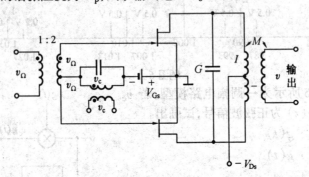

题图 6-8

6-9 题图6-9(a)为二极管环形调制电路,若调制信号 $v_\Omega = V_{\Omega m}\cos\Omega t$,四只二极管的伏安特性完全一致,试分析二极管特性和载波电压为下列情况时输出电流的频谱分量。

(1) 二极管特性均为 $i = a_0 + a_1v + a_2v^2 + a_3v^3 + a_4v^4 + a_5v^5$,载波电压为 $v_c = V_{cm}\cos\omega_c t$,且 $\omega_c \gg \Omega$ 时;

(2) 二极管特性均为从原点出发、斜率为 g_d 的一条直线,载波电压是幅度为 $V_{cm}(V_{cm} \gg V_{\Omega m})$、重复周期为 $T_c = \dfrac{2\pi}{\omega_c}$ 的对称方波,如题图6-9(b)所示。

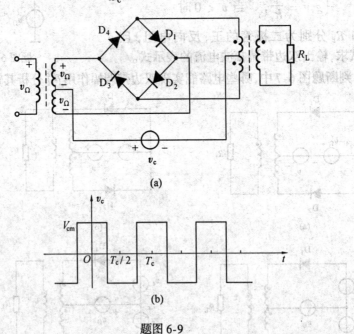

(a)

(b)

题图 6-9

6-10 题图6-10示出"分裂式"双平衡调制电路,四只二极管特性相同,均为从原点出发,斜率为 g_d 的一条直线。载波电压 $v_c = V_{cm}\cos\omega_c t$,调制电压 $v_\Omega = V_{\Omega m}\cos\Omega t$,且

$\omega_c \gg \Omega$, $V_{cm} \gg V_{\Omega m}$。

(1) 试说明图示电路的工作原理;

(2) 绘出流过负载电阻 R_L 的电流波形;

(3) 试分析输出电流 i 中的频谱分量,并与普遍环形调制器进行比较有何特点。

6-11 用 MC1595 组成调幅电路。如已知 $V_{CC} = 15$ V, $V_{EE} = -15$ V,偏置电流不得超过 3 mA。若要求相乘增益系数 $K_M = 0.1$ V^{-1},输入及输出电压的动态范围均为 ± 10 V,试估算各外接电阻的阻值。

6-12 用题 6-11 所得电路实现抑制载波双边带调幅,若载波电压振幅为 5 V,

(1) 求容许的最大调制信号振幅。

(2) 若 $K_M = 1$ V^{-1},其他条件不变时,求容许的最大调制信号振幅。

6-13 用题图 6-13 所示其输入、输出动态范围为 ± 10 V 的模拟相乘电路实现普遍调幅,若载波电压振幅为 5 V,欲得 100% 的调幅度。

(1) 容许的最大调制信号 v_Ω 的振幅为多少?

(2) 若 $K_M = 1$,其他条件不变,容许的最大调制信号幅度是多少?

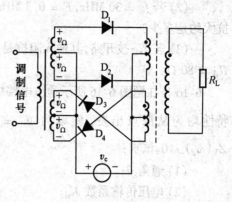

题图 6-10

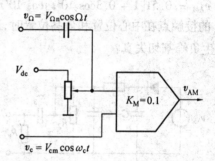

题图 6-13

6-14 题图 6-14 为一高电平调幅电路,试分析其工作原理和各元件作用,说明它是哪种调幅电路,有何优点。

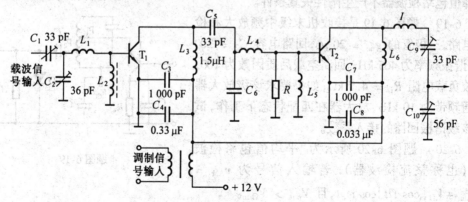

题图 6-14

6-15 大信号二极管检波电路如题图 6-15 所示,若给定 $R_L = 5$ kΩ, $m_a = 0.3$。试求:

(1) 载波频率 $f_c = 465$ kHz。调制信号最高频率 $F = 3\,400$ Hz。问电容 C_L 值应如何选择?检波器输入阻抗大约是多少?

(2) 若 $f_c = 30$ MHz, $F = 0.3$ MHz, C_L 值应选多少?其输入阻抗大约是多少?

(3) 若 C_L 被开路,其输入阻抗是多少?已知二极管导通电阻 $R_d = 80\ \Omega$。

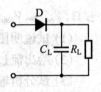

题图 6-15

6-16　在题图 6-16 所示检波电路中,两只二极管的静态伏安特性均为从原点出发,斜率为 $g_d = \dfrac{1}{R_d}$ 的一折线, 负载满足 $Z_L(\omega_c) \approx 0$。试求:

(1) 通角 θ;

(2) 电压传输系数 K_d;

(3) 输入电阻 R_{id}。

6-17　在题图 6-17 所示检波电路中,$R_1 = 510\ \Omega$, $R_2 = 4.7$ kΩ, $C_3 = 10\ \mu F$, $R_g = 1$ kΩ。输入信号 $v_{AM} = 0.51[1 + 0.3\cos 10^3 t]\cos 10^7 t$, 可变电阻 R_2 的接触点在中心位置和最高位置时,试问会不会产生负峰割切失真?

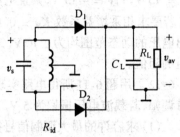

题图 6-16

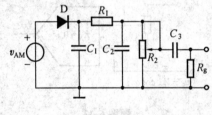

题图 6-17

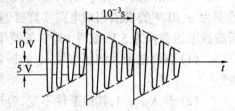

题图 6-18

6-18　检波器的输入信号是一个受锯齿波调制的调幅信号,如题图 6-18 所示,试推导峰值包络检波器不产生惰性失真条件。

6-19　题图 6-19 是接收机末级中频放大和检波电路,三极管的 $g_{oe} = 20\ \mu s$,回路电容 $C_2 = 200$ pF,谐振频率为 465 kHz。回路空载品质因数为 100, 检波负载电阻 $R_L = 4.7$ kΩ,如果要求该级放大器的通频带为 10 kHz,放大器在匹配状态下工作,试求该级谐振回路的接入系数。

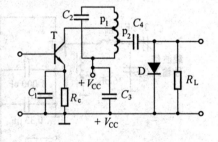

题图 6-19

6-20　题图 6-20 所示为"平均值包络检波器"(也称整流检波器),若输入信号为 $v_{AM} = [V_{cm} + V_{\Omega m}\cos \Omega t]\cos \omega_c t$,且 $V_{cm} > V_{\Omega m}$。

(1) 试说明其工作原理,画出 v_s、v_a、v_o 波形。

(2) 与峰值包络检波器相比,哪个输出幅度大?

(3) 当调制信号频率与载波频率相差不多时,此电路与"峰值包络检波"相比,有何优点?

(4) 若 v_s 中的 $V_{cm} < V_{\Omega m}$，能否用此电路检波？为什么？

6-21 试分析题图 6-21 所示三极管检波电路的工作原理，与 6-20 题比较有何异同。

6-22 题图 6-22(a) 所示为"倍压检波电路"。当其输入信号振幅为等幅波时，如(b) 所示，试说明检波电路输出的检波电压接近输入电压振幅的两倍：即 $v_{av} \approx 2V_{sm}$，并画出 C_1、D_1、C_2 两端电压波形图。

6-23 题图 6-23 为一乘积型同步检波器电路模型。相乘器的特性为 $i = K_M v_s v_r$。其中 $v_r = v_{rm}\cos(\omega_c t + \varphi)$，试求：$v_s$ 在下列两种情况下输出电压 v_o 的表示式，并说明有否失真？假设 $Z_L(\omega_c) \approx 0$，$Z_L(\Omega) \approx R_L$。

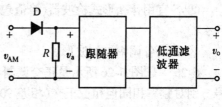

题图 6-20

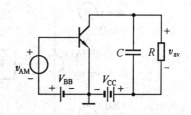

题图 6-21

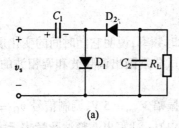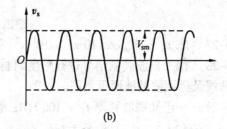

(a)　　　　(b)

题图 6-22

(1) $v_s = m_a V_{cm}\cos \Omega t \cos \omega_c t$

(2) $v_s = \frac{1}{2} m_a V_{cm}\cos(\omega_c t + \Omega)t$

6-24 上题图中，若 $v_s = \cos \Omega t \cos \omega_c t$，当 v_r 为下列信号时

(1) $v_r = 2\cos \omega_c t$

(2) $v_r = \cos(\omega_c t + \varphi)$

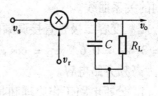

题图 6-23

试求：输出电压 v_o 表示式和判断上述诸情况可否实现无失真解调，为什么？

6-25 下列各式均是调幅波表示式：

(1) $v_s = (1 + 2\cos \frac{\omega_c}{10}t)\cos \omega_c t$

(2) $v_s = (1 + \frac{1}{2}\cos \frac{\omega_c}{10}t)\cos \omega_c t$

(3) $v_s = (1 + \frac{1}{2}\cos \frac{\omega_c}{4}t)\cos \omega_c t$

试说明：

① 各调幅信号的调幅度；

② 各宜用什么形式检波器(峰值包络检波器、平均值包络检波器或同步检波器)?为什么?

③ 画出各调幅波的波形。

6-26 题图 6-26 所示是正交调制与解调的方框图,是多路传输技术的一种。两路信号分别对频率相同但相位正交(相差 90°)的载波调制,可实现用一个载波同时传送两路信号(又称为正交复用方案)。试证明在接收端可以不失真地恢复出两个调制信号来。

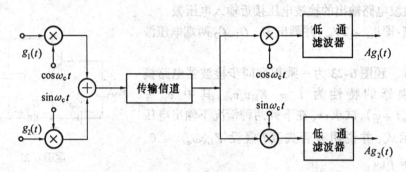

题图 6-26

6-27 求 $v_s = V_{cm}\cos(10^7\pi t + 10^4\pi t^2)$ 的瞬时频率,说明它随时间的变化规律。

6-28 用三角波调制信号进行角度调制时,试分别画出调频波和调相波的瞬时频率变化曲线及已调波的波形示意图。

6-29 一已知载波频率 $f_c = 100$ MHz,载波振幅 $V_{cm} = 5$ V,调制信号 $v_\Omega = \cos(2\pi \times 10^3 t) + 2\cos(2\pi \times 500\ t)$,设最大频偏 $\Delta f_{max} = 20$ kHz,试写出调频波数学表示式。

6-30 若调制信号为 $v_\Omega = V_{\Omega m}\cos\Omega t$,试分别画出调频波的最大频偏 Δf、m_f 与 $V_{\Omega m}$、Ω 之间的关系曲线。

6-31 变容二极管直接调频电路,如题图 6-31 所示。其中心频率为 360 MHz,变容管的 $\gamma = 3$,$V_D = 0.6$ V,$v_\Omega = \cos\Omega t$(V) 图中 L_1 和 L_3 为高频扼流圈,C_3 为隔直流电容,C_5 和 C_4 为高频旁路电容。

(1) 分析电路工作原理和其余元件的作用;

(2) 当 $C_{jQ} = 20$ pF 时,求振荡回路电感量 $L_2 = $?

(3) 求调制灵敏度和最大频偏各是多少?

揭示:该题变容二极管部分接入振荡回路中。

6-32 变容管调相电路如题图 6-32 所示,图中 C_B、C_E 为高频旁路电容,$v_\Omega = 0.1\cos 2\pi \times 10^3 t$(V),变容管参数 $\gamma = 2$,$V_D = 1$ V,回路等效儿品质因数 $Q_L = 20$,试求调相指数 m_p 和最大频偏 Δf_m。

6-33 某调频发射机,要求发射载频 $f_c = 75$ MHz,最大频偏 $\Delta f_m = 75$ kHz 的调频波,调制信号频率为 100 Hz ~ 15 kHz,试画出晶振频率为 750 kHz 时,采用矢量合成法实现间接调频的组成方框图。

6-34 调角波 $v_s = V_{cm}\cos(\omega_c t + m\sin\Omega t)$ 加到 RC 高通滤波器上,若 $RC\omega_c \ll 1$,证明 R 上电压 v_R 是一个调角-调幅波,求出其调幅度。

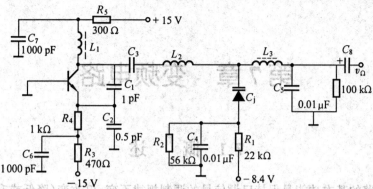

題圖 6-31

6-35 图 6.5-6 所示双失谐回路鉴频器的两只检波管 D_1、D_2 都掉换极性反接,电路还能否正常工作?鉴频特性将如何变化?若只反接一只,电路还能否正常工作?若损坏一只,电路还能否鉴频?

6-36 在图 6.5-18 所示电路中,为调节鉴频特性曲线的峰宽、线性、中心频率和上下对称性,应分别调整什么元件?为什么?

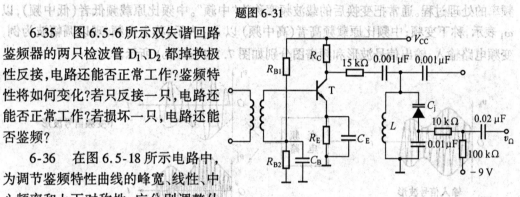

題圖 6-32

6-37 试从物理概念说明比例鉴频器具有自动限幅作用的原因。

6-38 试比较所学几种鉴频器的优缺点。

第7章 变频电路

7.1 概 述

变频电路的基本功能是保持已调信号的调制规律不变,仅改变(降低或升高)其载波频率的处理过程。通常把变换后的载波频率称为"中频"。中频比原载频低者(低中频),以ω_I表示,称下变频;中频比原载频高者(高中频) 以 ω'_I表示,称上变频。现以调幅波为例,变频电路输人、输出信号波形和频谱图分别如图 7.1-1(a)、(b) 所示。

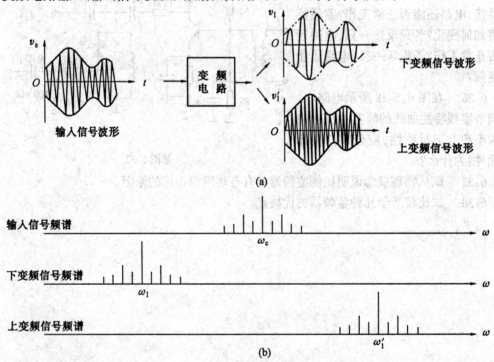

图 7.1-1 变频电路输入输出波形和频谱图

从谱频角度看,变频功能的实质是将已调信号的频谱沿频率轴作线性搬移。因而变频电路必由模拟相乘器和中频带通滤波器组成,如图 7.1-2 所示。

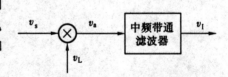

图 7.1-2 变频电路的组成

图中 v_s 是待变频的输入信号,它可是调幅波,也可是调角波,v_L 是参考信号,又称本机振

荡信号,简称本振,若设

$$v_s = V_{sm}\cos \omega_c t \tag{7.1-1}$$

$$v_L = V_{Lm}\cos \omega_L t \tag{7.1-2}$$

则它们的相乘积为

$$v_s = V_{sm}\cos \omega_c t V_{Lm}\cos \omega_L t = \frac{V_{sm}V_{Lm}}{2}[\cos(\omega_L + \omega_c)t + \cos(\omega_L - \omega_c)t]$$

经中频带通滤波器后,选出 $\omega_I = (\omega_L + \omega_c)$ 或者 $\omega'_I = (\omega_L - \omega_c)$ 频率分量,从而完成变频作用,其相应输出为

$$v_I = \frac{V_{Lm}V_{sm}}{2}\cos(\omega_L - \omega_c)t = \frac{V_{Lm}V_{sm}}{2}\cos \omega_I t \tag{7.1-3}$$

$$v'_I = \frac{V_{Lm}V_{sm}}{2}\cos(\omega_L + \omega_c)t = \frac{V_{Lm}V_{sm}}{2}\cos \omega'_I t \tag{7.1-4}$$

如果相乘作用和产生本振信号是用同一个器件完成的,则称为变频电路;如果相乘作用和产生本振信号是分别由两个器件完成的,则称为混频电路。由此可见,变频与混频功能对相乘器件来说,其作用是相同的,故有时不加以区分。

变频电路将已调信号频谱沿频率轴上下搬移的目的,无非是为了两种需要:一为系统工作所必需的功能部件,二为提高设备的性能。前者例子,如在微波中继通信系统中,为了相邻台不发生互相干扰而采取的"四频制"传输方法,如图 7.1-3 所示。每个站都必须含有上下变频电路,以达到 f_1 与 f_2、f_3 与 f_4 的交替使用。后者典型例子是超外差式接收机,由于采用了变频电路而克服了直放式接收机高增益与稳定性、宽频带与选择性间的矛盾,从而改善了设备的性能。

图 7.1-3 "四频制"中继通信系统频率配置

本章的重点讨论用于接收机中的变频电路。它的特点是输入已调信号幅度非常小(微伏级),而本振信号幅度往往足够大(伏特级),即符合时变参量线性电路的条件,因而可用 1.4.3 节已给出的时变参量线性电路分析方法来分析变频电路的性能。

变频电路的主要性能指标有:

(1) 变频增益

变频增益是指变频电路输出的中频电压振幅 V_{Im} 与其输入的高频电压振幅 V_{sm} 之比,用 A_{vc} 表示,即

$$A_{vc} = \frac{V_{Im}}{V_{sm}} \tag{7.1-5}$$

对晶体管来说,还应有变频功率增益这个指标,即变频电路输出的中频信号功率 P_I 与输入的高频信号功率 P_s 之比,用 A_{pc} 表示

$$A_{pc} = \frac{P_I}{P_s} \tag{7.1-6}$$

(2) 失真与干扰

变频电路除有频率失真和非线性失真外,还会产生各种组合频率干扰。如何既完成混频任务,又尽量避免或减少这些失真和干扰是本章所关心的问题。

(3) 选择性

在变频电路的输出中,可能存在很多与中频频率接近的干扰信号,为了抑制这些干扰,就要求中频滤波器具有良好的、接近于矩形的幅频特性。

(4) 噪声系数

变频电路的噪声系数大小,将直接影响整机总的噪声系数,尤其是变频电路前没有高频放大器的无线电接收设备,其影响就更大。变频电路噪声系数的大小,与所用器件及其工作状态有关,实践中必须仔细选择。

(5) 稳定性

因为变频电路的输入输出端分别连接调谐于高频和中频的谐振回路,所以不会产生因反馈而引起的不稳定现象。这里所说的稳定性,主要是指本振的频率稳定度。因为变频电路输出端的中频滤波器的通频带宽度是一定的,如果本振频率产生较大的漂移,那么经变频所得的中频可能超出中频滤波器通频带的范围,引起总增益的降低。

7.2 常用混频电路

如前所述,既然混频电路是典型的频谱搬移电路,那么原则上凡是具有相乘功能的器件,都可以用来构成混频电路。如集成模拟相乘器,含有平方项特性的各种非线性器件等。虽然模拟相乘器能实现理想相乘,消除组合频率干扰,但是目前尚不能在特高频以上的频段满意地工作,因此,在这些频段混频时还是采用晶体三极管、场效应管或者肖特基二极管等器件。所以对这些器件所组成的混频电路的分析,仍有它的现实意义。它们广泛地用在中短波段及微波波段的接收机和高频测量仪器中。

7.2.1 晶体三极管混频电路

1.晶体三极管混频电路原理与等效电路

晶体三极管混频原理电路,如图7.2-1所示。$L_1 C_1$ 为输入回路,调谐于信号频率,$L_2 C_2$ 为输出回路,调谐于中频频率。其混频过程是输入信号电压 v_s 和本振电压 v_L 迭加后,加到晶体管发射结上,利用其伏安特性的非线性特性产生信号与本振各次谐波所组成的组合频率电流分量,经三极管放大,并由输出端的中频回路取出中频电流分量,在 $L_2 C_2$ 两端产生所需要的中频电压 v_I。

接收机中所用的混频器,一般可以看做是受本振电压控制的时变参量线性电路。根据式(1.4-42)有

$$\left.\begin{array}{l} i_C \approx I_C(t) + g_f(t) v_s \\ i_B \approx I_B(t) + g_i(t) v_s \end{array}\right\} \tag{7.2-1}$$

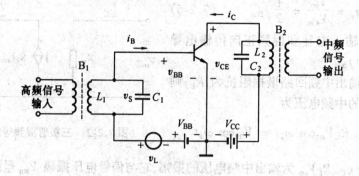

图 7.2-1　晶体三极管混频原理电路

式中,$I_C(t)$、$I_B(t)$、$g_f(t)$ 和 $g_i(t)$ 分别是混频管在偏压($V_{BB}+v_L$)作用下的集电极静态工作电流、基极静态工作电流、正向传输跨导和输入导纳。显然,它们都是本振频率的周期函数,都可以展开为三角函数式的傅里叶级数

$$I_C(t) = I_{c0} + I_{c1m}\cos \omega_L t + I_{c2m}\cos 2\omega_L t + \cdots$$

$$I_B(t) = I_{b0} + I_{b1m}\cos \omega_L t + I_{b2m}\cos 2\omega_L t + \cdots$$

$$g_f(t) = g_{f0} + I_{f1m}\cos \omega_L t + g_{f2m}\cos 2\omega_L t + \cdots$$

$$g_i(t) = g_{i0} + I_{i1m}\cos \omega_L t + g_{i2m}\cos 2\omega_L t + \cdots$$

代入式(7.2-1) 中,并设 $v_s = V_{sm}\cos \omega_c t$

$$i_C = I_{c0} + I_{c1m}\cos \omega_L t + I_{c2m}\cos 2\omega_L t + \cdots + (g_{t0} + g_{f1m}\cos \omega_L t$$

$$+ g_{f2m}\cos 2\omega_L t + \cdots)V_{sm}\cos \omega_c t$$

$$i_B = I_{b0} + I_{b1m}\cos \omega_L t + I_{b2m}\cos 2\omega_L t + \cdots + (g_{i0} + g_{i1m}\cos \omega_L t$$

$$+ g_{i2m}\cos 2\omega_L t + \cdots)V_{sm}\cos \omega_c t$$

可见,i_B 和 i_C 中都含有组合频率($p\omega_L + \omega_c$),$p = 0,1,2,\cdots$。但是对混频电路来说,输入端 i_B 中,只有信号频率分量才能建立起电压;输出端 i_C 中,只有中频频率分量才能在输出回路上建立起电压,其他频率分量均可忽略不计,则

$$i_B \approx i_s = g_{i0}V_{sm}\cos \omega_c t = I_{sm}\cos \omega_c t \qquad (7.2-2)$$

$$i_C \approx i_I = \frac{1}{2}g_{f1m}V_{sm}\cos(\omega_L - \omega_C)t = I_{Im}\cos \omega_I t \qquad (7.2-3)$$

上两式中 $I_{sm} = g_{i0}V_{sm}$, $I_{Im} = \frac{1}{2}g_{f1m}V_{sm}$, $\omega_I = \omega_L - \omega_c$

$$\left. \begin{array}{l} g_{i0} = \dfrac{1}{2\pi}\displaystyle\int_{-\pi}^{\pi} g_i(t)\mathrm{d}(\omega_L t) \\[3mm] g_{f1m} = \dfrac{1}{\pi}\displaystyle\int_{-\pi}^{\pi} g_f(t)\omega_L t\mathrm{d}(\omega_L t) \end{array} \right\} \qquad (7.2-4)$$

根据式(7.2-2) 和(7.2-3)可画出晶体三极管作混频应用时的小信号等效电路,如图7.2-2 所示。图中

$$g_{ic} = \frac{I_{sm}}{V_{sm}} = g_{i0}$$

$$g_c = \frac{I_{\text{Im}}}{V_{\text{sm}}} = \frac{1}{2}g_{\text{flm}} \qquad (7.2\text{-}5)$$

分别称为混频输入电导和混频正向传输电导
（或称混频跨导）。

如果混频输出中频回路谐振阻抗为 R_L，则
回路两端产生的中频电压为

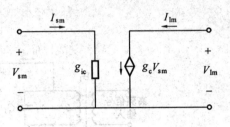

图 7.2-2　三极管混频等效电路

$$v_I = \frac{1}{2}g_{\text{flm}}R_L V_{\text{sm}}\cos\omega_I t = V_{\text{Im}}\cos\omega_I t$$

式中，$V_{\text{Im}} = \frac{1}{2}g_{\text{flm}}R_L V_{\text{sm}}$ 为输出中频电压的振幅，它与信号电压振幅 V_{sm} 呈线性关系。若输入信号是调幅波，则输出的中频电压也是调幅波；若输入信号是个调频波，则输出的中频电压也是调频波。可见，混频功能除了载波频率变换外，调制情况没有任何变化。

由图 7.2-2 可见，在满足时变参量线性电路条件下，三极管混频等效电路和小信号放大等效电路具有相同的形式，但它们之间有着本质区别：一是放大时管子跨导是恒定不变的，而混频时管子跨导是随本振频率 ω_L 周期时变的，混频跨导是这个时变跨导基波分量振幅值的一半；二是放大时，输入输出信号频率相同，是电压瞬时值之间等效，而混频时，输入输出信号频率不同，是电压振幅值之间的等效。

当工作频率较高时，必须考虑管子内部
的电容效应和其他寄生参量影响，其混合 π
等效电路，如图 7.2-3 所示。图中各元件参
数都是本振频率 ω_L 的周期函数，它们的值
原则上应取本振电压一个周期内的平均值，
作为工程估计常取它们在放大状态时的值，
唯有变频跨导 g_c 取放大跨导的 1/4（见式
(7.2-7)）。

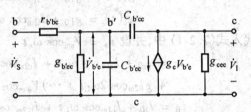

图 7.2-3　混合 π 等效电路

2. 变频跨导 g_c 的估算方法

估算变频跨导有两个方法：一是根据式(7.2-5) 和式(7.2-4) 直接求积分

$$g_c = \frac{1}{2}g_{\text{flm}} = \frac{1}{2\pi}\int_{-\pi}^{\pi} g_f(t)\cos\omega_L t\, d(\omega_L t) \qquad (7.2\text{-}6)$$

二是工程上常采用的近似图解法，其步骤如下：

① 给定或测出晶体管转移特性曲线，如图 7.2-4(a) 所示。

② 根据 $g_f(t) = \dfrac{\partial i_C}{\partial v_{\text{BE}}}\bigg|_{(V_{\text{BB}}+v_L)}$，求出不同 v_{BE} 的跨导曲线如图 7.2-4(b) 所示。

③ 选择合适的静态工作点 Q，使其处在跨导曲线直线范围的中心。假设 $g_f(t)$ 的直线段两个边界值分别为 g_{max} 和 g_{min}，由此可确定本振电压最佳幅度 V_{Lm}，如果本振幅度超过边界值，g_{flm} 幅度增加不大，但 $g_f(t)$ 的谐波却显著增加，这是不利的。

由图可见

$$g_{\text{flm}} = \frac{1}{2}(g_{\text{max}} - g_{\text{min}})$$

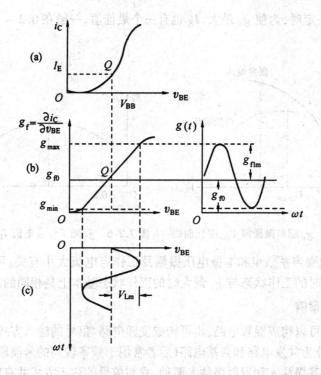

图 7.2-4　变频跨导的图解法

静态工作点处的跨导

$$g_{f0} = \frac{g_{max} - g_{min}}{2} + g_{min} = \frac{g_{max} + g_{min}}{2}$$

若 $g_{min} \approx 0$ 时,则

$$g_{flm} \approx \frac{1}{2} g_{max} \qquad g_{f0} \approx \frac{1}{2} g_{max}$$

所以

$$g_c = \frac{1}{2} g_{flm} = \frac{1}{4} g_{max} \qquad\qquad (7.2-7)$$

　　有了混频等效电路和其参数,混频器的各项指标就可用类似小信号放大电路的分析方法求出,这里不再赘述。

　　从图 7.2-4 中,可以看出本振电压振幅 V_{Lm} 和工作状态 I_E(或 V_{BB})对变频跨导 g_c 的影响。当工作点 Q 取定后,即 I_E 一定,g_c 与 V_{Lm} 关系如图 7.2-5 所示。V_{Lm} 超过某值后,g_c 将保持恒定。

　　如果在实际混频电路中,采用分压式自给偏置电路,当 V_{Lm} 由小增大时,由于自给偏压的作用,V_{BB} 将向负的方向增大,相应的 g_{flm} 值将减小。结果使 g_c 随 V_{Lm} 变化曲线如图 7.2-5 中虚线所示。可见,对应 g_c 最大值,有一个最佳本振电压振幅 $V_{Lm \cdot opt}$,一般约为 50 ~ 200 mV 左右。

　　反之,当 V_{Lm} 一定,g_c 随工作点 I_E 或 V_{BB} 变化曲线,如图 7.2-6 所示。在 I_E 较小或较大时,g_c 都减小,因为这时,动态范围进入 $g_f \sim v_{BE}$ 曲线的弯曲部分,g_{flm} 减小,g_c 亦减小。

就是说,当 V_{Lm} 一定时,为使 g_c 最大,I_E 也有一个最佳值,一般在 0.2 ~ 1 mA 左右。

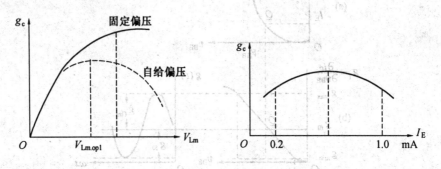

图 7.2-5　g_c 随本振振幅 V_{Lm} 变化曲线　　图 7.2-6　g_c 随工作点电流 I_B 变化曲线

混频电路的噪声系数也和本振电压振幅及工作点电流大小有关。可以证明,混频电路噪声系数最小时的工作状态与 g_c 最大时的工作状态基本上是相同的。

3. 实用电路举例

晶体三极管可以构成混频电路,也可构成变频电路。信号的输入方式与小信号谐振放大电路相似,可分为共发电路和共基电路(后者常用于频率较高的米波段);本振电压的注入方式也可分为基极注入和发射极注入两种。它与信号的注入方式共有四种组合,但不管哪种注入方式都要求:第一,本振和信号电压都能有效地加到晶体三极管的发射结上;第二,本振和信号互不影响,各自都有良好的通路;第三,为众多无用的组合频率分量电流提供良好的通路。

图 7.2-7 是电视机中典型的混频电路。由高频放大电路输出的高频信号经双调谐耦合回路送到 3DG80 混频管的基极。因为电视信号频率与本振频率相差较大(我国规定电视图象中频为 38 MHz),两者不会产生频率牵引现象,故可采取同极注入方式。但为减小振荡器负载对其频率稳定度的影响,通常 C_8 值取得很小(只几个 pF)。晶体管发射极对高频分量来说是接地的。

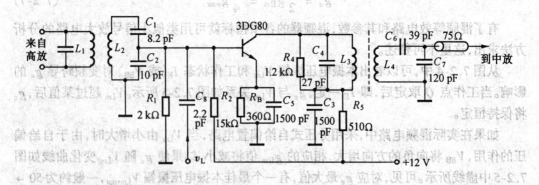

图 7.2-7　电视接收机中的混频电路

图 7.2-8 是中波段广播收音机中的晶体管变频电路,空间电磁波在磁性天线上产生感应电流,通过输入回路选择出有用信号,经 L_2 耦合到变频管基极。而本振电压是由

3AG1D、振荡回路(L_4、C_5、C_6、C_{1b})和反馈电感 I_3 组成的"互感耦合反馈振荡电路"产生的,并通过耦合电容 C_4 加到晶体管发射极上。这里采用信号、本振分开注入方式,是因为广播收音机的中频频率为 465 kHz,本振频率和信号频率相距较近,为减小其间相互影响而为之。电容 C_5、C_6 是为了在整个波段内达到本振频率和信号频率之间统一调谐的目的而加入的。

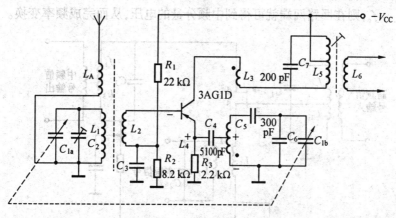

图 7.2-8　收音机的变频电路

图 7.2-9 是通信机所采用的混频电路。高频已调信号(载频为 1.7 ~ 6 MHz)由电感和电容双重耦合到混频管 3AG27 的基极上。这种双重耦合可改善波段内传输特性的平稳性。本振电压(频率为 2.165 ~ 6.465 MHz)经电感耦合加到该管的发射极。电阻 R_1、R_2、R_3、R_4 和 R_6 共同组成混频管的偏置电路。R_2 具有负温度系数的热敏电阻,以补偿混频管发射结负温度特性,R_5 为发射极交流负反馈电阻,用以改善混频管的非线性特性和扩大动态范围,以提高抗干扰能力,R_7、C_9、C_{10} 组成电源去耦电路。

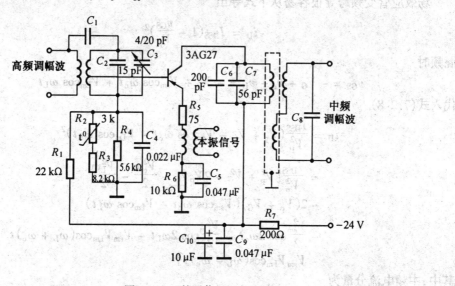

图 7.2-9　某通信机混频电路

7.2.2 场效应管混频电路

场效应管混频器在电路形式上与晶体三极管十分相似,其典型电路如图7.2-10所示。图中 R_1C_1 是自给偏置电路,本振电压通过互感耦合注入源极,信号由栅极输入(共源型)经混频管的非线性作用,产生和频、差频等电流分量,若将输出回路 L_2C_3 调谐于差频频率 $f_I = f_L - f_c$,则在回路两端就可得到中频分量的电压,从而完成频率变换。

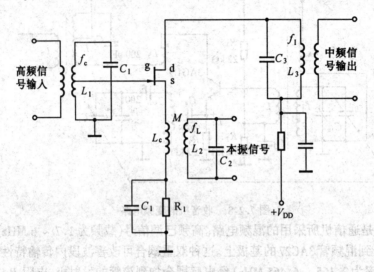

图 7.2-10 场效应管混频电路

场效应管混频电路形式,根据电路组态(对信号而言共源型或共栅型)和本振注入方式(源极注入或栅极注入)不同,也有四种组合形式。选取原则和晶体管混频电路相同。

场效应管变频跨导很容易从下式导出

$$i_D = I_{DSS}(1 - \frac{v_{GS}}{V_p})^2 \tag{7.2-8}$$

混频时

$$v_{GS} = -V_G + v_s + v_L = -V_G + V_{sm}\cos \omega_c t + V_{Lm}\cos \omega_L t$$

代入式(7.2-8)

$$
\begin{aligned}
i_D &= \frac{I_{DSS}}{V_p^2}(V_p + V_G - V_{sm}\cos \omega_c t - V_{Lm}\cos \omega_L t)^2 \\
&= \frac{I_{DSS}}{V_p^2}\Big[V_p^2 + V_G^2 + 2V_pV_G - \frac{V_c^2 m}{2} - \frac{V_{L}^2 m}{2} \\
&\quad - 2(V_p + V_G)(V_{sm}\cos \omega_c t + V_{Lm}\cos \omega_L t) \\
&\quad - \frac{V_{sm}^2}{2}\cos 2\omega_c t - \frac{V_{Lm}^2}{2}\cos 2\omega_L t - V_{sm}V_{Lm}\cos(\omega_L + \omega_c)t \\
&\quad - V_{sm}V_{Lm}\cos(\omega_L - \omega_c)t\Big] \tag{7.2-9}
\end{aligned}
$$

其中,中频电流分量为

$$i_{DI} = \frac{I_{DSS}}{V_p^2}V_{sm}L_{Lm}\cos(\omega_L - \omega_c)t$$

根据变频跨导定义,有

$$g_c = \frac{I_{\text{DIm}}}{V_{\text{sm}}} = \frac{I_{\text{DSS}} V_{\text{Lm}}}{V_p^2} \qquad (7.2\text{-}10)$$

若场效应管工作点选择在放大区内,对式(7.2-8)微分,可直接得到其跨导 g_m 随 v_{GS} 变化关系

$$g_m = \frac{\partial i_D}{\partial v_{\text{GS}}} = \frac{-2I_{\text{DSS}}}{V_p}\left(1 - \frac{v_{\text{GS}}}{V_p}\right) \qquad (7.2\text{-}11)$$

可看出,当 $v_{\text{GS}} = V_p$ 时,$g_m = 0$,若 $v_{\text{GS}} = 0$,则 g_m 有最大值

$$g_{m0} = \frac{-2I_{\text{DSS}}}{V_p} \quad \text{或} \quad I_{\text{DSS}} = \frac{-g_{m0} V_p}{2}$$

将它代入式(7.2-10)中,可得

$$g_c = \frac{g_{m0} V_{\text{Lm}}}{2V_p} \qquad (7.2\text{-}12)$$

由此可见,场效应管的变频跨导 g_c 和本振电压幅度 V_{Lm} 成正比,当 $V_{\text{Lm}} = V_p/2$ 时,g_c 有最大值,即 $g_{\text{cmax}} = g_{m0}/4$。

其次,由式(7.2-9)看出,输出漏极电流中,没有高次组合频率分量,因此在抗组合频率干扰方面,它远比晶体管变频电路优越,还因为场效应管的输入近似平方律特性,故在抗交调、互调干扰(详见7.3节)方面,也比晶体管变频电路性能好。另外,第3章中已经指出的场效应管的噪声电平也较晶体管低。近几年来,在接收机中用场效应管混频器代替晶体管混频器已日趋广泛。

但是,场效应管混频增益比晶体管低,这是由于场效应管跨导小的缘故。因此,使用时要选择跨导大的管子,并取本振峰-峰电压值恰好等于夹继电压 V_p,以获得最大变频跨导。当然,本振电压不应超出上述范围,否则会出现栅流,产生组合频率干扰,使混频器性能下降。

7.2.3 晶体二极管混频电路

晶体二极管混频电路具有电路结构简单、噪声低、组合频率分量少等优点,如果采用肖特基二极管(又称热载流子二极管)其工作频率可达到微波波段,因此,它广泛地用于高质量的或微波段的通信、雷达、测量等设备中。它的主要缺点是变频增益小于1。

1. 二极管混频原理与等效电路

二极管混频原理电路如图7.2-11所示。由图可见,与三极管混频不同的是二极混频输出中频电压 v_1,全部反馈到二极管的两端。假设二极管具有理想的伏安特性,根据图中所示正方向,实际加到二极管两端的电压为

$$v_D = v_L + v_s - v_I \qquad (7.2\text{-}13)$$

式中

$$v_L = V_{\text{Lm}}\cos \omega_L t \qquad v_s = V_{\text{sm}}\cos \omega_c t \qquad v_I = v_{\text{Im}}\cos \omega_I t$$

通常,信号电压 v_s 与中频电压 v_I 都很小而本振电压 v_L 较大,故二极管混频器满足时变参量线性电路条件,于是通过二极管中的电流为

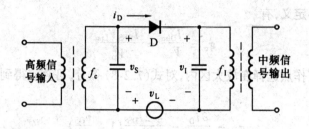

图 7.2-11 二极管混频原理电路

$$i_D \approx I(t) + g(t)(v_s - v_I) \tag{7.2-14}$$

式中，$I(t)$、$g(t)$ 均是本振频率的周期函数，它们都可展开成三角傅里叶级数

$$I(t) = I_0 + I_{1m}\cos\omega_L t + I_{2m}\cos 2\omega_L t + \cdots$$

$$g(t) = g_0 + g_{1m}\cos\omega_L t + g_{2m}\cos 2\omega_L t + \cdots$$

将它们代入式(7.2-14) 中

$$i_D = (I_0 + I_{1m}\cos \omega_L t + I_{2m}\cos 2\omega_L t + \cdots) + (g_0 + g_{1m}\cos \omega_L t +$$
$$g_{2m}\cos 2\omega_L t + \cdots)(V_{sm}\cos \omega_c t - V_{Im}\cos \omega_I t) \tag{7.2-15}$$

可见，通过二极管的电流 i_D 中，含有无穷多项频率分量，但只有信号频率分量 i_s 和中频频率分量 i_I 两项电流才能分别在输入输出端的回路上建立起信号电压 v_s 和中频电压 v_I。如将图 7.2-11 中的二极管看做是二端口网络，则其输入输出端电流和电压关系如图 7.2-12 所示。图中 i_s、i_I 可从式(7.2-15) 中求出

图 7.2-12 混频网络

$$i_s = g_0 V_{sm}\cos \omega_c t - \frac{1}{2} g_{1m} V_{Im}\cos \omega_c t$$

$$i_I = \frac{1}{2} g_{1m} V_{Im}\cos \omega_I t - g_0 V_{sm}\cos \omega_I t$$

写成复振幅形式

$$\left. \begin{aligned} \dot{I}_s &= g_0 \dot{V}_{sm} - \frac{1}{2} g_{1m} \dot{V}_{Im} \\ \dot{I}_I &= \frac{1}{2} g_{1m} \dot{V}_{sm} - g_0 \dot{V}_{Im} \end{aligned} \right\} \tag{7.2-16}$$

如将 $\dot{I}_I$ 改为网络的习惯正方向，即流入网络的方向为 $\dot{I}_I$ 的正方向，上式可改写成

$$\left. \begin{aligned} \dot{I}_s &= g_0 \dot{V}_{sm} - \frac{1}{2} g_{1m} \dot{V}_{Im} \\ \dot{I}_I &= g_0 \dot{V}_{Im} - \frac{1}{2} g_{1m} \dot{V}_{sm} \end{aligned} \right\} \tag{7.2-17}$$

进一步改写成

$$\left.\begin{array}{l} \dot{I}_{s} = (g_0 - \frac{1}{2}g_{1m})\dot{V}_{sm} + \frac{1}{2}g_{1m}(\dot{V}_{sm} - \dot{V}_{Im}) \\ \dot{I}_{I} = (g_0 - \frac{1}{2}g_{1m})\dot{V}_{Im} - \frac{1}{2}g_{1m}(\dot{V}_{sm} - \dot{V}_{Im}) \end{array}\right\} \quad (7.2\text{-}18)$$

故二极管混频等效电路可用图 7.2-13 所示的无源电导网络表示。

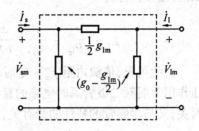

由此可见,晶体二极管混频等效电路是一个对称双向网络,它既有将输入信号电压变换成输出中频电流的正向混频作用,又有将输出端的中频电压变换成输入信号电流的反向混频作用,并且这两种变换能力是相同的。

2.二极管混频损耗

图 7.2-13　晶体二极管混频等效电路

因为二极管混频等效电路是一无源电导网络,所以它的混频功率增益恒小于 1。通常用混频额定功率增益的倒数(称为混频损耗,以 L_c 表示)来描述混频效果。混频损耗的定义是

$$L_c = \frac{\text{输入额定信号功率 } P_{sa}}{\text{输出额定中频功率 } P_{Ia}} \quad (7.2\text{-}19)$$

下面推导 L_c 与混频电路参数间的关系。

在二极管混频等效电路输入端,接上信源 I_s 及其电导 g_s,如图 7.2-14(a) 所示。信源提供的额定功率为 $P_{sa} = I_s^2/4g_{s0}$。若从二极管混频等效电路输出端左视的等效电路为图 7.3-14(b) 所示,则其提供的中频额定功率为 $P_{Ia} = (I'_s)^2/4g'_s$。

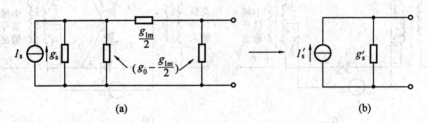

(a)　　　　　　　　　　(b)

图 7.2-14　晶体二极管混频器等效电路

式中

$$g'_s = (g_0 - \frac{g_{1m}}{2}) + \frac{\frac{1}{2}g_{1m}(g_s + g_0 - \frac{1}{2}g_{1m})}{\frac{1}{2}g_{1m} + g_s + g_0 - \frac{1}{2}g_{1m}} = g_0 - \frac{\frac{1}{4}g_{1m}^2}{g_0 + g_s}$$

$$I'_s = \frac{I_s}{g_s + (g_0 - \frac{1}{2}g_{1m}) + \frac{\frac{1}{2}g_{1m}(g_0 - \frac{1}{2}g_{1m})}{\frac{1}{2}g_{1m} + g_0 - \frac{1}{2}g_{1m}}}$$

$$\times \frac{\frac{1}{2}g_{1m}}{\frac{1}{2}g_{1m}+\left(g_0-\frac{1}{2}g_1\right)}\left(g_0-\frac{\frac{1}{4}g_{1m}^2}{g_0+g_s}\right)=\frac{I_s}{2}\cdot\frac{g_{1m}}{g_s+g_0}$$

因此,混频损耗为

$$L_c=\frac{P_{sa}}{P_{Ia}}=\frac{I_s^2}{4g_s}\cdot\frac{4g_s'}{(I_s')^2}=\frac{4(g_0+g_s)(g_0^2+g_0g_s-\frac{1}{4}g_{1m}^2)}{g_sg_{1m}^2}\tag{7.2-20}$$

由此可见,信源内阻 g_s 一定时,L_c 仅是 g_0 和 g_{1m} 的函数,而 g_0 和 g_1 分别是在本振电压作用下混频二极管瞬时电导的直流分量和基波分量振幅,它们的值既与本振电压幅度有关,又与混频管的特性曲线有关,因此,给定本振电压和二极管特性曲线后,就能估算出 g_0 和 g_{1m},也就可估算出混频损耗 L_c 或混频额定功率增益 $A_{pca}=\dfrac{1}{L_c}$,以及混频输入电导 g_{ic} 和输出电导 g_{oc} 等。

需要指出的是式(7.2-20)所确定的混频损耗没有及计输出负载的失配损耗和输出中频回路的插入损耗。

3. 平衡和双平衡(环形)混频电路

晶体二极管平衡和双平衡混频电路结构如图 7.2-15(a)(b) 所示。显然,它们与二极管平衡调幅和双平衡调幅电路非常相似。引用目的均为消除非线性器件相乘过程中所产生的一些无用项,以免造成干扰。

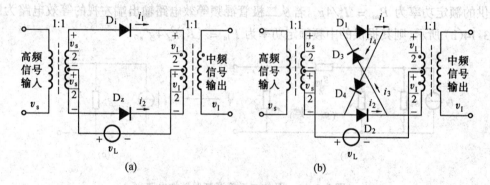

图 7.2-15 二极管平衡和双平衡混频电路

如果本振电压 v_L 足够大,使二极管工作于开关状态,则对图 7.2-15(a) 平衡混频电路来说,通过上下两管的电流分别为

$$\left.\begin{array}{l}i_1=g_dS_1(\omega_Lt)\left(v_L+\dfrac{v_s-v_I}{2}\right)\\[2mm]i_2=g_dS_1(\omega_Lt)\left(v_L-\dfrac{v_s-v_I}{2}\right)\end{array}\right\}\tag{7.2-21}$$

式中 g_d 为晶体二极管的导通电导,通过输入信号回路和输出中频回路的电流为

$$i_I=i_1-i_2=g_dS_1(\omega_Lt)(v_s-v_I)\tag{7.2-22}$$

从式(7.2-22)的分解过程可以看出,在输出电流 i_I 中,除了和频 $\omega_L+\omega_C$ 及差频 ω_L-

ω_C(中频) 电流成分外，还有 $3\omega_L \pm \omega_C, 5\omega_L \pm \omega_C, \cdots, 3\omega_L \pm \omega_I, 5\omega_L \pm \omega_I \cdots$ 等本振电压奇次谐波与 ω_C 和 ω_I 基波的组合角频率成分，而没有 ω_C 与 ω_I 二者的谐波组合，也没有信号电压的高次方项。所以在理想的开关工作状态下，非线性产物要少得多，这就大大减少了特定频率的干扰。

对双平衡混频电路来说，由 D_1 和 D_2 组成的平衡混频电路的电流 i_I 同式(7.2-22)，由 D_3 和 D_4 组成的平衡混频电路的电流则为

$$i_{II} = i_4 - i_3 = g_d S_1(\omega_L t - \pi)(v_s + v_I)$$

因此，通过输出端中频回路的总电流为

$$
\begin{aligned}
i_{I\Sigma} &= i_I - i_{II} = (i_1 - i_2) - (i_4 - i_3) \\
&= g_d [S_1(\omega_L t) - S_1(\omega_L t - \pi)] v_s - g_d [S_1(\omega_L t) + S_1(\omega_L t - \pi)] v_I \\
&= g_d S_2(\omega_L t) v_s - g_d v_I
\end{aligned}
\tag{7.2-23}
$$

式中 $S_2(\omega_L t) = S_1(\omega_L t) - S_1(\omega_L t - \pi)$ 为双向开关函数，$S_1(\omega_L t) + S_1(\omega_L t - \pi) = 1$。

比较式(7.2-23)和式(7.2-22)可见，双平衡混频电路的总输出电流 $i_{I\Sigma}$ 中，除了和频 $\omega_L + \omega_C$ 及差频 $\omega_L - \omega_C$(中频)外，仅有 $3\omega_L \pm \omega_C, 5\omega_L \pm \omega_C \cdots$ 等项与 ω_C 基波的组合角频率成分了。因此双平衡混频电路比平衡混频的非线性产物进一步被抑制。

7.2.4 集成模拟相乘器混频电路

利用非线性器件实现两个信号相乘时，虽可采用多种措施来减少一些无用频率分量，但都无法根除它们的影响。为了实现理想相乘，只要条件允许，应首先选用模拟相乘器。

用 MC1596 构成的混频电路如图 7.2-16 所示。

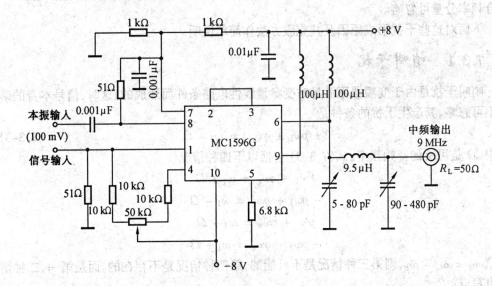

图 7.2-16　用 MC1596 构成的混频电路

该混频电路采用单端输入。本振幅度约为 100 mV，信号电压可在 15 mV ~ 7.5 μV 之间(当信噪比为 10 dB 时)，对于 30 MHz 信号和 39 MHz 本振混频时，该电路的弯频跨导约为 13 dB 左右。输出回路调谐在 9 MHz 回路带宽为 450 kHz。

7.3 变频干扰

为了实现变频功能,混频器件必须工作在非线性状态。现以晶体三极管为例,在忽略其集电极电压反作用条件下,静态转移特性在静态工作点 V_Q 上展开泰勒级数为

$$i_c = a_0 + a_1 v_{BE} + a_2 v_{BE}^2 + a_3 v_{BE}^3 + a_4 v_{BE}^4 + \cdots \quad (7.3-1)$$

当将两个或两个以上不同频率的信号加到晶体管的基极-发射极两端时,通过晶体管的集电极电流 i_c 将含有众多组合频率,其通式为

或

$$\left.\begin{array}{l}\omega_{pq} = \pm p\omega_1 \pm q\omega_2 \\ \omega_{pqr\cdots} = \pm p\omega_1 \pm q\omega_2 \pm r\omega_3 \pm \cdots\end{array}\right\} \quad (7.3-2)$$

$$p = 0,1,2,\cdots \quad q = 0,1,2,\cdots \quad r = 0,1,2,\cdots$$

当某组合频率一旦落入中频放大器的通频带内,就会在中频放大器的输出端出现干扰信号。

实际上,作用到混频器上的信号无非是本振信号、有用信号、干扰信号和噪声等四种,它们之间任意两者都有可能产生组合频率,形成干扰。不同原因产生的干扰有其特定的名称,图 7.3-1 表明变频干扰的分类及其名称的示意图。信号与噪声之间,因其均属小信号形成的组合频率分量可忽略。

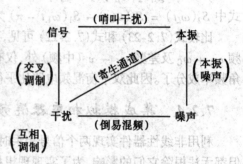

图 7.3-1 混频干扰分类及其名称示意图

下面对这些干扰形成原因及其克服方法作简单说明。

7.3.1 哨叫干扰

哨叫干扰是由于变频器不满足时变参量线性电路条件而形成的。这时,信号本身的谐波不可忽略,其产生干扰的条件是

$$|\pm p\omega_L \pm q\omega_c| = \omega_I + \Omega \quad (7.3-3)$$

式中, Ω 是可听的音频频率。式(7.3-3)包括以下四种情况

$$P\omega_L - q\omega_c = \omega_I + \Omega$$
$$-p\omega_L + q\omega_c = \omega_I + \Omega$$
$$p\omega_L + q\omega_c = \omega_I + \Omega$$
$$-p\omega_1 - q\omega_c = \omega_I + \Omega$$

如取 $\omega_I = \omega_L - \omega_c$,则第三种情况是不可能的,第四种情况是不存在的。而是第一、二种情况可写成

$$p\omega_L - q\omega_c = \pm(\omega_I + \Omega)$$

通常 $\omega_I \gg \Omega$,因此上式可简化为

$$\omega_c \approx \frac{p \pm 1}{q - p}\omega_I \quad (7.3-4)$$

上式表明,当信号频率 ω_c 和已选定的中频频率 ω_I 满足式(7.3-4)关系时,就可能产生干扰哨叫声。若 p 和 q 取不同的正整数,则可能产生干扰哨声的信号频率就会有无限多个,并且其值均接近于 ω_I 的整数倍或分数倍。但实际上,一因任何一部接收机的工作频率段都是有限宽的;二因混频管集电极电流中组合频率分量的振幅总是随着 $(p + q)$ 的增加而迅速地减小,因而只有对应于 p 和 q 值较小的信号才会产生明显的干扰哨声,而对应于 p 和 q 较大的信号所产生的干扰哨声均可忽略。

由此可见,减少干扰哨声的方法是合理选择中频频率,将产生最强的干扰哨声的频率移到接收频段以外。其次是限制信号和本振电压的振幅不宜过大。

7.3.2 寄生通道干扰

寄生通道干扰是由于变频器必须工作在非线性状态而形成的。如果变频器前的高频放大器也具有非线性特性,则当频率为 ω_M 的干扰信号 $v_M(t)$ 通过放大器时,产生了 ω_M 的各次谐波,用 $q\omega_M$ 表示, $q = 0,1,2,\cdots$ 它们与本振信号各次谐波差拍,如满足

$$| \pm p\omega_L \pm q\omega_M | \approx \omega_I \tag{7.3-5}$$

该干扰信号将通过接收机,造成对有用信号的干扰,称这种干扰为寄生通道(或称组合副波道)干扰。

同样,在式(7.3-5)中,只有下列两式成立

$$p\omega_L - q\omega_M \approx \omega_I$$

$$- p\omega_L + q\omega_M \approx \omega_I$$

将它们合并,写成

$$\omega_M = \frac{p}{q}\omega_L \pm \frac{\omega_I}{q} \tag{7.3-6}$$

上式表明,寄生通道干扰频率 ω_M 总是对称地分布在 $\frac{p}{q}\omega_L$ 的左右,并且与 $\frac{p}{q}\omega_L$ 的间隔均为 $\frac{1}{q}\omega_L$。图7.3-2示出了 $q = 1$ 和 $q = 2$,而 p 为任意正整数时 ω_M 的两种频率分布情况。

由图可见,当 ω_L 一定,混频电路就能为频率等于图中所示任一数值的外来干扰信号提供寄生通道,将它变换为中频通过接收机。理论上,寄生通道的数目有无限多个,实际上,只有对应于 p 和 q 值较小的外来干扰信号才会形成较强的干扰。当 $p = 0$ 和 $q = 1$ 时, $\omega_M = \omega_I$,称为中频干扰;当 $p = 1$ 和 $q = 1$ 时, $\omega_M = \omega_L + \omega_I = \omega_C + 2\omega_I$,相对 ω_L 而言, ω_M 恰好是 ω_c 的镜像,故称为镜像频率干扰,简称像频干扰。

对于中频干扰,混频电路实际起到中频放大电路作用,因而它具有比有用信号更强的传输能力;对于像频干扰,它具有与有用通道相同的变换能力。只要这两种干扰信号一旦加到混频电路输入端,就无法将其削弱或抑制。因此,减小中频和像频干扰的主要方法是提高混频电路前级的选择性。

7.3.3 交叉调制(交调)干扰

交叉调制干扰是由于混频器或高频放大器的非线性传输特性产生的。现以混频器的

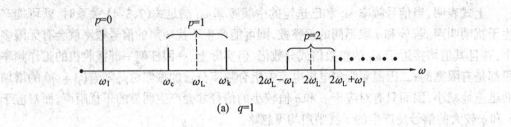

(a) $q=1$

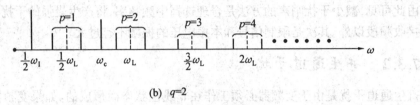

(b) $q=2$

图 7.3-2　寄生通道干扰频率分布情况

非线性为例,假设其输入端同时作用着本振 v_L、信号 v_s 和干扰 v_M,即

$$v_{BE} = v_L + v_s + v_M = V_{Lm}\cos \omega_L t + V_{sm}\cos \omega_c t + V_{Mm}\cos \omega_M t$$

将它代入式(7.3-1),经整理后可知,v_{BE} 的二次方项、四次方项及更高的偶次方项均会产生中频分量,其中 $a_4 v_{BE}^4$ 项产生的中频电流分量振幅为 $3a_4 V_{Lm} V_{sm} V_{Mm}^2$,当干扰信号是调幅信号时,该电流分量振幅中就含有干扰信号的调制规律。换句话说,干扰信号的包络转移到了中频信号的振幅中去,故称为交叉调制干扰。当人们收听有用信号声音的同时,也可听到干扰信号的声音。但当调偏有用信号中心频率时,干扰信号的声音也随之消失。

交调干扰仅与干扰信号振幅有关,而与其频率无关,因此它是一种危害性更大的干扰,减小交调干扰的有效方法是提高混频电路前级的选择性。

7.3.4　互相调制(互调)干扰

互相调制干扰也是由于混频电路或高频放大电路的非线性传输特性产生的。假设混频电路输入端同时作用着两个干扰信号 v_{M1} 和 v_{M2} 时,即

$$v_{BE} = v_L + v_s + v_{M1} + v_{M2} = V_{Lm}\cos \omega_L t + V_{sm}\cos \omega_C t + V_{M1m}\cos\omega_{M1} t + V_{M2m}\cos \omega_{M2} t$$

将它代入式(7.3-1)经三角变换,可以发现,集电极电流 i_C 中包含有下列通式表示的组合频率分量

$$\omega_{p \cdot q \cdot r \cdot s} = |\pm p\omega_L \pm q\omega_s \pm r\omega_{M1} \pm s\omega_{M2}|$$

其中,除了 $\omega_L - \omega_s = \omega_I(p = q = 1, r = s = 0)$ 的有用中频分量外,还可能在某些特定的 r 和 s 值上存在着

$$|\pm \omega_L \pm r\omega_{M1} \pm s\omega_{M2}| = \omega_I \tag{7.3-7}$$

的寄生中频分量,引起混频器输出中频信号失真。这种干扰称为互相调制干扰,简称互调干扰。显然,在 V_{M1m} 和 V_{M2m} 一定时,r 和 s 值越小,相应产生的寄生中频电流分量振幅就越大,因而互调干扰也就越严重。然而,位于混频电路前面的高频谐振放大器若具有良好的滤波作用,往往只有频率比较靠近输入信号频率的两个干扰信号才能有效地加到混频电路的输入端。因此,可认为两个干扰信号的频率 ω_{M1} 和 ω_{M2} 都比较靠近 ω_c,于是能够满足

式(7.3-7)中 r 和 s 值就只能是限于 $|r - s| = 1$ 的情况。能够产生寄生中频分量的干扰信号频率应满足下列关系

$$\omega_L - (2\omega_{M1} - \omega_{M2}) = \omega_I \text{ 或 } \omega_L - (2\omega_{M2} - \omega_{MI}) = \omega_I$$

$$\omega_L - (3\omega_{M1} - 2\omega_{M2}) = \omega_I \text{ 或 } \omega_L - (3\omega_{M2} - 2\omega_{MI}) = \omega_I$$

通常将 $r + s = 3$ 称为三阶互调干扰,它是由混频器非线性器件特性的四次方项产生的;对应于 $r + s = 5$ 称为五阶互调干扰,它是由非线性器件特性的六次方项产生的,依次类推。

减小互调干扰的主要方法是提高混频电路前的选择性和设法使混频器件特性四次方项以及四次方项以上的偶次方项系数为零。

7.3.5 本振噪声干扰与倒易混频干扰

一般情况下,特别是在厘米波段混频电路中,本机振荡电路提供本振信号的同时,还不可避免地会产生噪声,其频谱按本振回路谐振特性曲线形状分布。这样,混频器件就可把那些与本振频率相差一个中频的噪声频谱分量变换为中频通带内的噪声,使混频电路的噪声输出增大(输出信噪比降低),通常称为本振噪声干扰。

同样,如有一个强干扰信号进入混频电路时,那些与干扰信号频率相差一个中频的本振噪声频谱分量也将被变换为中频通带内的噪声,使混频电路的噪声输出更进一步地增大。这时,可将本振噪声电压视为输入信号,而将外来干扰视为本振,恰好与原来的混频位置颠倒,故称为"倒易混频"。

由此可见,振荡器的噪声对通信、测量和其他应用质量会有影响。对稳态工作的振荡器,噪声会引起振荡波形的幅度和相位扰动,或者说引起噪声调幅和噪声调相。无论是噪声调幅还是噪声调相,都将使振荡波的频谱变宽,振荡频率稳定度下降,引起振荡器的频率漂移,使通信系统输出信噪比变坏。特别是对一些高空探测的通信系统或多普勒雷达,它们的通带往往很窄,因此对振荡器的频率稳定度要求很高,噪声调制的影响就显得非常重要。

减小振荡器噪声影响的一个最基本和最重要的手段就是提高振荡器选频回路的 Q 值,回路 Q 值越高,谐振曲线也越尖锐,对噪声的衰减也越大,一般 LC 组成的回路,其空载 Q 值一般在 300 以下。为提高回路 Q 值人们采用了许多方法,其中采用石英晶体振荡器便是最有效的方法之一。

应该指出,以上所列六种变频干扰中,只有组合频率、寄生通道和本振噪声三种干扰形式是混频电路所特有的,其余三种干扰不仅会产生在混频器中,还会产生在具有非线性传输特性的高频谐振放大器中。

习　题

7-1　如果已知混频三极管静态转移特性为 $i_C = f(v_{BE}) = a_0 + a_1 v_{BE} + a_2 v_{BE}^2 + a_3 v_{BE}^3 + a_4 v_{BE}^4$,求题图 7-1 所示混频电路的变频跨导 g_c。图中, V_{BB} 为静态偏置电压, $v_L = V_{Lm}\cos \omega_L t$ 为本振电压,满足线性时变条件。

7-2　一非线性器件的伏安特性如题图 7-2 所示,其斜率为 g ,本振电压振幅为 V_{Lm} ,静态偏置电压为 V_{BB} 。试分别画出下列情况时变正向传输电导 $g_f(f)$ 波形,并计算相应的

静态偏置电压为 V_{BB}。试分别画出下列情况时变正向传输电导 $g_f(f)$ 波形,并计算相应的变频跨导 g_c 值。

(1) $V_{BB} = 0.2$ V　　$V_{Lm} = 0.6$ V

(2) $V_{BB} = 0.8$ V　　$V_{Lm} = 1.2$ V

(3) $V_{BB} = 0.4$ V　　$V_{Lm} = 1.2$ V

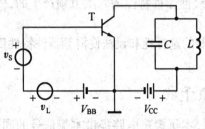

题图 7-1

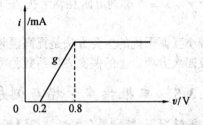

题图 7-2

7-3　用高频小功率管 3AG32H 做混频管,当静态工作点在 $I_{EQ} = 0.5$ mA 时,其参量 $\beta = 35, f_T = 65$ MHz, $r_{bb'} = 200$ Ω, $g_{ce} = 4$ μs,设 $C_{b'c} \approx 0$,混频器输入信号频率 $f_c = 1$ MHz,输出中频频率 $f_I = 465$ kHz,中频谐振回路采用耦合因数 $\eta = 1$ 的对称双调谐回路,其空载品质因数 $Q_0 = 100$,要求通频带为 10 kHz。若变频跨导 g_c 是工作点上静态跨导的一半,试求此混频器的最大变频功率增益和实际变频增益。

7-4　在题图 7-4 所示三极管混频电路中,已知 $f_c = 47.222$ MHz、$f_L = 42.522$ MHz,$f_I = 4.7$ MHz,电路参数 $C_1 = 0.01$ μF, $C_2 = 1\,000$ pF,试问:

(1) 若 C_1 由 0.01 μF 减小为 100 pF 时,对变增益有何影响?

(2) 若 C_2 减小为 10 pF 而 C_1 仍为 0.01 μF,对混频增益有何影响?

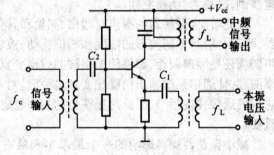

题图 7-4

7-5　题图 7-5 所示为某电视接收机混频电路,试分别说明各元件功用。如果 $L_1 = 1.69$ μH,$L_2 = 0.68$ μH,其余元件参数如图中所列,估算其本振频率是多少?

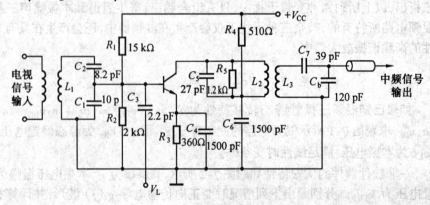

题图 7-5

7-6　题图 7-6(a) 是一个二极管混频电路,(b) 是其等效电路。如果二极管静态伏安特性是从原点出发,斜率为 $g_d = \dfrac{1}{R_d}$ 的直线。试证明其等效电路参数 $g_1 = \dfrac{\pi - 2}{2\pi} g_d$,$g_2 = \dfrac{g_d}{\pi}$。

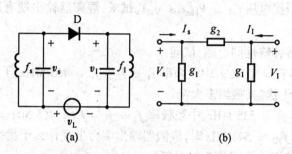

题图 7-6

7-7　试求题图7-7所示电路的混频损耗。假设两二极管均工作在受 v_L 控制的开关状态,且 $R_c = R_L$,$R_D \ll R_L$。

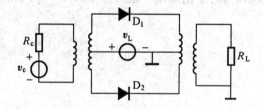

题图 7-7

7-8　题图 7-8 所示为相乘型混频电路模型,如果相乘器传输特性为 $v_o = K_M v_s v_L$,带通滤波器中心频率为 $f_I = f_L - f_c$,阻抗为 R_p,通频带不小于输入信号的频带宽度。当输入信号为 $v_s = V_{cm}[1 + m_a f(t)]\cos \omega_c t$,本振电压分别为

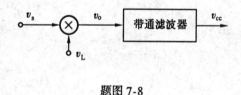

题图 7-8

(1) 余弦波;

(2) 对称方波;

(3) 对称三角波,并且它们的重复周期均为 $T = \dfrac{2\pi}{\omega_L}$ 时,试求上述三种情况的变频导 g_c 表示式。

7-9　一超外差式接收机的工作频段为 2 ~ 30 MHz,中频频率为 $f_I = f_L - f_c = 1.5$ MHz,若组合频率分量只考虑到 $p + q \leqslant 6$,试分析干扰哨声会以出现在哪些频率上?若将中频频率改为 70 MHz 时,出现干扰哨声的频率有何变化?

7-10　某短波段接收机波段范围为 40 ~ 50 MHz,中频频率 $f_I = f_L - f_c = 1.5$ MHz。若只考虑三次谐波的组合频率,试问:当接收机已调谐在 46 MHz 频率刻度上时,在上述波段范围内可有哪些频率的寄生通道?

7-11 某晶体三极管转移特性在静态工作点上展开的幂级数表示式为

$$i_c = a_0 + a_1 v + a_2 v^2 + a_3 v^3 + a_4 v^4$$

当用此三极管做混频器时,在其输入端同时作用着信号电压 $v_s = V_{sm}\cos \omega_c t$、本振电压 $v_L = V_{Lm}\cos \omega_L t$ 和干扰电压 $v_M = V_{Mm}\cos \omega_M t$。试求,混频器输出端有用的中频信号与干扰信号表达式。

7-12 三极管转移特性同上题,试问:

(1) 当信号频率 $f_c = 1$ MHz,中频频率 $f_1 = f_L - f_c = 465$ MHz、干扰频率 $f_M = 2.465$ MHz 时,会产生什么干扰?其振幅多大?

(2) 当信号频率 $f_c = 535$ MHz,中频频率 $f_1 = f_L - f_c = 465$ MHz。两个干扰频率分别为 $f_{M1} = 539$ kHz 和 $f_{M2} = 543$ kHz 时,混频器输出端会出现什么干扰?其振幅为多大?

7-13 三极管转移特性同题 7-11,试问:

(1) 将此管分别用于谐振放大器和混频器时,为了不产生交叉调制干扰,对管子转移特性数学表示式的系数有什么要求?

(2) 将此管用于混频器时,为了消除由于组合频率($2f_c - f_L$)引起的干扰哨声,对上式中的系数有什么要求?

第8章 反馈控制电路

8.1 概　述

在各种通信系统和电子设备中,为了提高它们的技术性能指标或实现某些特定的要求,广泛采用各种反馈控制电路。就反馈控制电路本身而言,它必然是一个闭环系统。它的一般方块图由五部分组成,如图 8.1-1 所示。

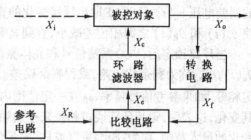

图中,各物理量的名称是:X_o 为被控量、X_f 为反馈量、X_R 为参考量、X_e 为误差量、X_c 为控制量。各组成部分的功用:

"被控对象"在电子、通信技术中,通常是振荡器(无 X_i 端) 或者放大器(有 X_i 端),它们的输出物理量 X_o(被控量) 无非是电压、电流、频率或相位。与其对应就有"自动电平(电压或电流) 控制电路"、"自动频率控制电路"、"自动相位控制电路" 等。

图 8.1-1　反馈控制电路一般方框图

"转换电路"是将被控量 X_o 转换成与参考量 X_R 可比较的相同性质物理量,假如 X_o 和 X_R 已是相同性质物理量了,"转换电路"就可省去。

"比较电路"是将反馈量 X_f 与参考量 X_R 进行比较,如果 $X_f = X_R$,其输出误差量 $X_e = X_f - X_R = 0$;若 $X_f \neq X_R$,其输出误差量 $X_e \neq 0$。X_e 的符号和大小,表明 X_f、X_R 之间偏离的方向和程度。

"环路滤波器"通常是低通滤波器,它的作用是滤除误差量 X_e 中不需要控制的那些高频分量,从而得到控制量 X_c。让 X_c 去控制"被控对象",使其输出量向减小误差量 X_e 的方向改变。最终使被控对象的输出量 X_o 尽量与参考量 X_R 一致。

"参考电路"给出一个参考量 X_R,又称为控制系统的输入量。它可以是个常量,也可是个变量。前者用于稳定 X_o 不变,后者为使 X_o 跟随 X_R 变化。

本章重点介绍自动相位控制电路,它又称锁相环路。

8.2　锁相环路组成及其工作原理

锁相环路 PLL(Phase Lock Loop),是一个能跟踪系统输入信号相位的闭环自动控制系统,它在电子、通信技术的许多领域得到了广泛应用。例如调制、解调、频率合成、电视与数字通信中的同步系统等。

8.2.1 锁相环路的基本工作原理

基本锁相环路组成框图如8.2-1所示。

这里的"被控对象"是电压控制的振荡器,简称压控振荡器。被控量 X_o 是压控振荡器输出电压信号的相位,"参考晶体振荡器"输出的参考量 X_R 也是相位,故可省去图8.1-1中的"转换电路"。由此可见,基本锁相环路由压控振荡器(VCO)、环路滤波器(LF)和相位比较器(PD)三个基本部件构成的闭合环路。当VCO输出信号的相位 $\theta_o(t)$ 发生变化时,输送到PD后,它将输出一个与误差相位成比例

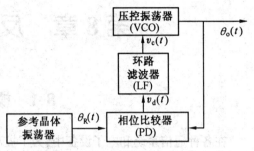

图8.2-1 锁相环路基本组成框图

的误差电压 $v_d(t)$,经过LF取出缓慢变化的直流电压 $v_c(t)$,去控制VCO输出信号的相位,使 $\theta_o(t)$ 和 $\theta_R(t)$ 之间相位差减小,直到其等于某一恒定值时,锁相环路进入锁定状态。

当环路锁定后,VCO振荡信号和晶体振荡器的参考信号之间的相位差 $\theta_{e\infty} = \theta_R(t) - \theta_o(t)$,$\theta_{e\infty}$ 称为剩余相位差,或称剩余误差。若两个信号的相位差恒定,则它们的频率必定相等。如果参考信号频率 ω_R 在一定范围内较慢变化时,则VCO输出信号频率 ω_o 会跟随其变化,这表明,锁相环路通过相位来控制频率,可实现无频差的频率跟踪。ω_o 能跟随 ω_R 变化的最大范围,称为"跟踪带"(或称"同步带")。

如 ω_R 变化超过跟踪带,ω_o 不再能跟随 ω_R 变化了。此时,锁相环路处于失锁状态。只有减小 ω_R 与 ω_o 间的偏离,减到某一数值时,系统又能锁定和跟踪了,将此偏离最大范围称为"捕捉带"。

8.2.2 锁相环路的数学模型

为了对锁相环路进行定量分析,需要建立锁相环路的动态方程。为此,先从环路各组成部分的数学模型入手。

1. 相位比较器的数学模型

相位比较器又叫鉴相器,是一个相位比较装置,用来检测系统输入(参考)信号电压 $v_R(t)$ 和压控振荡器输出信号电压 $v_o(t)$ 之间的相位差。

设压控振荡器输出信号电压 $v_o(t)$ 为

$$v_o(t) = V_{om}\cos[\omega_V t + \theta_o(t)] \tag{8.2-1}$$

环路系统输入(参考)信号电压 $v_R(t)$ 为

$$v_R(t) = V_{Rm}\sin[\omega_R t + \theta_R(t)] \tag{8.2-2}$$

式中,ω_V 是压控振荡器未加控制电压时的固有振荡频率,$\theta_o(t)$ 是压控振荡器输出信号电压以 $\omega_V t$ 为参考的瞬时相位;$\theta_R(t)$ 是系统输入信号以 $\omega_R t$ 为参考的瞬时相位。因只有在相同频率上才能进行两个信号的相位比较,故将系统输入信号 $v_R(t)$ 总相位改写为

$$\omega_R t + \theta_R(t) = \omega_V t + (\omega_R - \omega_V)t + \theta_R(t) = \omega_V t + \Delta\omega_V t + \theta_R(t) = \omega_V t + \theta_1(t)$$

$$\tag{8.2-3}$$

式中，$\theta_1(t) = \Delta\omega_V t + \theta_R(t)$ 是系统输入信号 $v_R(t)$ 以 $\omega_V t$ 为参考的瞬时相位，$\Delta\omega_V = \omega_R - \omega_V$ 是环路的固有频差，又称初始频差。

再将压控振荡器输出信号电压 $v_o(t)$ 总相位改写为

$$\omega_V t + \theta_o(t) = \omega_V t + \theta_2(t) \tag{8.2-4}$$

由此可得两个信号的相位差为

$$\theta_e(t) = \theta_1(t) - \theta_2(t) \tag{8.2-5}$$

设相位比较器（鉴相器）的鉴相特性为

$$v_e(t) = f[\theta_e(t)] = f[\theta_1(t) - \theta_2(t)] \tag{8.2-6}$$

此函数可有多种类型：正弦型、三角型、锯齿型等。常用正弦型可用模拟相乘器实现

$$
\begin{aligned}
v_e(t) &= K_M v_R(t) v_o(t) = K_M V_{Rm}\sin[\omega_V t + \theta_1(t)] \cdot V_{om}\cos[\omega_V t + \theta_2(t)] \\
&= \frac{1}{2}K_M V_{Rm} V_{om}\sin[\theta_1(t) - \theta_2(t)] + \frac{1}{2}K_M V_{Rm} V_{om}\sin[2\omega_V t + \theta_1(t) + \theta_2(t)] \\
&= K_d\sin\theta_e(t) + K_d\sin[2\omega_V t + \theta_1(t) + \theta_2(t)]
\end{aligned}
\tag{8.2-7}
$$

式中，$K_d = \dfrac{1}{2}K_M V_{Rm} V_{om}$ 称为鉴相器的增益。

经环路滤波器滤除式(8.2-7)中的高频项，由此可得鉴相器的数学模型，如图 8.2-2 所示。

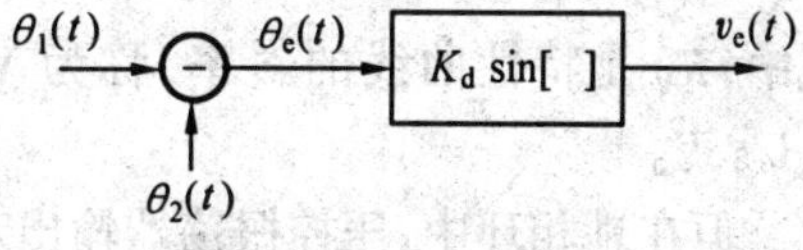

图 8.2-2　鉴相器的数学模型

2. 环路滤波器的数学模型

环路滤波器具有低通特性，它的主要作用是滤除鉴相器输出电压中的无用组合频率及其他干扰分量，它对环路参数调整起着决定性作用，以满足环路的性能要求。环路滤波器是一个线性电路，在时域分析中可用一个传输算子 $F(p)$ 来表示

$$v_c(t) = F(p) \cdot v_e(t) \tag{8.2-8}$$

其中 $p(= \mathrm{d}/\mathrm{d}t)$ 是微分算子。于是有环路滤波器的数学模型，如图 8.2-3 所示。

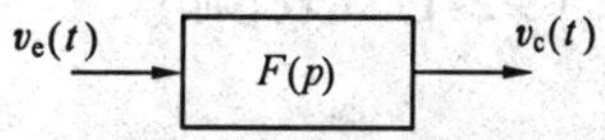

图 8.2-3　环路滤波器的数学模型

常用的环路滤波器有 RC 积分滤波器、RC 比例积分滤波器和有源比例积分滤波器等。它们的电路结构及传输算子 $F(p)$ 形式，分别列入表 8.2-1 中。

表 8.2-1　环路滤波器电路结构及其传输算子表达式

种　类	电　路　结　构	传输算子 $F(p)$ 形式
RC 积分滤波器	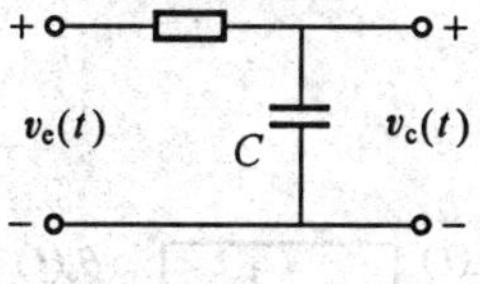	$F_1(p) = \dfrac{v_c(p)}{v_e(p)} = \dfrac{\frac{1}{pc}}{R + \frac{1}{pc}} = \dfrac{1}{1 + p\tau}$ (8.2-9) 式中，$\tau = RC$ 时间常数。
RC 比例积分滤波器	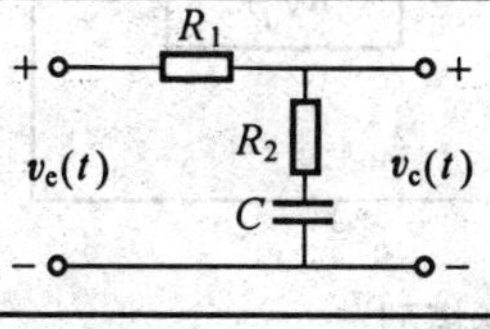	$F_2(p) = \dfrac{R_2 + \frac{1}{pc}}{R_1 + R_2 + \frac{1}{pc}} = \dfrac{1 + p\tau_2}{1 + p\tau_1}$ (8.2-10) 式中，$\tau_1 = (R_1 + R_2)C$，$\tau_2 = R_2 C$

种 类	电 路 结 构	传输算子 $F(p)$ 形式
有源比例积分滤波器	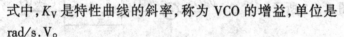	$$F_3(p) = -\frac{R_2 + \dfrac{1}{pc}}{R_1} = -\frac{1 + p\tau_2}{p\tau_1} \qquad (8.2\text{-}11)$$ 式中，$\tau_1 = R_1 C$，$\tau_2 = R_2 C$ 负号表示放大器的倒相作用，锁相环中的极性可自动调整，并不影响分析，可不考虑。

3. 压控振荡器的数学模型

压控振荡器实际是一个"电压 – 频率"转换装置，它的振荡频率 $\omega_o(t)$ 应随输入端控制电压 $v_c(t)$ 线性变化，如图 8.2-4 所示。

在一定范围内，$\omega_o(t)$ 与 $v_c(t)$ 之间是线性关系，可用线性方程表示

$$\omega_o(t) = \omega_V + K_V v_c(t) \qquad (8.2\text{-}12)$$

式中，K_V 是特性曲线的斜率，称为 VCO 的增益，单位是 rad/s·V。

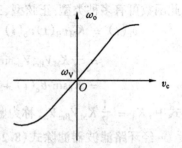

图 8.2-4 压控特性曲线

但在锁相环中，压控振荡器输出对鉴相器起作用的不是其频率，而是其瞬时相位。其表达式，对式(8.2-12) 积分可得

$$\int_0^t \omega_o(t)\mathrm{d}t = \omega_V t + K_V \int_0^t v_c(t)\mathrm{d}t \qquad (8.2\text{-}13)$$

与式(8.2-1) 比较，则

$$\theta_o(t) = K_V \int_0^t v_c(t)\mathrm{d}t \qquad (8.2\text{-}14)$$

由此可见，压控振荡器在锁相环中的作用相当于一个积分环节。积分符号可用微分算子 p 的倒数表示，式(8.2-14) 可写成

$$\theta_o = K_V \frac{1}{p} v_c(t) \qquad (8.2\text{-}15)$$

$$v_c(t) \longrightarrow \boxed{K_V \frac{1}{p}} \longrightarrow \theta_o(t)$$

于是可得压控振荡器的数学模型如图 8.2-5 所示

有了上述三部分数学模型，将它们首尾连接起来，便得到锁相环路的数学模型如图 8.2-6 所示。

图 8.2-5 压控振荡器的数学模型

根据图 8.2-6 不难写出锁相环路的微分方程

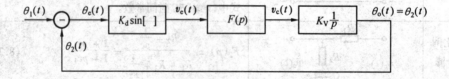

图 8.2-6 锁相环路的数学模型

$$\theta_e(t) = \theta_1(t) - \theta_2(t) = \theta_1(t) - K_d K_V F(p)\sin\theta_e(t)/p \qquad (8.2\text{-}16)$$

或写成

$$p\theta_e(t) + KF(p)\sin\theta_e(t) = p\theta_1(t) \qquad (8.2\text{-}17)$$

式中，$K = K_d K_V$ 称为锁相环路增益。

一般情况下，式(8.2-17)是一非线性微分方程。左边第一项表示瞬时相位误差随时间的变化率，即瞬时频差；第二项表示 VCO 在控制电压作用下的角频率变化，即控制频差；右边项表示系统输入信号的瞬时相位随时间的变化率，即固有频差(或初始频差)。它表明：任何时刻环路的瞬时频差与控制频差的代数和等于固有频差，称为锁相环路的动态方程。该方程是分析锁相环路的理论基础。

8.3 锁相环路分析 *

8.3.1 一阶锁相环路分析

动态方程式(8.2-17)一般情况下是个高阶非线性微分方程。非线性特性是因为 $\sin\theta_e(t)$ 的存在。实用中，当 $\theta_e(t)$ 较小(如跟踪状态)，满足 $\sin\theta_e(t) \approx \theta_e(t)$ 时，上式变成了高阶线性微分方程

$$p\theta_e(t) + KF(p)\theta_e(t) = p\theta_1(t) \qquad (8.3\text{-}1)$$

阶数取决于 $F(p)$，当 $F(p) = 1$(即无环路滤波器)时，式(8.3-1)成为一阶线性微分方程

$$p\,\theta_e(t) + K\theta_e(t) = p\,\theta_1(t) \qquad (8.3\text{-}2)$$

对此类微分方程解法成熟，常用拉氏变换到频域中分析。

1. 一阶环路线性分析

若设 $\theta_e(s)$、$\theta_1(s)$、$\theta_2(s)$ 分别是 $\theta_e(t)$、$\theta_1(t)$ 和 $\theta_2(t)$ 的拉氏变换，并用拉氏算子 s 代替微分算子 p，一阶线性锁相环路频域中的数学模型，如图 8.3-1 所示。

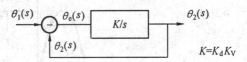

图 8.3-1　锁相环路频域中的数学模型

由图 8.3-1 中，容易求出其闭环传递函数为

$$H(s) = \frac{\theta_2(s)}{\theta_1(s)} = \frac{\theta_e(s)K/s}{\theta_e(s) + \theta_2(s)} = \frac{\theta_e(s)K/s}{\theta_e(s) + \theta_e(s)K/s} = \frac{K}{s+K} = \frac{1}{1+s/K}$$

$$(8.3\text{-}3)$$

开环传递函数

$$H_0(s) = \frac{\theta_2(s)}{\theta_e(s)} = \frac{\theta_e(s)K/s}{\theta_e(t)} = \frac{K}{s} \qquad (8.3\text{-}4)$$

误差传递函数

$$H_e(s) = \frac{\theta_e(s)}{\theta_1(s)} = \frac{\theta_1(s) - \theta_2(s)}{\theta_1(s)} = 1 - H(s) = \frac{s}{s+K} \qquad (8.3\text{-}5)$$

有了环路传递函数,便可对锁相环的频率响应、跟踪特性等进行分析研究。

锁相环频率响应是指当系统输入相位 $\theta_1(t)$ 以角频率 Ω 调制(调频波或调相波)时,输出相位 $\theta_2(t)$ 如何跟踪 $\theta_1(t)$ 变化?环路对不同的调制角频率 Ω 的响应如何?只要环路增益 K 足够大,环路锁定后相位差 $\theta_e(t)$ 变动范围将是很小的,可以满足线性条件。在系统符合零起始条件和稳定状态下,其闭环传递函数式(8.3-3)中的拉氏算子 s 可用 $j\omega$ 代替,可见闭环传递函数具有低通特性。环路增益 K 恰处在低通滤波器截止频率 ω_c 的位置上,即 $K = \omega_c$。其物理意义是:输入相位信号 $\theta_1(t)$ 中的各种频率分量,经过环路传输后,只有低频成分出现在输出相位信号 $\theta_2(t)$ 中,其带宽由环路增益 K 决定,对环路性能有重大影响。

2.一阶环路非线性分析

当 $\theta_e(t)$ 在较大范围内变化时(如捕捉带),$\sin \theta_e(t)$ 不可近似为 $\theta_e(t)$,此时有

$$p\,\theta_e(t) = p\,\theta_1(t) - K\sin \theta_e(t) \tag{8.3-6}$$

由式(8.2-3)已知,$\theta_1(t) = \Delta\omega_V t + \theta_R(t)$,若认为 $\Delta\omega_V$ 与 $\theta_R(t)$ 不随时间而变化,则

$$p\,\theta_1(t) = \Delta\omega_V$$

因此式(8.3-6)可改写

$$p\,\theta_e(t) = \Delta\omega_V - K\sin \theta_e(t) \tag{8.3-7}$$

式中,$\Delta\omega_V$ 为固有频差(初始频差);$K\sin \theta_e(t)$ 为控制频差;$p\theta_1(t)$ 为环路瞬时频差。

式(8.3-7)是关于 $\theta_e(t)$ 的一阶非线性微分方程,常用图解法来分析其工作过程。所谓图解法,就是在以 $p\,\theta_e(t)$ 为纵坐标、$\theta_e(t)$ 为横坐标相平面上,绘出式(8.3-7)的图形。现分以下三种情况说明。

① 当 $|\Delta\omega_V| < K$、$\Delta\omega_V > 0$ 情况(锁定状态),一阶环路相轨迹图,如图8.3-2所示。

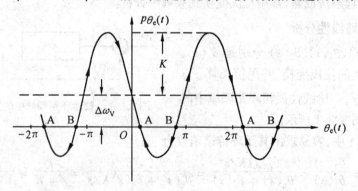

图8.3-2　$|\Delta\omega_V| < K$ 一阶环路的相图

图上的点,叫相点。相点移动的轨迹所形成的图形叫相图。相点轨迹是有方向性的曲线:在横轴上方,$p\,\theta_e(t) > 0$,即随着 t 的增加,$\theta_e(t)$ 是增加的,相点轨迹沿着曲线向右移动;在横轴下方,$p\,\theta_e(t) < 0$,即随着 t 的增加,$\theta_e(t)$ 是减少的,相点轨迹沿着曲线向左移动。图中用箭头示出了相点移动的方向。

在 $p\,\theta_e(t) = 0$ 时,即曲线与横轴交点处,环路锁定。如图8.3-2中所示A、B点,称它们

为平衡点。其中,A点是稳定平衡点,因无论何种原因使状态偏离A点后,状态都会按箭头所示方向朝A点移动,最终稳定在A点;B是不稳定平衡点,因无论何种原因使状态偏离B点后,状态都会按箭头所示方向进一步远离B点,最终稳定在邻近的A点上。

在稳定平衡点上,瞬时频差 $p\theta_e(t)$ 为零,即

$$0 = \Delta\omega_V - K\sin\theta_e(t) \tag{8.3-8}$$

可解出稳态相位剩余误差为

$$\theta_{e\infty} = \arcsin\frac{\Delta\omega_V}{K} + 2n\pi \tag{8.3-9}$$

由式(8.3-8),可得 $\sin\theta_e(t) = \Delta\omega_V/K$。由于 $|\sin\theta_e(t)| \leqslant 1$,因此环路必在 $|\Delta\omega_V| < K$ 的范围内才能锁定。

环路由初始失锁状态到进入锁定状态,这一过程称为捕捉过程,锁相环能够捕捉的最大频率范围,称为捕捉带,用符号 $\Delta\omega_p$ 表示。显然,一阶环路的捕捉带为

$$\Delta\omega_p = K \tag{8.3-10}$$

在捕捉范围内,一阶捕捉过程不需要经过周期跳越,就可进入锁定状态,这一过程称为快捕,快捕对应的最大固有频差称为快捕带,用符号 $\Delta\omega_L$ 表示。一阶环路的快捕带等于捕捉带,即有

$$\Delta\omega_L = K \tag{8.3-11}$$

② 当 $|\Delta\omega_V| > K$, $\Delta\omega_V > 0$ 情况(失锁状态),一阶环路相轨迹图,如图8.3-3所示。

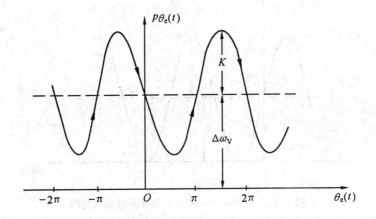

图8.3-3 $|\Delta\omega_V| > K$ 时,一阶锁相环路相轨迹图

此时,相轨迹与横轴无交点,即没有平衡点。不论初始状态如何,$\theta_e(t)$ 都无休止地增长,不断进行周期跳越,环路处于失锁状态。由于在 $0 \sim \pi$ 和 $\pi \sim 2\pi$ 区间 $\theta_e(t)$ 的变化速度不同(如图8.3-4a)所示,使正弦鉴相器输出的误差电压 $v_e(t)$ 为上下不对称的非正弦差拍波形(如图8.3-4b)所示。

$v_e(t)$ 波形正半周面积大于负半周面积,即平均分量为正。在 $v_e(t)$ 的控制下,VCO输出频率 $\omega_o(t)$ 随之作相应的周期变化(如图8.3-4c)所示。$\omega_o(t)$ 时而接近参考信号频率 $\omega_R(t)$,时而远离 $\omega_R(t)$,始终不能等于 $\omega_R(t)$。但 $\omega_o(t)$ 接近 $\omega_R(t)$ 的时间比远离 $\omega_R(t)$

时间长一些,从而使得平均频率$\overline{\omega_V}$偏离固有频率ω_V,而向$\omega_R(t)$靠拢。这种现象,称为"频率牵引"现象。

③ 当$|\Delta\omega_V| = K$,$\Delta\omega_V > 0$情况(临界状态),一阶环路相轨迹图如图 8.3-5 所示。

此时,相轨迹与横轴相切,A、B 两点重合在一起,所对应的状态实际上是不稳定的:若原来稳定,尚可保持稳定;若再增大一点$\Delta\omega_V$,就无法维持锁定状态了。因此,$|\Delta\omega_V| = K$是能维持环路锁定状态的最大固有频差,称为环路的同步带,用符号$\Delta\omega_H$表示。显然,一阶环路的同步带$\Delta\omega_H$为

$$\Delta\omega_H = K \qquad (8.3\text{-}12)$$

一阶环路的主要性能(捕捉带、快捕带、同步带、环路带宽等)均由环路增益K决定,无法通过调整环路参数满足多方面性能要求,这正是一阶环路实际上很少应用的原因之一。为改善锁相环的上述特性,常加入适当的环路滤波器,引入二阶锁相环。

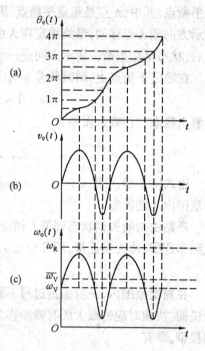

图 8.3-4 一阶环路处于失锁状态

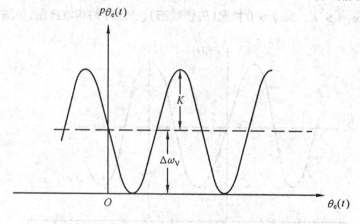

图 8.3-5 $|\Delta\omega_V| = K$一阶锁相环路相轨迹图

8.3.2 二阶锁相环路分析

二阶锁相环路分析方法与一阶环路分析方法相同,但公式复杂得多。引入环路滤波器$F(p)$后,环路动态方程式(8.2-17)改写为

$$p\,\theta_e(t) = p\,\theta_1(t) - KF(p)\sin\theta_e(t) \qquad (8.3\text{-}13)$$

也可分线性和非线性两种情况分析。

若$\theta_e(t)$变化范围较小,$\sin\theta_e(t) \approx \theta_e(t)$,式(8.3-13)变成线性方程

$$p\,\theta_e(t) = p\,\theta_1(t) - KF(p)\theta_e(t) \qquad (8.3\text{-}14)$$

将表 8.2-1 中所示三种环路滤波器的 $F_1(p)$、$F_2(p)$、$F_3(p)$ 分别代入上式,可求出相应的闭环传递函数为

$$H_1(s) = \frac{KF(s)}{s + KF(s)} = \frac{K/\tau}{s^2 + s/\tau + K/\tau} \tag{8.3-15}$$

$$H_2(s) = \frac{K(s\tau_2 + 1)/(\tau_1 + \tau_2)}{s^2 + s(1 + K\tau_2)/(\tau_1 + \tau_2) + K/(\tau_1 + \tau_2)} \tag{8.3-16}$$

$$H_3(s) = \frac{K(s\tau_2 + 1)/\tau_1}{s^2 + s(K\tau_2/\tau_1) + K/\tau_1} \tag{8.3-17}$$

为了获得统一的分析形式,将它们改写成如下形式

$$H_1(s) = \frac{\omega_n^2}{s^2 + 2\zeta\omega_n s + \omega_n^2} \tag{8.3-18}$$

$$H_2(s) = \frac{s\omega_n(2\zeta - \omega_n/K) + \omega_n^2}{s^2 + 2\zeta\omega_n s + \omega_n^2} \tag{8.3-19}$$

$$H_3(s) = \frac{2\zeta\omega_n s + \omega_n^2}{s^2 + 2\zeta\omega_n s + \omega_n^2} \tag{8.3-20}$$

式中,ω_n 为称为锁相环路的固有角频率;ζ 为称为锁相环路的阻尼系数。

对于不同环路滤波器的 ω_n 和 ζ 表示式,可见表 8.3-1。

表 8.3-1　ω_n 和 ζ 的表示式

	RC 积分滤波器	无源比例积分滤波器	有源比例积分滤波器
ω_n	$\left(\dfrac{K}{\tau}\right)^{1/2}$	$\left(\dfrac{K}{\tau_1 + \tau_2}\right)^{1/2}$	$\left(\dfrac{K}{\tau_1}\right)^{1/2}$
ζ	$\dfrac{1}{2}\left(\dfrac{1}{\tau K}\right)^{1/2}$	$\dfrac{1}{2}\left(\dfrac{K}{\tau_1 + \tau_2}\right)^{1/2}\left(\tau_2 + \dfrac{1}{K}\right)$	$\dfrac{\tau_2}{2}\left(\dfrac{K}{\tau_1}\right)^{1/2}$

这三种滤波器是锁相环路中常用的,其中有源比例积分滤波器具有较高的环路增益,用它的环路,叫高增益环路,是使用较多的一种环路。其他两种滤波器,叫低增益环路。

现以采用有源比例积分滤波器的环路为例,将 $s = j\omega$ 代入式(8.3-20) 中,即得出二阶环路的频率特性表示式为

$$H_3(s) = \frac{j2\zeta\omega_n\omega + \omega_n^2}{-\omega^2 + 2\zeta\omega_n\omega + \omega_n^2} = \frac{1 + j2\zeta\left(\dfrac{\omega}{\omega_n}\right)}{\left[1 - \left(\dfrac{\omega}{\omega_n}\right)^2\right] + j2\zeta\left(\dfrac{\omega}{\omega_n}\right)} \tag{8.3-21}$$

或

$$|H_3(s)| = \frac{\sqrt{1 + \left(2\zeta\dfrac{\omega}{\omega_n}\right)^2}}{\sqrt{\left[1 - \left(\dfrac{\omega}{\omega_n}\right)^2\right]^2 + \left(2\zeta\dfrac{\omega}{\omega_n}\right)^2}} \tag{8.3-22}$$

根据式(8.3-22)可绘出对应于不同ζ值的高增益二阶环路的频率相应特性曲线,如图8.3-6所示。

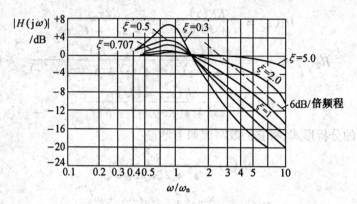

图 8.3-6　高增益二阶环路的频率相应

根据截止角频率定义在 $\omega = \omega_c$ 时, $|H_3(j\omega_c)| = \dfrac{1}{\sqrt{2}}$,带入式(8.3-22),解得

$$\omega_c = \omega_n \sqrt{(2\zeta^2 + 1) + \sqrt{(2\zeta^2 + 1)^2 + 1}} \tag{8.3-23}$$

由此可见,二阶环路由两个参数 ω_n 和 ζ 可供选择,以改变 ω_c 的值。根据式(8.3-23)可算出对于不同 ζ 值时的 ω_c 值,如表8.3-2所示。

表 8.3-2

ζ	0.300	0.500	0.707	1.000
ω_c	$1.65\omega_n$	$1.82\omega_n$	$2.06\omega_n$	$2.48\omega_n$

由此看出,通常可用 ω_n 来说明环路带宽大小。

若讨论二阶环路的同步带与捕捉带,因 $\theta_e(t)$ 变化较大,必须采用非线性分析方法。二阶环路的相图法比较复杂,这里只给出分析结论。

二阶环路的同步带仍等于环路总增益 K ,即

$$\Delta\omega_H = K \tag{8.3-24}$$

二阶环路的捕捉带,对于高增益环路来说近似有

$$\Delta\omega_p \approx \sqrt{2}(2\zeta\omega_n K - \omega_n^2)^{1/2} \tag{8.3-25}$$

当 $K \gg \omega_n$ 时

$$\Delta\omega_p \approx 2\sqrt{\zeta\omega_n K} \tag{8.3-26}$$

二阶环路的快捕带

$$\Delta\omega_L \approx 2\zeta\omega_n \tag{8.3-27}$$

由此可见,二阶环路的特性决定于 ω_n 、 ζ 、 K 等数值,合理选择这些参数,以获得所需要的性能。

8.4　锁相环路的主要特性及其应用

8.4.1　锁相环路的主要特性

根据前面分析,可见锁相环路有以下主要特性。

(1) 环路锁定后,VCO 输出信号与系统输入(参考) 信号之间,只有剩余相差而无频差。因此,它是一理想的频率变换控制系统。

(2) 在锁定情况下,VCO 输出信号频率可以精确地跟踪系统输入(参考) 信号频率变化,即具有良好的频率跟踪特性。

(3) 通过调整环路滤波器的通频带宽度,可实现相对带宽很窄的带通滤波器。例如,可在几十 MHz 频率上,实现几十、甚至几 Hz 的带通滤波器。这种窄带带通滤波特性是任何 LC、RC、石英晶体、陶瓷片等滤波器难以达到的。

(4) 易于集成化,组成环路的基本部件都易于采用模拟集成电路。环路实现数字化后,更易于采用数字集成电路。集成化后,为减小体积、降低成本,提高可靠性与增多用途等提供了条件。

8.4.2　锁相环路的应用

1.锁相倍频、分频和混频

在基本锁相环路的反馈通道中插入分频器,就组成了倍频电路。如图 8.4-1 所示。

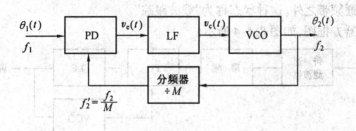

图 8.4-1　锁相倍频方框图

当环路锁定时,根据锁相环路的主要特性(1),鉴相器 PD 两个输入信号频率必相等,即 $f_1 = f_2'$,而 f_2' 是 VCO 输出信号频率 f_2 经 M 次分频后的频率,即 $f_2' = \dfrac{f_2}{M}$,则

$$f_2 = Mf_1 \tag{8.4-1}$$

可见,VCO 输出信号频率 f_2 是系统输入(参考)信号频率 f_1 的 M 倍,实现 M 次倍频。显然,将图 8.4-1 中分频器改为倍频器,则可组成锁相分频器,即

$$f_2 = \frac{f_1}{M} \tag{8.4-2}$$

如果在锁相环路的反馈通道中插入混频器和中频放大器,还可组成锁相混频器,如图 8.4-2 所示。

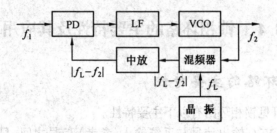

图 8.4-2　锁相混频器方框图

锁定后,必有 $f_1 = |f_L - f_2|$。若取 $f_L > f_2$,则 $f_2 = f_L - f_1$;若取 $f_L < f_2$,则 $f_2 = f_L + f_1$。该电路的特点是频谱纯度高,特别适用于 $f_L \gg f_1$ 情况,因为一般混频电路是很难区分 $(f_L + f_1)$ 和 $(f_L - f_1)$ 的。同时,还有稳定本振频率的作用。

2. 锁相调频与鉴频

由锁相环构成的直接调频电路的方框图,如图 8.4-3 所示。

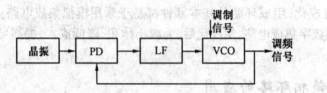

图 8.4-3　锁相环直接调频电路方框图

为使输出调频信号中心频率能锁定在晶振频率上,又不让调制信号影响中心频率,必须使环路滤波器的通频带足够窄,只准 VCO 缓慢频率漂移通过,而使调制信号频谱处于环路滤波器的通频带之外。这种状态称为"载波跟踪"。

锁相鉴频器方框图,如图 8.4-4 所示。

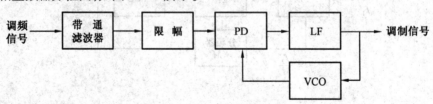

图 8.4-4　锁相鉴频方框图

调频信号经带通滤波器和限幅后,进入 PD 输入端,鉴相器的另一输入端来自 VCO 的输出。只要选取环路滤波器的通频带足够宽,使调制信号频谱能顺利通过,这时,环路滤波器输出就是原调制信号。这种状态称为"调制跟踪"。

分析表明,锁相鉴频器对输入信噪比的门限值,在相同噪声情况下比普通鉴频器有所改善,一般可提高几个分贝。调制指数较高时,可达十个分贝以上。具有良好的低门限特性,是锁相环鉴频较大的优点。

3. 锁相频率合成

用一个高稳定度的基准频率(如晶体振荡器)通过适当变换,可产生出一系列具有相同稳定度的离散频率信号,称为频率合成技术,目前得到广泛应用。

利用锁相倍频电路,就可组成频率合成器。为了减少两个相邻频率间隔,增加输出频率数目,在晶振与鉴相器之间插入前置分频器,如图8.4-5所示。

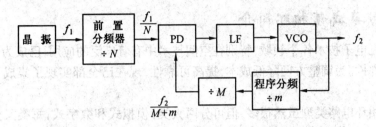

图 8.4-5　频率合成器方框图

为了改变输出频率,在反馈通道中加入了可变程序分频器。环路锁定后,PD 两输入端信号频率必相等,则有

$$\frac{f_1}{N} = \frac{f_2}{(M + m)} \tag{8.4-3}$$

或者　　　　　$f_2 = \frac{f_1}{N}(M + m)$
        └── 决定合成频率的频点数
       └── 决定工作波段的起始频率   (8.4-4)
      └── 决定两相邻频点间隔（步长）

单环频率合成器结构简单,制作调试容易,但频率间隔、频率控制范围、转换时间均受到一定限制(间隔不能太小、频率范围不能太宽、转换时间不能太短)。为克服上述矛盾,常采用多环方案。需要时,可参考有关资料。

4. 锁相接收机

锁相接收机主要用于空间技术。地面接收站接收来自空间飞行体(卫星、飞船等)的单音调制的调频信号,具有以下特点:① 距离远、② 信号弱、③ 多普勒效应引起较大的频率漂移,使接收机输入端信噪比远小于1(可达 – 10 dB ～ – 30 dB)。一般接收机是无法接收此类信号的。利用锁相环路窄带跟踪特性构成的锁相接收机(如图8.4-6所示),来解调输入信噪比很低的单音调频信号,是很适宜的。

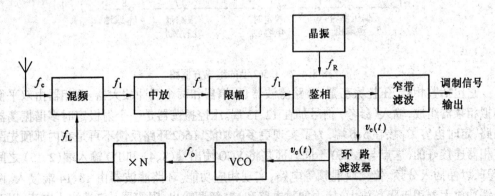

图 8.4-6　锁相接收机方框图

通常调频载波频率 f_c 很高,为降低 VCO 的工作频率而插入倍频器 N,同时也增大了环路增益。由于环路处于"载波跟踪"状态,故中放通频带可做得很窄,使输出信噪比大大提高,即接收微弱信号能力得到加强。

8.4.3 集成锁相环简介

锁相环在电子技术各个领域,特别在空间技术中有着广泛的应用,已成为电子设备中常用的一个部件。为调整方便降低成本,提高可靠性,现在已全部实现了集成化、小型化、通用化。

集成锁相环电路类型虽然很多,但可分两大类:模拟式和数字式,每类又分通用型和专用型。模拟式以线性集成电路为主,而且几乎都是双极型电路;数字式是用逻辑电路构成,以 TTL 电路为主。低频环大部分采用 CMOS 电路,它有噪声容限大、集成度高、功耗低、成本低等优点。

通用型单片集成锁相环路是将鉴相器、压控振荡器以及某些辅助器件,集成在同一基片上,使用者可以根据需要,通过外围电路的不同连接,实现各种功能。专用型是指其功能是单一的专用的。

本节主要介绍几种典型的单片集成锁相环路的组成和特性。

1. L 562(国外型号 NE562)集成锁相环路

L 562 组成方框图如图 8.4-7 所示。

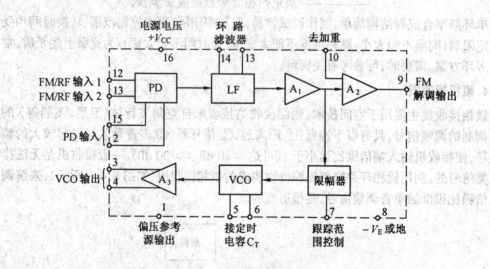

图 8.4-7 L 562 型的组成方框图

它包括鉴相器、压控振荡器、环路滤波器、限幅器和两个缓冲放大器。鉴相器由双平衡模拟相乘器组成,输入(参考)信号加在 12、13 端。压控振荡器是一个射极定时多谐振荡器电路,定时电容 C_T 接在 5、6 端,为了实现更多的功能,L562 环路反馈不再是在内部预先跟鉴相器连接好的(这点与 L 560 不同),而是将 VCO 输出端(3、4)和 PD 输入端(2、15)之间断开,以便插入分频、倍频或混频等电路,实现相应功能。环路滤波器由 13、14 端接入。两个缓冲放大器用于隔离放大、接去加重电路和 FM 解调输出。限幅器从 7 端注入电流,以改

236

变压控振荡器的跟踪范围。

该电路最高工作频率为 30 MHz，最大锁定范围为 ±15%f，鉴频失真小于 0.5%，输入电阻 2 kΩ，电源电压为 16 ~ 30 V，典型工作电流 12 mA。L 562 压控振荡器频率可用下式估算

$$f \approx \frac{3 \times 10^8}{C_T} \tag{8.4-5}$$

式中，C_T 取 pF 为单位。

2. L564（国外型号 NE564）集成锁相环路

L564 型的组成方框图如图 8.4-8 所示。

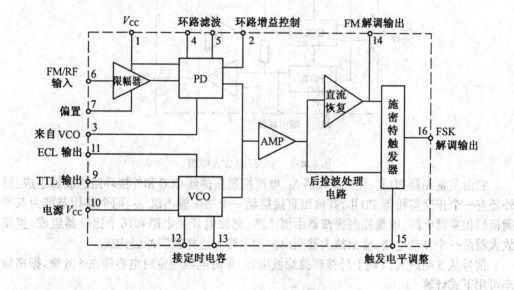

图 8.4-8 L564 型的组成方框图

它由输入限幅器、鉴相器、压控振荡器、放大器、直流恢复电路和施密特触发器组成。限幅器为差动电路，对输入不同幅度信号产生恒定幅度输出电压，作为鉴相器的输入。在接收 FM 或 FSK 信号时，它对抑制寄生调幅，提高解调质量是很有利的。鉴相器用普通的双平衡模拟相乘器。压控振荡器是改进型的射极耦合多谐振荡器，其固有振荡频率为

$$f \approx \frac{1}{16R_c C_T} \tag{8.4-6}$$

式中，R_c = 100Ω 是电路内部设定的，C_T 为外界定时电容。放大器由差分对组成，它将来自 PD 的差模信号放大后，单端输出作为直流恢复电路和施密特触发器的输入信号。

该电路最高工作频率为 50 MHz，最大锁定范围为 ±12%f，鉴频失真小于 0.5%，输入电阻大于 50 kΩ，电源电压为 5 ~ 12 V，典型工作电流 60 mA。该电路可用于高速调制解调、FSK 信号的接收与发射、频率合成等多种用途。

适当选择直流恢复电路 14 端外接电容数值，进行低通滤波，使得在 FSK 信号时，产生一个稳定的直流参考电压。作为施密特触发器的一个输入。而在 FM 信号时，14 端输出 FM 解调信号。

施密特触发器和直流恢复电路共同构成 FSK 信号解调时的检波后处理电路。此时，直

流恢复电路的作用是为施密特触发器提供一个稳定的直流参考电压,以控制触发器的上下翻转电平,这两个电平之间的距离可从 15 端进行外部调节。

3.NE567 集成锁相环路

NE567 型的组成方框图如图 8.4-9 所示。

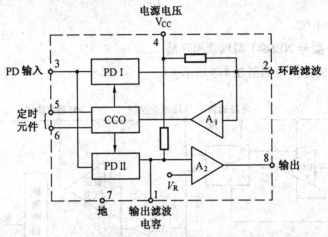

图 8.4-9 NE567 组成方框图

它由主鉴相器PD Ⅰ、直流放大器A₁、电流控制振荡器CCO和外接环路滤波器组成。另外还有一个正交鉴相器 PD Ⅱ,其输出直接推动一个功率输出级 A₂。两个鉴相器都为双平衡模拟相乘器电路。电流控制振荡器由恒流源、充放电开关电路和两个比较器组成。直流放大器是一个差动电路。输出放大器则由差动电路和达林顿缓冲级构成。

信号从 3 端进入,2 端上外接环路滤波电容,定时电阻与定时电容接在 5、6 端。振荡频率可用下式计算

$$f_0 \approx \frac{1.1}{R_T C_T} \tag{8.4-7}$$

式中,R_T 一般取 2 kΩ ~ 20 kΩ,f_0 不超过 500 kHz。环路滤波电容一般取 1 ~ 22 μF,容量越大通频带越窄。

该电路工作频率为 0.01 Hz ~ 500 kHz,最大锁定范围为 ±14%f,输入电阻 20 kΩ,电源电压为 4.75 ~ 9 V,典型工作电流 7 mA。该电路主要用于单音解码,另外也可用于 FM 和 AM 解调等。当环路用作 FM 解调时,解调信号可从 2 端输出。而当环路用作单音解码时,需在 1 端接上输出滤波电容(一般为环路滤波电容的 2 倍)。经过输出滤波器过滤得到低平均电压,加到输出放大器 A₂ 的输入端,并与参考电压 V_R 进行比较。平时输出级 A₂ 是截止的(8 端呈高电平),只有当环路锁定,正交鉴相器输出电压降低到小于 V_R 时,A₂ 导通(8 端呈低电平),8 端上可有 100 ~ 200 mA 电流推动 TTL 电路工作。

用 NE567 构成单音解调器的典型接法图,如图 8.4-10 所示。

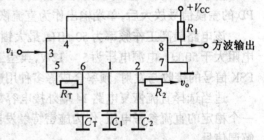

图 8.4-10 NE567 构成单音解调器

4. CC4046 集成锁相环路

它是一块低频低功耗通用锁相环,采用
CMOS 工艺。CC4046 组成方框图如图 8.4-11 所示。它由线性压控振荡器、源极跟随器、两个
鉴相器 PD I 与 PD II 组成。这两个鉴相器有公共信号输入端(14 端)和反馈信号输入端(3
端)。鉴相器 PD I 为异或门鉴相器,PD II 为数字型边沿触发式鉴相器。前者要求两个比相
脉冲信号同频、且占空比为 1∶1,后者无此限制。环路滤波器接在 2 端或 13 端。9 端是压控
振荡器的控制端。6、7 端接定时电容 C_T,接在 11、12 端的电阻 R_1、R_2 同样可以起到改变振
荡频率的作用。15 端齐纳二极管可提供与 TTL 兼容的电源。5 端是禁止端(高电平 VCO 停
振,低电平工作)。

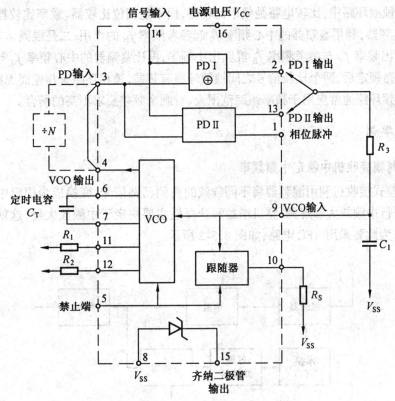

图 8.4-11　CC4046 组成方框图

由于 PD 与 VCO 在内部没有连接,故外部可以插入其他电路,使 CC4046 具有多功能特
性。该电路最高工作频率为 1.2 MHz,电源电压为 4 ~ 18 V,功耗不大于 9 mW。这对于要求
功耗小的设备来说,具有十分重要的意义。该电路主要在调制解调、频率合成、数据同步、
单音解码、FSK 调制及电动机速度控制等方面得到了广泛的应用。

8.5　自动频率控制电路

自动频率控制 AFC(Automatic Frequency Control)电路,是利用反馈电路进行频率锁
定或跟踪的一种功能电路,其组成方框图如图 8.5-1 所示。

将该方框图与图 8.2-1 比较可见,除将"相位比较器"换成"频率比较器"外,其余都是相同的。因此,该电路的工作过程、分析方法、基本概念(锁定、失锁、捕捉带、同步带等) 和相应结论,都和锁相环路相似。所以又可将 AFC 电路称为"锁频环路"。

值得注意的是,锁频环路与锁相环路之间,既有相似之处,又有不同点,如:

① 在锁频环路中,流动的有效信息是频率,而不是相位;

② 在锁频环路中,比较电路是频率比较器,而不是相位比较器。频率比较器通常有两种,一是鉴频器,利用鉴频器的中心频率 f_0 起参考频率 f_R 的作用;二是混频 – 鉴频器,先将 VCO 输出频率 f_V 与参考频率 f_R 混频出中频 f_I,再让鉴频器的中心频率 f_0 等于 f_I。

③ 环路锁定后,两个比较信号之间锁频环路有频差,锁相环路有相差而无频差;

④ 锁频环路通常应用于频率跟踪范围大、对剩余频差要求不高的场合。

应 用 举 例

1. 在调幅接收机中稳定中频频率

超外差式接收机利用混频器将不同载频的高频已调信号,变换成为固定中频的已调信号,再进行中频放大和解调。整机增益和选择性主要决定于中频放大器,这就要求中频频率稳定。为此要采用 AFC 电路,如图 8.5-2 所示。

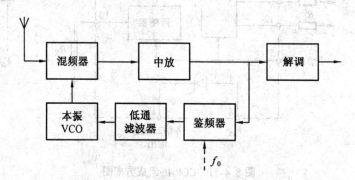

图 8.5-2 超外差式接收机中 AFC 电路

让鉴频器特性曲线中心频率 f_0 等于中频 $f_1(= f_L - f_S)$;低通滤波器频带足够窄,不准调制频谱通过(即载波跟踪)。这样一来,中频放大器的带宽可做得较窄,有利于提高输出信噪比。

2. 调频负反馈解调器

利用调频负反馈解调器可以降低解调门限值,其框图如图 8.5-3 所示。

应该指出,这里环路滤波器带宽必须足够宽,应让调制信号频谱通过,即属于"调制跟

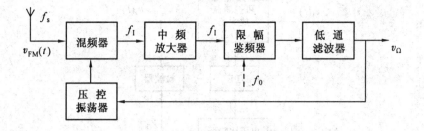

图 8.5-3　调频负反馈解调器框图

踪"状态。

设输入调频信号瞬时频率为 $\omega_{\mathrm{c}} + \Delta\omega_{\mathrm{cm}}\mathrm{con}\ \Omega t$，本振（压空振荡器）频率为 $\omega_{\mathrm{L}} + \Delta\omega_{\mathrm{Lm}}\mathrm{con}\ \Omega t$，混频输出的中频为

$$(\omega_{\mathrm{L}} + \Delta\omega_{\mathrm{Lm}}\mathrm{con}\ \Omega t) - (\omega_{\mathrm{c}} + \Delta\omega_{\mathrm{cm}}\mathrm{con}\ \Omega t)$$
$$= (\omega_{\mathrm{L}} - \omega_{\mathrm{c}}) + (\Delta\omega_{\mathrm{Lm}} - \Delta\omega_{\mathrm{cm}})\mathrm{con}\Omega t \qquad (8.5\text{-}1)$$
$$= \omega_{\mathrm{I}} + \Delta\omega_{\mathrm{Im}}\mathrm{con}\ \Omega t$$

因为 $\Delta\omega_{\mathrm{Im}} < \Delta\omega_{\mathrm{cm}}$，与普通限幅鉴频器的接收机比较，中频放大器的带宽可以减小（但不会引入失真），致使加限幅器输入端的噪声功率相应减小，提高了输入端信噪比。若维持限幅器输入端信噪比不变，则混频器输入端所需的有用信号电压就比普通接收机小，即降低了解调门限值。

8.6　自动增益(电平)控制电路

自动增益控制 AGC(Automatic Gain Control)电路，主要作用是使通信电子设备具有稳定的输出信号电平，特别是接收设备不可缺少的辅助电路之一。

接收机的输出电平取决于输入信号电平和接收机的增益。接收机的输入信号由于种种原因通常有很大的变化范围，几微伏 ~ 几百毫伏，达几十分贝。这种变化范围叫做接收机的动态范围。

显然，在接收弱信号时，希望接收机具有较高增益，而在接收强信号时，则要求它的增益降低，以使输出信号维持在适当的电平，保证接收机能正常稳定地工作。这个任务就由自动增益控制电路来完成。其组成方框图如图 8.6-1 所示。

与图 8.1-1 比较，这里"比较电路"是"电压比较器"，"转换电路"由"检波器"代替。检波器把可控增益放大器输出的交流信号变化成直流信号，以便与参考电平比较。环路滤波器带宽决定跟踪特性(载波跟踪或调制跟踪)。可控增益放大器的增益为 $A(V_{\mathrm{c}})$，输入信号为 $v_{\mathrm{i}}(t) = V_{\mathrm{im}}\cos\ \omega_{\mathrm{s}}t$，则它的输出表示式

$$v_{\mathrm{o}}(t) = A(V_{\mathrm{c}})v_{\mathrm{i}}(t) = A(V_{\mathrm{c}})V_{\mathrm{im}}\cos\ \omega_{\mathrm{s}}t \qquad (8.6\text{-}1)$$

增益 $A(V_{\mathrm{c}})$ 控制是利用控制电压 V_{c} 去改变放大管的静态工作点电流、输出负载值、反馈系数或与放大器相联接的电控衰减网络的衰减量等方法来实现。

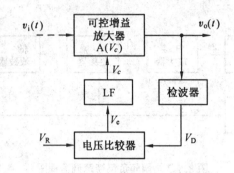

图 8.6-1 自动增益控制电路方框图

应用举例

1.稳定超外差接收机中频放大器输出电平,如图 8.6-2 所示。

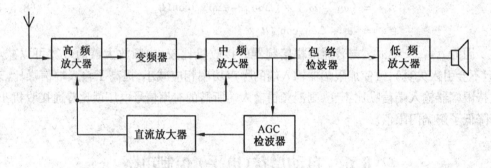

图 8.6-2 带有 AGC 控制电路的调幅接收机方框图

AGC 检波电路是将中频放大器输出调幅信号进行检波,获得与输入信号电平大小成比例的控制电压 V_c,再进行直流放大以提高 AGC 控制灵敏度。值得注意的是,AGC 检波电路的低通滤波器参数选择,要保证其带宽足够窄,以符合载波跟踪条件。

2.减小调幅波线性功率放大器非线性失真

在调幅波线性功率放大器中,采用 AGC 电路,可以有效地减小放大特性的非线性失真,其电路组成框图如图 8.6-3 所示。

放大器输入端是一个无失真的调幅波,因放大特性的非线性可能引起输出调幅波产生包络失真。将输入调幅波通过包络检波器 1 检测出输入信号的包络电压,作为控制环路的参考电压 V_R。同时输出调幅波通过包络检波器 2 检测出输出信号的包络电压,作为环路反馈电压 V_F。比较 V_R 与 V_F,如功率放大器产生包络失真,比较器输出误差电压 V_e,该电压经环路滤波器和放大器得到的控制电压 V_c,去调整线性功率放大器的增益。由于 AGC 的作用,当环路锁定时,输出调幅波包络与输入调幅波包络基本相同,实现了良好的线性功率放大。

应注意的是,这里环路滤波器应该是宽带的,符合调制跟踪条件。

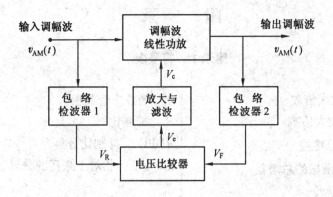

图 8.6-3　带有 AGC 电路的线性功率放大器框图

习　题

8-1　锁相环路稳频与自动频率微调在工作原理上有哪些异同之点？

8-2　试画出锁相环路的数学模型，并写出环路的基本方程式。

8-3　已知锁相环路的直流总增益 $K = 4\pi \times 10^4$ rad/s，$F(S) = 1$，试求：

(1) 捕捉带 $\Delta\omega_p$；　(2) 同步带 $\Delta\omega_H$。

8-4　某频率合成器中锁相环路的框图如题图 8.1 所示。已知 $\omega_1 = 10^6$ rad/s，$\omega_2 = 500 \times 10^3$ rad/s，求环路输出频率。

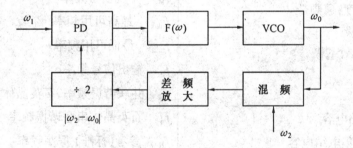

题图 8.1

8-5　某锁相环的正弦鉴相器灵敏度 $K_d = 2$ V/rad，压控振荡器灵敏度 $K_V = 10^4$ Hz/V（即 $K_V = 2\pi \times 10^4$ rad/s · V），中心频率为 $\omega_0/(2\pi) = 10^3$ kHz，输入频率为 $\omega_1/(2\pi) = 1\,010$ kHz，设 $F(s) = 1$。试求：

(1) 稳态相位误差；

(2) 压控振荡器的直流控制电压；

(3) 环路的同步范围。

附　录

附录1　符号表

A　　电流或电压放大倍数

A_f　　反馈放大器放大倍数

A_m　　m 级放大器总增益

A_{m0}　　m 级放大器谐振的总增益

A_v　　放大器电压增益

A_{v0}　　放大器谐振时电压增益

A_{vc}　　混频器电压增益

A_p　　功率增益

A_{pa}　　额定功率增益

A_{pc}　　混频功率增益

A_{p0}　　谐振时功率增益

B　　变压器

BW　　频谱宽度,通频带

b　　晶体管基极

b'　　晶体管有效基极

C　　电容

C_b　　基极旁路电容

$C_{b'c}$　　晶体管集电结电容

$C_{b'e}$　　晶体管发射结电容

C_{ie}　　晶体管共发电路输入电容

C_j　　变容二极管电容

C_L　　负载电容

C_o　　输出电容

C_q　　石英晶体等效串联电容

C_Σ　　总电容

c　　晶体管集电极

D　　二极管

d　　场效应管漏极

d　　抑制比

$d(dB)$　　抑制比分贝

dB/mW　　相对 1 毫瓦的分贝数

F　　调制信号频率,检波器滤波系数,反馈系数

FD　　频率比较器,鉴频器

$F(p)$　　滤波器传输算子形式

$F(s)$　　滤波器传递函数

f_c　　载波频率

f_g　　振荡器振荡频率

f_I　　中频频率

f_M　　干扰信号频率

f_{max}　　最高可用频率

f_{min}　　最低可用频率

f_o　　输出信号频率

f_p　　并联谐振频率,石英晶体并联谐振频率

f_q　　石英晶体串联谐振频率

f_R　　参考(标准)振荡频率

f_s　　信号源频率

f_T　　晶体管特征频率

f_V　　压控振荡器固有频率

f_o　　串联谐振频率

f_α　　α 截止频率

f_β　　β 截止频率

Δf　　频率差(绝对频偏)

Δf_n　　等效噪声通频带

$2\Delta f_{0.1}$　　放大器增益下至谐振点的 10% 处频带宽度

$2\Delta f_{0.7}$　　3 dB 通频带

g　　均效应管栅极

$\bar{g}$　　平均电导

g_c　　三极管折线化后的跨导，混频跨导

g_{cr}　　三极管饱和临界线的跨导

g_d　　动态线斜率，微分电导，二极管正向导通电导

$g_f(t)$　　正向传输跨导

g_{f0}　　正向传输跨导直流分量

g_{f1m}　　正向传输跨导基波分量振幅

$g_i(t)$　　输入电导

g_{ic}　　混频器输入电导

g_m　　晶体三极管微分跨导

g_s　　信号源内电导

$g_1(\theta_c)$　　波形系数

g_Σ　　总电导

$H(s)$　　锁相环闭环传递函数

$H_0(s)$　　开环传递函数

$H_e(s)$　　误差传递函数

$H(\omega)$　　网络传递函数

I　　电流

I_{B0}　　基极电流直流分量

I_{C0}　　集电极电流直流分量

I_{c1m}　　集电极电流基波分量振幅

I_{cnm}　　集电极电流 n 次谐波分量振幅

I_D　　场效应管漏极电流有效值

I_{DSS}　　场效应管 $V_{GS}=0$ 时的饱和电流

I_{E0}　　发射极电流直流分量

I_K　　回路高频电流有效值

I_s　　信号源电流有效值

I_S　　饱和电流有效值

i　　交变电流瞬时值

i_B　　基极电流(含直流分量) 瞬时值

i_b　　基极交变电流瞬时值

i_C　　集电极电流(含直流分量) 瞬时值

i_c　　集电极交变电流瞬时值

i_{Cmax}　　集电极电流最大值

i_E　　发射极电流(含直流分量) 瞬时值

i_e　　发射极交变电流瞬时值

i_I　　中频电流瞬时值

$\overline{i_n}$　　噪声电流平均值

$\overline{i_n^2}$　　噪声电流方均值

$\overline{i_{nc}^2}$　　集电极噪声电流方均值

$\overline{i_{ne}^2}$　　发射极噪声电流方均值

i_s　　信号源电流瞬时值

$J_n(m)$　　以 m 为参数的 n 阶第一类贝塞尔函数

K　　比例常数

K_d　　检波器电压传输系数

K_f　　非线性失真系数

K_M　　模拟相乘器传输系数(标尺因子)

K_r　　矩形系数

K_v　　压控振荡器传输系数

k　　玻尔兹曼常数，回路耦合系数，比例系数

k_a　　幅度调制比例系数

k_f　　频率调制比例系数

k_p　　相位调制比例系数

L　　电感

L_b　　基极引线电感

L_c　　集电极引线电感，二极管混频损耗

L_e　　发射极引线电感，等效电感

LF　环路滤波器

L_q　石英晶体等效串联电感

M　互感耦合,固定分频次数

m　可变程序分频次数

m_a　调幅系数,调幅度

m_f　调频指数

m_p　调相指数

N　线圈匝数,前置分频次数

N_F　噪声系数

$N_{F,min}$　最小噪声系数

P　功率

P_a　额定功率

P_c　集电极耗散功率

$P_{c,av}$　管耗平均功率

P_{CM}　集电极最大允许耗散功率

$P_{c,T}$　载波状态下集电极耗散功率

PD　相位比较器,鉴相器

$P_{dc,av}$　调制一周期内平均输入直流功率

$P_{dc,T}$　载波状态下输入直流功率

P_n　噪声功率

P_{ni}　输入端噪声功率

P_{nia}　输入端额定噪声功率

P_{no}　输出端噪声功率

P_{noa}　输出端额定噪声功率

$P_{o,av}$　调制一周期内平均输出交流功率

$P_{o,T}$　载波状态输出交流功率

P_{si}　输入端信号功率

P_{sia}　输入端额定信号源功率

P_{so}　输出端信号功率

P_{soa}　输出端额定信号功率

p　接入系数,微分算子

Q　静态工作点

Q_L　回路(或电感)有载品质因数

Q_0　回路(或电感)空载品质因数,固有品质因数,串联谐振回路固有品质因数

q　电子电荷量

R　电阻

R_A　天线辐射电阻

R_b　基极偏置电阻

R_c　集电极电阻

R_d　二极管交流内阻

R_e　发射极电阻

R_f　反馈电阻

R_{id}　检波器输入电阻

R_L　负载电阻

R_p　并联回路(空载)谐振电阻,并联电阻

R'_p　并联回路(有载)谐振电阻

R_s　信源内阻

R_t　热敏电阻

r　串联电阻

$r_{b'b}$　基极扩散电阻

$r_{b'c}$　集电结电阻

$r_{b'e}$　发射结电阻

r_{ce}　集电极输出电阻

r_{i2}　检波器后级输入电阻

r_q　石英晶体等效串联电阻

$S(f)$　噪声功率谱密度

$S_1(\omega_c t)$　单向开关函数

$S_2(\omega_c t)$　双向开关函数

s　拉氏算子

s　场效应管源极

T　绝对温度(K),信号周期

T_A　天线等效噪声温度

T_e 等效噪声温度

t 时间

V 电压

V_{BB} 基极直流电压

V_{bm} 基极交流电压振幅

V_{BZ} 截止电压

V_C 被调级集电极有效电源电压

V_{CC} 集电极直流电压

V_{cm} 集电极交流电压振幅,载波信号振幅

VCO   电压控制振荡器

V_D PN 结势垒电位差

V_{DD} 场效应管漏极直流电压

V_{EE} 发射极直流电压

V_f 反馈信号电压有效值

V_{GS} 场效应管栅源直流电压

V_{im} 输入信号电压振幅

V_{Im} 中频信号电压振幅

V_{Lm} 本振信号电压振幅

V_{om} 输出信号电压振幅

V_R 参考晶体振荡器电压有效值

V_{sm} 信号电压振幅

V_p 场效应管夹断电压

$V_{\Omega m}$ 低频电压振幅,调制电压振幅

v 电压瞬时值,速度

v_{BE} 基极-发射极电压瞬时值

v_b 基极交流电压瞬时值

v_c 集电极交流电压瞬时值

v_{CE} 集电极-发射极电压瞬时值

v_I 中频电压瞬时值

v_L 本振电压瞬时值

v_n 噪声电压

$\overline{v_n^2}$ 噪声电压方均值

$\sqrt{\overline{v_n^2}}$ 噪声电压方均根值

v_o 输出电压瞬时值

v_R 参考晶体电压瞬时值

v_s 交流信号电压瞬时值

v_Ω 调制信号电压瞬时值,低频信号电压瞬时值

X 电抗

X_e 石英谐振器回路等效电抗

Y 导纳

Y_i 放大器输入导纳

Y_L 负载导纳

Y_o 放大器输出导纳

$\dot{y}_f$ 晶体管输出端短路时正向传输导纳

$\dot{y}_i$ 晶体管输出端短路时输入导纳

$\dot{y}_o$ 晶体管输入端短路时输出导纳

$\dot{y}_r$ 晶体管输入端短路时反向传输导纳

Z 阻抗

Z_i 输入阻抗

Z_o 输出阻抗

ZL   高频抗流圈

Z_L 负载阻抗

Z_p 并联回路阻抗

Z_0 传输线特性阻抗

α 晶体管共基电路电流放大系数

$\alpha_n(\theta_c)$ 余弦脉冲分解系数

β 晶体管共发电路电流放大系数

β_0 晶体管共发电路低频电流放大系数

γ 变容二极管电容变化指数,相对失谐

δ 相对频率稳定度

ε 介电常数

ζ 锁相环路阻尼系数

η 效率,耦合因数

η_{av}　调制信号一周期内平均效率

η_c　集电极效率

η_T　载波点效率

θ_c　集电极电流导通角

θ_e　发射极电流导通角

$\theta_e(t)$　瞬时相位差

$\theta_{e\infty}$　剩余误差

θ_r　发射极电流反向导通角

λ　波长

μ　磁导率,微

μ_0　起始磁导率

ξ　广义失谐,电压利用系数

ρ　特性阻抗

σ　频率相对稳定度

τ　脉冲宽度,时间常数

τ_b　基区存储电荷建立时间

φ_F　反馈系数 F 的相角

φ_Y　晶体管 $\dot{y}_{fe}$ 的相角

φ_Z　阻抗 Z_p 的相角

ϕ_b　高频情况下,$v_{b'c}$ 滞后 v_{bc} 的相位角

ϕ_c　高频情况下,i_c 滞后 i_e 的相位角

ω　角频率

ω_c　载波角频率,滤波器截止角频率

ω_I　中频角频率

ω_n　锁相环固有角频率

ω_p　石英谐振器并联谐振角频率

ω_q　石英谐振器串联谐振角频率

ω_R　参考晶振角频率

ω_V　压控振荡器角频率

$\omega(t)$　瞬时角频率

$\Delta\omega$　频差或频偏

$\Delta\omega_H$　锁相环路的同步带

$\Delta\omega_L$　锁相环路的快捕带

$\Delta\omega_P$　锁相环路的捕捉带

$2\Delta\omega$　占据频带

Ω　调制信号角频率

$\theta°$	$\cos\theta$	α_0	α_1	α_2	g_1	$(1-\cos\theta)\alpha_1$	$\theta°$	$\cos\theta$	α_0	α_1	α_2	g_1	$(1-\cos\theta)\alpha_1$
0	1.000	0.000	0.000	0.000	2.00	0.0000	45	0.707	0.165	0.311	0.256	1.88	0.0911
1	1.000	0.004	0.007	0.007	2.00		46	0.695	0.169	0.316	0.259	1.87	
2	0.999	0.007	0.015	0.015	2.00		47	0.682	0.172	0.322	0.261	1.87	
3	0.999	0.011	0.022	0.022	2.00		48	0.669	0.176	0.327	0.263	1.86	
4	0.998	0.014	0.030	0.030	2.00		49	0.656	0.179	0.333	0.265	1.85	
5	0.996	0.018	0.037	0.037	2.00	0.0001	50	0.643	0.183	0.339	0.267	1.85	0.1210
6	0.994	0.022	0.044	0.044	2.00		51	0.629	0.187	0.344	0.269	1.84	
7	0.993	0.025	0.052	0.052	2.00		52	0.616	0.190	0.350	0.270	1.84	
8	0.990	0.029	0.059	0.059	2.00		53	0.602	0.194	0.355	0.271	1.83	
9	0.988	0.032	0.066	0.066	2.00		54	0.588	0.197	0.360	0.272	1.82	
10	0.985	0.036	0.073	0.073	2.00	0.0011	55	0.574	0.201	0.366	0.273	1.82	0.1559
11	0.982	0.040	0.080	0.080	2.00		56	0.559	0.204	0371	0.274	1.81	
12	0.978	0.044	0.088	0.087	2.00		57	0.545	0.208	0.376	0.275	1.81	
13	0.974	0.047	0.095	0.094	2.00		58	0.530	0.211	0.381	0.275	1.80	
14	0.970	0.051	0.102	0.101	2.00		59	0.515	0.215	0.386	0.275	1.80	
15	0.966	0.055	0.110	0.108	2.00	0.0037	60	0.500	0.218	0.391	0.276	1.80	0.1955
16	0.961	0.059	0.117	0.115	1.98		61	0.485	0.222	0.396	0.276	1.78	
17	0.956	0.063	0.124	0.121	1.98		62	0.459	0.225	0.400	0.275	1.78	
18	0.951	0.066	0.131	0.128	1.98		63	0.454	0.229	0.405	0.275	1.77	
19	0.945	0.070	0.138	0.134	1.97		64	0.438	0.232	0.410	0,774	1.77	
20	0.940	0.074	0.146	0.141	1.97	0.0088	65	0.423	0.236	0.414	0.274	1.76	0.2389
21	0.934	0.078	0.153	0.147	1.97		66	0.407	0.239	0.419	0.273	1.75	
22	0.927	0.082	0.160	0.153	1.97		67	0.391	0.243	0.423	0.272	1.74	
23	0.920	0.085	0.167	0.159	1.97		68	0.375	0.246	0.427	0.270	1.74	
24	0.914	0.089	0.174	0.165	1.96		69	0.358	0.249	0.432	0.269	1.74	
25	0.906	0;093	0.181	0.171	1.95	0.0170	70	0.342	0.253	0.436	0.267	1.73	0.2869
26	0.899	0.097	0.188	0.177	1.95		71	0.326	0.256	0.440	0,266	1.72	
27	0.891	0.100	0.195	0.182	1.95		72	0.309	0.259	0.444	0.264	1.71	
28	0.883	0.104	0.202	0.188	1.94		73	0.292	0.263	0.448	0.262	1.70	
29	0.875	0.107	0.209	0.193	1.94		74	0.276	0.266	0.452	0.260	1.70	
30	0.866	0.111	0.215	0.198	1.94	0.0288	75	0.259	0.269	0.455	0.258	1.69	0.3372
31	0.857	0.115	0.222	0.203	1.93		76	0.242	0.273	0.459	0.256	1.68	
32	0.848	0.118	0.229	0.208	1.93		77	0.225	0.276	0.463	0.253	1.68	
33	0.839	0.122	0.235	0.213	1.93		78	0.208	0.279	0.466	0.251	1.67	
34	0.829	0.125	0.241	0.217	1.93		79	0.191	0.283	0.469	0.248	1.66	
35	0.819	0.129	0.248	0.221	1.92	0.0449	80	0.174	0.286	0.472	0.245	1.65	0.3899
36	0.809	0.133	0.255	0.226	1.92		81	0.156	0.289	0.475	0.242	1.64	
37	0.799	0.136	0.261	0.230	1.92		82	0.139	0.293	0.478	0.239	1.63	
38	0.788	0.140	0.268	0.234	1.91		83	0.122	0.296	0.481	0.236	1.62	
39	0.777	0.143	0.274	0.237	1.91		84	0.105	0.299	0.484	0.233	1.61	
40	0.766	0.147	0.280	0.241	1.90	0.0655	85	0.087	0.302	0.487	0.230	1.61	0.4446
41	0.755	0.151	0.286	0.244	1.90		86	0.070	0.305	0.490	0.226	1.61	
42	0.743	0.154	0.292	0.248	1.90		87	0.052	0.308	0.493	0.223	1.60	
43	0.731	0.158	0.298	0.251	1.89		88	0.035	0.312	0.496	0.219	1.59	
44	0.719	0.162	0.304	0.253	1.88		89	0.017	0.315	0.498	0.216	1.58	

续附录 2

$\theta°$	$\cos\theta$	α_0	α_1	α_2	g_1	$(1-\cos\theta)\alpha_1$	$\theta°$	$\cos\theta$	α_0	α_1	α_2	g_1	$(1-\cos\theta)\alpha_1$
90	0.000	0.319	0.500	0.212	1.57	0.5000	135	−0.707	0.443	0.532	0.044	1.20	0.9081
91	−0.017	0.322	0.502	0.208	1.56		136	−0.719	0.445	0.531	0.041	1.19	
92	−0.035	0.325	0.504	0.205	1.55		137	−0.731	0.447	0.530	0.039	1.19	
93	−0.052	0.328	0.506	0.201	1.54		138	−0.743	0.449	0.530	0.037	1.18	
94	−0.070	0.331	0.508	0.197	1.53		139	−0.755	0.451	0.529	0.034	1.17	
95	−0.087	0.334	0.510	0.193	1.53	0.5544	140	−0.766	0.453	0.528	0.032	1.17	0.9325
96	−0.105	0.337	0.512	0.189	1.52		141	−0.777	0.455	0.527	0.030	1.16	
97	−0.122	0.340	0.514	0.185	1.51		142	−0.788	0.457	0.527	0.028	1.15	
98	−0.139	0.343	0.516	0.181	1.50		143	−0.799	0.459	0.526	0.026	1.15	
99	−0.156	0.347	0.518	0.177	1.49		144	−0.809	0.461	0.526	0.024	1.14	
100	−0.174	0.350	0.520	0.172	1.49	0.6105	145	−0.819	0.463	0.525	0.022	1.13	0.9550
101	−0.191	0.353	0.521	0.168	1.48		146	−0.829	0.465	0.524	0.020	1.13	
102	−0.208	0.355	0.522	0.164	1.47		147	−0.839	0.467	0.523	0.019	1.12	
103	−0.225	0.358	0.524	0.160	1.46		148	−0.848	0.468	0.522	0.017	1.12	
104	−0.242	0.361	0.525	0.156	1.45		149	−0.857	0.470	0.521	0.015	1.11	
105	−0.259	0.364	0.526	0.152	1.45	0.6622	150	−0.866	0.472	0.520	0.014	1.10	0.9703
106	−0.276	0.366	0.527	0.147	1.44		151	−0.875	0.474	0.519	0.013	1.09	
107	−0.292	0.369	0.528	0.143	1.43		152	−0.883	0.475	0.517	0.012	1.09	
108	−0.309	0.373	0.529	0.139	1.42		153	−0.891	0.477	0.517	0.010	1.08	
109	−0.326	0.376	0.530	0.135	1.41		154	−0.899	0.479	0.516	0.009	1.08	
110	−0.342	0.379	0.531	0.131	1.40	0.7126	155	−0.906	0.480	0.515	0.008	1.07	0.9816
111	−0.358	0.382	0.532	0.127	1.39		156	−0.914	0.481	0.514	0.007	1.07	
112	−0.375	0.384	0.532	0.123	1.38		157	−0.920	0.483	0.513	0.007	1.07	
113	−0.391	0.387	0.533	0.119	1.38		158	−0.927	0.485	0.512	0.006	1.06	
114	−0.407	0.390	0.534	0.115	1.37		159	−0.934	0.486	0.511	0.005	1.05	
115	−0.423	0.392	0.534	0.111	1.36	0.7599	160	−0.940	0.487	0.510	0.004	1.05	0.9894
116	−0.438	0.395	0.535	0.107	1.35		161	−0.946	0.488	0.509	0.004	1.04	
117	−0.454	0.398	0.535	0.103	1.34		162	−0.951	0.489	0.509	0.003	1.04	
118	−0.469	0.401	0.535	0.099	1.33		163	−0.956	0.490	0.508	0.003	1.04	
119	−0.485	0.404	0.536	0.096	1.33		164	−0.961	0.491	0.507	0.002	1.03	
120	−0.500	0.406	0.536	0.092	1.32	0.8040	165	−0.966	0.492	0.506	0.002	1.03	0.9948
121	−0.515	0.408	0.536	0.088	1.31		166	−0.970	0.493	0.506	0.002	1.03	
122	−0.530	0.411	0.536	0.084	1.30		167	−0.974	0.494	0.505	0.001	1.02	
123	−0.545	0.413	0.536	0.081	1.30		168	−0.978	0.495	0.504	0.001	1.02	
124	−0.559	0.416	0.536	0.078	1.29		169	−0.982	0.496	0.503	0.001	1.01	
125	−0.574	0.419	0.536	0.074	1.28	0.8437	170	−0.985	0.496	0.502	0.001	1.01	0.9965
126	−0.588	0.422	0.536	0.071	1.27		171	−0.988	0.497	0.502	0.000	1.01	
127	−0.602	0.424	0.535	0.068	1.26		172	−0.990	0.498	0.501	0.000	1.01	
128	−0.616	0.426	0.535	0.064	1.25		173	−0.993	0.498	0.501	0.000	1.01	
129	−0.629	0.428	0.535	0.061	1.25		174	−0.994	0.499	0.501	0.000	1.00	
130	−0.643	0.431	0.534	0.058	1.24	0.8774	175	−0.996	0.499	0.500	0.000	1.00	0.9980
131	−0.656	0.433	0.534	0.055	1.23		176	−0.998	0.499	0.500	0.000	1.00	
132	−0.669	0.436	0.533	0.052	1.22		177	−0.999	0.500	0.500	0.000	1.00	
133	−0.682	0.438	0.533	0.049	1.22		178	−0.999	0.500	0.500	0.000	1.00	
134	−0.695	0.440	0.532	0.047	1.21		179	−1.000	0.500	0.500	0.000	1.00	
							180	−1.000	0.500	0.500	0.000	1.00	1.0000

习题答案

第 1 章

1-6 $v_o = (2a_1v_1 + 4a_2v_1v_2 + 2a_3v_1^3 + 6a_3v_1v_2^2)R_L$

1-7 $v_o = 8a_2v_1v_2R_L$

1-9 $I_0 = 0, \ I_{1m} = 0.39 \ \text{mA}, \ I_{2m} = 0, \ I_{3m} = 0.145 \ \text{mA}$

1-15 $L = 20.2 \ \mu\text{H}, Q_0 = 33.3, \zeta = 6.36$, 需并联电阻 $R = 21 \ \text{k}\Omega$

1-16 $f_0 = 41.6 \ \text{MHz}, \ R'_p = 5.88 \ \text{k}\Omega, \ Q_L = 28.1, \ 2\Delta f_{0.7} = 1.48 \ \text{MHz}$

1-17   (1) $L_1 = L_2 = 159 \ \mu\text{H}, \ C_1 = C_2 = 159 \ \text{pF}, \ M = 3.18 \ \mu\text{H}$ (2) $Z_p = 25 \ \text{k}\Omega$

      (3) $Q_1 = 25$ (4) $2\Delta f_{0.7} = 28.3 \ \text{kHz}$

      (5) 引入电阻 $R' = 0.768 \ \Omega$, 引入电抗 $X' = -3.84 \ \Omega$

1-18   49   12.1   5

1-19   共基 y 参数 $y_{ib} = (60 - \text{j}85.5) \times 10^{-3} \ \text{S}$ $y_{yb} = -\text{j}4.5 \times 10^{-3} \ \text{S}$

                 $y_{fb} = -(41 - \text{j}95) \times 10^{-3} \ \text{S}$ $y_{ob} = (1 + \text{j}5) \times 10^{-3} \ \text{S}$

         共集 y 参数 $y_{ic} = (20 + \text{j}10) \times 10^{-3} \ \text{S}$ $y_{rc} = -(19 + \text{j}9.5) \times 10^{-3} \ \text{S}$

                 $y_{fc} = -(60 - \text{j}90) \times 10^{-3} \ \text{S}$ $y_{oc} = (60 - \text{j}85.5) \times 10^{-3} \ \text{S}$

第 2 章

2-1   (1) 12.3   (2) 151   (3) 0.656 MHz   (4) 0.7

2-2 $A_{\Sigma} = 100, \ 2\Delta f_{0.7} = 2.56 \ \text{MHz}$ 改变后总增益为 40.9

2-3 $A_{v0} = 5, \ 2\Delta f_{0.7} = 8 \ \text{MHz}$

2-4   ① 71.2   ② 8.98 kHz   ③ 1.003

2-5   ① 40   ② 60   8 kHz

2-6 $G_L = 0.39 \times 10^{-3} \ \text{S}, \ L = 0.388 \ \mu\text{H}, \ C = 72.4 \ \text{pF}$

第 3 章

3-1   ① 串联时, $R = R_1 + R_2 + R_3$, $T = \dfrac{R_1T_1 + R_2T_2 + R_3T_3}{R_1 + R_2 + R_3}$

       ② 并联时, $R = \dfrac{R_1R_2R_3}{R_1R_2 + R_2R_3 + R_3R_1}$, $T = \dfrac{R_2R_3T_1 + R_1R_3T_2 + R_1R_2T_3}{R_1R_2 + R_2R_3 + R_3R_1}$

3-2 $V_{no}^2 = \dfrac{KT}{C}, \ \Delta f_n = \dfrac{1}{4RC}$

3-3 $V_{nAB}^2 = 20.8 \times 10^{-12} \ \text{V}^2, \ \Delta f_n = 48 \ \text{MHz}$

3-4   (a) $A_{pa} = \dfrac{R}{R_s + R}$; $N_F = 1 + \dfrac{R_s}{R}$ (b) $A_{pa} = \dfrac{R_s}{R_s + R}$, $N_F = 1 + \dfrac{R}{R_s}$

       (c) $A_{pa} = \dfrac{R_1^2R_s}{(R_s + R_1)(R_2R_s + R_1R_2 + R_sR_1)}$; $N_F = 1 + \dfrac{R_s}{R_1} + 2\dfrac{R_2}{R_1} + \dfrac{R_sR_2}{R_1^2} + \dfrac{R_2}{R_s}$

3-5 $N_F = 1 + \dfrac{R_s}{\sqrt{\dfrac{L}{C}}Q_0} + \dfrac{R_s}{\left(\dfrac{1}{p}\right)^2 R}, \ \left(p = \dfrac{N_{23}}{N_{13}}\right)$

3-6 $N_F = \dfrac{V_{nei}^2}{V_{ns}^2} = 1 + \dfrac{V_n^2}{V_{ns}^2} + \dfrac{I_n^2}{V_{ns}^2} R_s^2$，最佳源电阻 $R_{s,\text{opt}} = \dfrac{V_n}{I_n}$，$N_{F\min} = 1 + \dfrac{V_n I_n}{2kT\Delta f_n}$

第 4 章

4-4　$P_{dc} = 6\ \text{W}$，$\eta_c = 83.30\%$，$R_p = 57.6\ \Omega$，$I_{c1m} = 417\ \text{mA}$，$\theta_c = 78°$

4-7　$P_c = 1.7\ \text{W}$，$\theta_c = 90°$

4-8　$P_0 = 1.99\ \text{W}$，$\eta_c = 74\%$

4-9　$P_0 = 10.2\ \text{W}$，$P_{dc} = 13.37\ \text{W}$，$\eta_c = 76.3\%$，$R_p = 22.1\ \Omega$，$P_c = 3.17\ \text{W}$

4-10　$C_1 = 221\ \text{pF}$，$L_1 = 0.054\ \mu\text{H}$，$C_2 = 1\,240\ \text{pF}$

4-11　网络形式

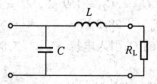

　　$L = 1.41\ \mu\text{H}$，$C = 697\ \text{pF}$

第 5 章

5-2　$f_0 = 2.6\ \text{MHz}$，$A_{v\max} = 3$

5-3　(a)可能振荡,是电感耦合三点电路　(b)和(c)不可能振荡

　　(d) 可能振荡,条件是 $f_g > f_3 = \dfrac{1}{2\pi\sqrt{L_3 C_3}}$

　　(e) 可能振荡,条件是 $f_g < f_2 = \dfrac{1}{2\pi\sqrt{L_2 C_2}}$

　　(f) 有可能振荡(计及管子 C_{ge} 电容)

5-5　(1)R_{b1}、R_{b2} 为基极偏置电阻,R_e 射极偏置电阻;C_1、C_2、C_3、C_4、L 是振荡回路元件;C_p 是输出耦合电容;R_c、ZL 是集电极直流通路。

　　(2)$C_4 = 3.91\ \text{pF}$。

　　(3) 交流等效电路为右图。

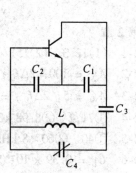

5-8　有可能产生振荡,条件是:$\omega > \omega_1$，$\omega < \omega_2$。

第 6 章

6-3　(1)

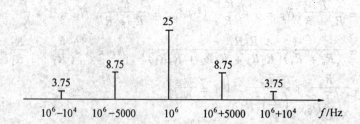

(2)

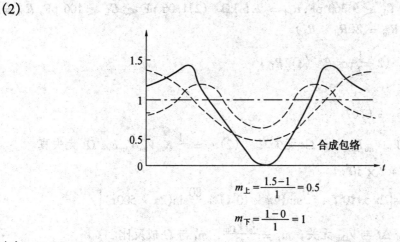

$$m_\pm = \frac{1.5-1}{1} = 0.5$$

$$m_\mp = \frac{1-0}{1} = 1$$

(3)4.03 W   7.07 W

6-4 $v_{AM} = 5\left\{1 + \dfrac{4}{5}(1 + 0.5\cos 2\pi\,3000t)\cos 2\pi 10^4 t + \right.$

$\left. \dfrac{2}{5}(1 + 0.4\cos 2\pi\,3000t)\cos 2\pi \times 3 \times 10^4 t\right\}\cos 2\pi 10^6 t$

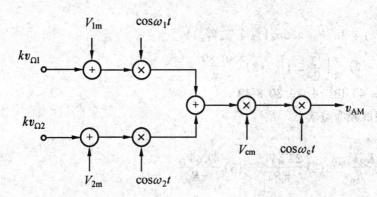

6-6 $i_{DSB} = \dfrac{4}{\pi}\dfrac{R_r - R_D}{(R_D + 2R_L)(R_r - 2R_L)}V_{\Omega m}\cos \Omega t\cos \omega_c t$

6-7   只有(b)电路可实现双边带调幅,输出电流表示式

$$i_L = g'_d\left[\frac{4}{\pi}(v_c + v_\Omega)\cos \omega_c t - \frac{4}{3\pi}(v_\Omega + v_c)\cos 3\omega_c t + \cdots\right]$$

在 $|p\omega_c \pm q\Omega|$ 中 $q = 0, p = 0,2,4,\cdots;$

$q = 1, p = 1,3,5,\cdots$

6-8 $v_o = 4a_2 QM\omega_c V_{cm}V_{\Omega m}\cos \Omega t\cos \omega_c t$

6-9 $(1)i = 4a_2 v_c v_\Omega + 8a_4(v_c^3 v_\Omega + v_c v_\Omega^3)$ $(2)i = 2g_d v_\Omega\left[\dfrac{4}{\pi}\cos \omega_c t - \dfrac{4}{3\pi}\cos 3\omega_c t + \cdots\right]$

6-11 $R_{B1} = R_{B2} = 13.8 \text{ k}\Omega; R_x = R_y = 10 \text{ k}\Omega; R_c = 5 \text{ k}\Omega, R_{BB} = 2.15 \text{ k}\Omega$

6-12 $(1)V_{\Omega m} = 10 \text{ V}$ $(2)V_{\Omega m} = 2 \text{ V}$

6-13 $(1)V_{\Omega m} = 5 \text{ V}$ $(2)V_{\Omega m} = 1 \text{ V}$

6-15　(1)$680 \text{ pF} \ll C_L \ll 9360 \text{ pF}$, $R_{id} = 2.5 \text{ k}\Omega$　(2)$1.06 \text{ pF} \ll C_L \ll 106 \text{ pF}$, $R_{id} = 2.5 \text{ k}\Omega$　(3)$R_{id} = 2(R_d + R_L)$

6-16　(1)$\sqrt[3]{\dfrac{3\pi}{2g_d R_L}}$　(2)$\dfrac{1}{2}\cos\theta$　(3)$2R_L$

6-18　$R_L C \le 10^{-3} \text{ s}$

6-19　$p_1 = 0.41$　$p_2 = 0.07$

6-23　(1)$v_o = \dfrac{1}{2}KV_{sm}V_{rm}R_L m \cos\Omega t$ 无失真　(2)$v_o = \dfrac{1}{4}K_m V_{sm}V_{rm}\cos\Omega t$ 无失真

6-27　$\omega(t) = 10^7\pi + 2 \times 10^4 \pi t$

6-29　$v_{FM}(t) = 5\cos\left[2\pi \times 10^8 t + \dfrac{20}{3}\sin(2\pi \times 10^3 t) + \dfrac{80}{3}\sin(2\pi \times 500 t)\right]$

6-30　$\Delta f = \dfrac{K_f V_{\Omega m}}{2\pi}$, Δf 与 $V_{\Omega m}$ 无关；$m_f = \dfrac{k_f V_{\Omega m}}{\Omega}$, m_f 与 Ω 成反比。

6-31　$\Delta f_m = 1.341 \text{ MHz}$, $S_{FM} = \Delta f_m / V_{\Omega m} = 1.341 \text{ MHz/V}$

6-32　$m_p = 0.4 \text{ rad}$, $\Delta f_m = 400 \text{ Hz}$

6-34　$\dfrac{m\Omega}{\omega_c}$

第7章

7-1　$g_c = (a_2 + 3a_3 V_{BB} + 6a_4 V_{BB}^2 + a_4 V_{Lm}^2) V_{Lm}$

7-2　(1)$\dfrac{g}{\pi}$　(2)$\dfrac{g}{\pi}\left(\dfrac{\sqrt{3}}{2} - 1\right)$　(3)$-\dfrac{0.89}{\pi}$

7-3　$A_{pcmax} = 40 \text{ dB}$　$A_{pc} = 30.8 \text{ dB}$

7-4　均将使混频增益减小

7-7　7 dB

7-8　(1)$\dfrac{1}{2}\dfrac{K_M V_{Lm}}{R_p}$　(2)$\dfrac{2K_M V_{Lm}}{\pi R_p}$　(3)$\dfrac{4K_M V_{Lm}}{\pi R_p}$

第8章

8-3　$\Delta\omega_p = \Delta\omega_H = K = 4\pi \times 10^4 \text{rad/s}$

8-4　$2.5 \times 10^6 \text{rad/s}$

8-5　(1)$\dfrac{\pi}{6}$　(2)1 V　(3)980 kHz ~ 1 020 kHz

参 考 文 献

[1] 张义芳,冯健华编.高频电子线路[M].哈尔滨:哈尔滨工业大学出版社,2003.

[2] 张乃通,贾士楼主编.通信系统[M].北京:国防工业出版社,1981.

[3] 董任望,肖华庭编.通信电路原理[M].第二版.北京:高等教育出版社,1989.

[4] 张肃文主编.高频电子线路[M].第二版.北京:高等教育出版社,1984.

[5] [美]K K 克拉克等著.通信电路分析与设计[M].戚治孙等译.北京:人民教育出版社,1981.

[6] 张欲敏编.通信电路[M].北京:航空航天大学出版社,1990.

[7] 管致中等编.电路信号与系统[M].北京:人民教育出版社,1979.

[8] 王筱颖编.模拟电路导论[M].北京:高等教育出版社,1986.

[9] K SAM SHANMUGAM. Digital and Analog Communication Systems[M]. Johnwiley&Sonc Inc., 1979.

[10] JACK SMITH. Modern Communication Circuits[M]. McGraw – Hill Bouk Company, 1986.

[11] 方志豪编著.晶体管低噪声电路[M].北京:科学出版社,1984.

[12] 张凤言等编.模拟集成电路及其应用[M].北京:中国铁道出版社,1990.

[13] 谢嘉奎等编.电子线路(非线性部分)[M].北京:高等教育出版社,1988.

[14] 清华大学通信教研组编.高频电路[M].北京:人民邮电出版社,1981.

[15] 北方交通大学电信系编.高频电子线路[M].北京:中国铁道出版社,1983.

[16] 郑继禹等编.锁相环路原理与应用[M].北京:人民邮电出版社,1976.